贝页
ENRICH YOUR LIFE

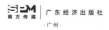

贝页
ENRICH YOUR LIFE

# 了不起的
# 卡拉鹰

[美] 乔纳森·梅伯格 著

黄瑶 译

Jonathan Meiburg

# A MOST
# REMARKABLE
# CREATURE

The Hidden Life and Epic Journey
of the World's Smartest Birds of Prey

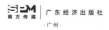

广东经济出版社
·广州·

A MOST REMARKABLE CREATURE

Copyright © 2021 by © Jonathan Meiburg

Published arrangement with Chase Literary Agency LLC, through the Grayhawk Agency Ltd.

**图书在版编目（CIP）数据**

了不起的卡拉鹰 /（美）乔纳森·梅伯格著；黄瑶译. — 广州：广东经济出版社，2022.10

ISBN 978-7-5454-8429-8

Ⅰ.①了… Ⅱ.①乔… ②黄… Ⅲ.①鹰科—普及读物 Ⅳ.①Q959.7-49

中国版本图书馆 CIP 数据核字 (2022) 第 134845 号

版权登记号：19-2022-118 号

策 划 人：王春蕊
责任编辑：刘 燕 王春蕊 李沁怡
封面设计：裴雷思

**了不起的卡拉鹰**
LIAOBUQI DE KALAYING

| | |
|---|---|
| 出版人 | 李 鹏 |
| 出 版<br>发 行 | 广东经济出版社（广州市环市东路水荫路 11 号 11～12 楼） |
| 经 销 | 全国新华书店 |
| 印 刷 | 上海普顺印刷包装有限公司<br>（上海市宝山区沪太路 5553 号-丙号 3 幢） |
| 开 本 | 889 毫米 × 1240 毫米 1/32 |
| 印 张 | 12 |
| 字 数 | 237 千字 |
| 版 次 | 2022 年 10 月第 1 版 |
| 印 次 | 2022 年 10 月第 1 次 |
| 书 号 | ISBN 978-7-5454-8429-8 |
| 定 价 | 72.00 元 |

图书营销中心地址：广州市环市东路水荫路 11 号 11 楼
电话：(020) 87393830 邮政编码：510075
如发现印装质量问题，影响阅读，请与本社联系
广东经济出版社常年法律顾问：胡志海律师
· 版权所有 翻印必究 ·

献给罗宾与安妮·伍茨、凯·麦卡勒姆：
是你们让我走上了这条道路

每个人都是旅行者。

——查尔斯·巴纳德

# 目 录

## 第三部分　绿厦

## 第四部分　天与海之间

# 第一部分

# 飞天猴

这些岩石嶙峋的贫瘠小岛竟能展示出如此大的创造力——
如果可以这么说——真是令人感到惊讶。

——查尔斯·达尔文

那些长羽毛的家伙，行为举止有点儿聪明的意味。

——威廉·亨利·哈德逊

# 一个悬而未决的问题

地球的自转带动南极洲四周的气流飞快旋转。在这股力量的作用下，南极冰川的下沉冷风在致命螺旋状飓风的裹挟下形成西向的气流，卷起七层楼高的海浪，将更加温暖的北方世界拒之门外。气流一路畅通无阻：乘船沿南纬63°线航行，眼前只有这个星球上最不朽的画面——黑白分明的海水、鲸鱼喷出的水柱和翼展十一英尺的信天翁展翅翱翔的身影。除此之外，别无他物。

不过，极地气旋的北部边界会逐渐瓦解。狂暴的气流从这里转向印度洋、太平洋和大西洋的大洋盆地。迎着吹向大西洋的狂风，首当其冲的是火地岛的峡湾与岛屿构成的绿色世界，安第斯山脉就在这里蜿蜒入海。气流卷起团团湿沙，冲刷着冰川雕刻而成的悬崖，也将滴水的常绿山毛榉林修剪得奇形怪状。在某种程度上，正是气流造就了这些森林，因为刺骨的寒风迫使暖空气从亚马孙南下，形成了降雨。火地岛树木繁茂的山坡与山谷铺着厚厚的苔藓、蕨类植物和毛毡苔，林间还垂着一缕缕浅色的松萝。在森林与大海的交会处，不会飞的海鸭和巨型的水獭躲在错综复杂的小海湾、小水湾和看似刚从基岩中切出来的鹅卵石滩上。

查尔斯·达尔文在乘坐皇家海军舰艇小猎犬号外出探险的头几个月中，曾见过这些位于地球最南端的森林，认为其壮观程度堪比曾令他叹为观止的巴西热带森林。不过，他指出："这片万籁俱寂的偏僻土地上到处弥漫着死亡的气息，而非勃勃的生机。"没有蚂蚁或白蚁的啃噬，火地岛上的枯树常年矗立在活着的树木身旁。和乌鸦一般大小的啄木鸟会敲下树干上的碎片，发出斧头般的钝响。即便是时至今日，当人们乘机两日就能飞完达尔文花费五年才完成的艰苦旅程，迷雾笼罩下的火地岛海峡依旧是人迹罕至，大部分区域无法进入。自从曾在这里生活了数千年的美洲印第安人逐渐消逝，火地岛就成了无人之境。偶尔会有船只赶来这里躲避太平洋的巨浪，但几乎谁也不会在此逗留。

气流同样不曾停下脚步。它们翻越安第斯山脉南段低矮的山峰，朝北、向东奔涌而去，掠过埃斯塔多斯岛无法攀登的山尖（儒勒·凡尔纳曾经幻想要在这里建造一座世界尽头的灯塔），压得巴塔哥尼亚高原上的干草纷纷折腰。紧接着，气流再度转向海洋，卷起一连串白色的浪花，最终消逝在热带地区。在离开高纬度区域的过程中，它们吹过的最后一片土地是位于福克兰群岛西北角的贾森群岛。那里没有树木，地形狭长，滚落的巨石的背风处与草丛间蜷缩着风触及不到的一个隐秘奇迹：地球上最奇怪也是最美妙的动物之一。

这种动物并没有逃过达尔文的目光，就在这个他迫不及待想要离开的地方给了他一个惊喜。在穿越麦哲伦海峡、进入太平洋之前，小猎犬号与同行的皇家海军舰船探险号曾两度在福克兰群岛短暂停留。达尔文认为，群岛上连绵起伏的棕色荒原看上去"既荒凉又凄惨"，尤其是与巴西的森林相比，它"不可能带来令心灵倍感充实，为之一振的惊叹、讶异与热忱"。福克兰群岛的景色十分单调，其中只穿插着几座低矮的山丘和花岗石英山脊，完全无法让人产生那些感觉。他在给姐姐的信中吐露："我很明白，在离开这片令人厌恶的纬度地区，拉满风帆驶向香蕉生长的地方之前，我们是感受不到太多的快乐与满足的。"

在人们的想象中，达尔文也许只是个凝视着千里之外的银须老人。但小猎犬号离开英格兰时，他才二十二岁，是个将来必定会成为乡村牧师的富家子弟。他之所以受邀上船，既是为了推动科学事业的发展，也是为了给性格忧郁的年轻船长做伴。这艘船上的人的官方任务是奔赴南美洲最南端的危险海岸绘制地图，因而达尔文是以博物学家的身份无偿随行的。其实，达尔文唯一的学历是剑桥大学的普通本科学位。读书期间，相比投身学业，他将更多的时间花在了上流社会的骑射消遣活动上。因此，就连对他评价最高的推荐人也承认他尚未"学成"。他只不过是个性格亲切友好的富有青年，对岩石和昆虫的兴趣日益浓厚，一心渴望冒险，被叔叔宠溺地形容为"好奇心很强"。

达尔文知道，小猎犬号为期五年的航程将能带他前往大多数博物学家从未踏足的地方，满足他的好奇心。年轻的查尔斯说服不情愿的父亲为他支付了路费。他决心充分利用这几年的自由生活——即便身处寒冷贫瘠的岛屿会让他对热带地区充满渴望。巧合的是，在福克兰群岛上，骑射竟然成了有用的技能。群岛上的人口由有一名英国军官和一座难以为继的阿根廷殖民地留下的罪犯残部组成。这些昔日的罪犯中有一队加乌乔人。他们是潘帕斯草原上的传奇骑手，喜欢在群岛上浸满水的泥炭地里追逐野生牛群。达尔文说服了其中两人在外出短途旅行时带上他。

五天的时间里，他们飞驰在马背上，穿过遮天蔽日的冰雪风暴，躲开不太高兴见到他们的凶猛公牛，在裸露的地面上席地而睡，以骨头而非木条作为燃料，烧烤野牛肉当晚餐。途中，达尔文的马被厚厚的乌泥中隐蔽的小坑绊倒，害得他落水后浑身湿透。第六天早上，他就迫不及待返回了小猎犬号狭小的隔间。不过，这趟旅程带来了可供他思考的新谜团。其中最主要的一点就是，福克兰群岛上的野生动物竟然温顺得出奇。在达尔文与加乌乔人呼啸而过时，正在吃草的土生大鹅几乎毫不畏缩。就连传说中十分神秘的鹬鸟都允许达尔文近距离接触。要知道，他在英格兰偶遇这种鸟时只能远观。其他的动物就更大胆了。一只好奇的鸣禽用细长、弯曲的喙啄了啄他的鞋子。群岛特有的一种既像狼又像狐狸的动物也极其温顺，加乌乔人一手拿肉、一手持刀就能将其杀死。这种被当地人称为福克兰狼的食肉动物非常容易上当受骗。达尔文写道："有人曾看到几只福克兰狼钻进一顶帐篷，从熟睡的海员脑袋底下拽出了几片肉。"他猜测，这些动物的无所畏惧很快就会导致它们的灭亡。他猜对了。

但第三种动物——一种看似鹰与渡鸦杂交的猛禽，似乎拥有很强的好奇心。它长着橙黄色的脸、银灰色的喙、油黑锃亮的羽毛，会成群结队地盘旋在岛上唯一的聚居点上空，聒噪地乞求残羹剩饭。与达尔文在英格兰所知的机警的老鹰、猎鹰不同，这种"调皮捣蛋的"鸟能像野鸡一样飞快敏捷地行走和奔跑。小猎犬号与探险号的船员们很快发现，它们感兴趣的东西并不仅限于食物。"一顶巨大的黑色印花帽被叼到了近一英里远的地方，"达尔文写道，"还有一对捕牛用的重球……（以及）一只装在红色摩洛哥皮套里的卡特尔方位罗盘，再也没有被找到过。"勘测福克兰群岛的探险号与绕火地岛环游的小猎犬号不得不设立瞭望台，以防这种鸟飞上甲板，撕扯索具上的皮料。

两船再次相遇时，探险号的船员向达尔文讲述了"这种鸟有多大胆、多贪婪"。这话与一个多世纪以来一直将福克兰群岛当作基地的捕鲸人、海豹猎手的描述十分相似。亚南极世界充斥着各种稀奇古怪的动物——豹形海豹、突吻鲸、马可罗尼企鹅，但福克兰群岛上这种会偷帽子的鸟是独一无二的。一名海豹猎手写道："到访群岛的水手时常因它们强取豪夺的诡计而恼羞成怒，于是根据其本性给它们起了各种各样的外号，比如'飞天猴''飞天魔鬼'等等。"

尽管这种鸟的存在令人难以置信，但达尔文知道，它们并不是绝无仅有的。他最近才在南美大陆上见过它们的近亲。那是一群异常古怪、与众不同的食腐动物，与他见过的所有鸟类都不尽相同。其中最常见的是和松鸦一般大小、浑身呈土棕色的叫隼。在布宜诺斯艾利斯南部的草原上，它们会成群聚集在牛和马的尸体上。但最引人注目的还是体形更大、举止更优雅的南美凤头卡拉鹰。这种鸟长相威严，拥有黄色的脸，扁平的黑色鸟冠形似学位帽。"这两种鸟都拥有同一种家族气质，"达尔文写道，"并在以下方面与秃鹫的习性一致：主要以动物的腐肉为食，很快就能聚集在任何有动物死尸的地方；吃起肉来狼吞虎咽，直到嗉囊都鼓了出来；与人类相处时要么驯服，要么大胆。"凤头卡拉鹰干巴巴的"咔啦咔啦"的奇怪叫声在达尔文的脑中挥之不去。同样令他印象深刻的还有它们叫喊时摆出的扭曲姿势：脑袋向后仰起，直到几乎快要碰到自己的尾巴。除了条纹花样的外表，这种鸟的食腐习性也让当时身处巴塔哥尼亚的达尔文感到不安。"任何在荒凉平原上入睡的人都能清楚地看到那些鸟，"达尔文写道，"因为他们醒来时一眼就会发现，身旁的每一座小山丘上都有一只卡拉鹰在用邪恶的眼神耐心地盯着自己。"

然而，福克兰群岛上的这群"飞天魔鬼"也是最令他困惑的。它们在1775年以后被才为科学所知。那一年，探险家詹姆斯·库克的随行博物学家在火地岛射杀了一只凤头卡拉鹰。但没有人描述过这种鸟不同寻常的行为。达尔文在《小猎犬号之旅》中试图填补这一空白：着重描写这种鸟荒唐可笑的举止，在它们身上投入的笔墨比其他鸟类更多。从他的描述中，你能读出一个青年紧盯着一只专心致志想偷他帽子的猛禽时心中的困惑与轻微警觉。达尔文虽然没有妄加猜测它们计划如何处置偷来的东西，却十分好奇它们为何要选择这些偏僻的岛屿作为自己重要的活动中心。他很快还将在加拉帕戈斯群岛见到巨型的海龟与温驯的嘲鸫。和它们一样，福克兰群岛独有的卡拉鹰表明，某种更加强大、无法解释的力量正在发挥作用——这才是他真正的兴趣所在。但他把这些鸟的起源之谜放到了一边，再也没有重新提起。

两个世纪之后，我遇到这种鸟时才惊讶地发现，不止达尔文，其他人也再没有提起过它们。科学家们梳理了达尔文的笔记本，从中搜寻到他没有（或无法）继续探讨的深入见解。比如他曾准确地预言人们会发现一种飞蛾，其舌头和马达加斯加的兰花一样，长达一英尺。他还有一些离奇的想法，也曾引导科学领域的探究。不过，关于世界尽头这群长着羽毛的"小偷"（如今被称为条纹卡拉鹰）的谜团不曾解开。不少卡拉鹰依旧生活在火地岛的偏僻海岸。尽管福克兰狼和加乌乔人在达尔文到访后不久便从福克兰群岛上消失了，但条纹卡拉鹰还坚持生活在群岛的外岛上，在企鹅、海豹和信天翁的聚居地上以捕猎和食腐为生。它们是地球最南端的猛禽，也是最稀有的猛禽之一：种群数量仅剩不超过几千只，比大熊猫多不了多少。

不过，如果你去寻访它们，就会发现其行为举止并不像什么濒临灭绝的物种。它们会摘掉你头上的帽子，拽开你背包上的拉链，用既直率又顽皮的眼神紧盯着你。二十五年前我遇到它们时，正是被这种真诚、幽默的特质勾起了兴趣。条纹卡拉鹰似乎有种令人放心的慎重，喜欢用鸟喙、脚爪戳着草皮，还会歪着脖子，用热切却略带怀疑的目光端详万物，仿佛刚刚从诺亚方舟里探出头来，不知这个世上还有些什么。二十世纪二十年代，福克兰群岛的官方博物学家曾恳求政府取消对条纹卡拉鹰的猎杀悬赏，称它们是"能为本地增光添彩的一种鸟"，表示"从它们的角度来看，一切不熟悉的物品都得立即前去查看一番"。我第一次见到卡拉鹰时，它们就一直专注地盯着我，看得我有些不安，好像我欠它们一个解释似的。

自此以后，我每过几年就要返回福克兰群岛，与研究人员合作，试图让这种不同寻常的鸟不要重蹈福克兰狼的覆辙。要想抵达它们的栖息地，我需要花上好几天的时间，先后乘坐各种小型飞机和船只，但能再次看到它们的兴奋之情从不曾消退。即便我帮忙设下陷阱诱捕它们，把它们塞进粗麻袋里称重，还从它们的翅膀上抽了血，为它们的腿绑上了识别环，却依旧能够看到它竖起羽毛径直朝我奔来，仿佛是受一个紧要的问题所迫：你是什么？

真希望我能告诉它们，我也想问它们同样的问题。数字时代赋予了我们各种手段和工具——基因分析、谷歌地球，甚至是史前世界的地质地图——让我们得以追溯达尔文无法想象的动物历史。但为了拼凑福克兰群岛"飞天猴"的故事，我踏上了一段漫长且惊喜连连的旅程，去探寻数百万年后距离它们的家园数千英里的地方。这让我对它们萌生了一种近乎敬畏的钦佩之情。称它们为奇怪的猛禽，感觉就像是把意大利文艺复兴时期的画家称为一群天赋异禀的猿猴。

除非你住在格兰德河以南，否则很有可能从未听说过卡拉鹰。但你可以试着想象用十种不同的方法，以猎鹰的外形为基础创造一只乌鸦，最终的形象介于优雅、凶狠和异想天开之间——就差不多了。某些品种的卡拉鹰是土褐色的，并不起眼，但大多数卡拉鹰身上都带有黑白相间的花纹，脸部和腿部的皮肤呈红色或黄色。有些卡拉鹰的大小近似喜鹊，其他的则和渡鸦一般大，但都有宽阔的翅膀、弯钩形的喙和机警好奇的表情。从安第斯山脉干旱的山峰到亚马孙盆地热气腾腾的森林，在这片极其多样化的大陆上，随处可见它们的踪影。

不过，这种鸟最引人注目的特质是它们的头脑。和大多数猛禽不同，卡拉鹰属于群居动物，好奇心很强，喜欢以其他捕食者不屑的食物为食。达尔文写过，卡拉鹰是"真正的杂食动物，连面包都吃"。在热带地区，一种名为红喉卡拉鹰、集体意识很强的鸟拥有独特的饮食爱好，以吃黄蜂的巢穴和水果为生。某种生活在安第斯山脉高地的卡拉鹰会翻开沉重的岩石，寻找下面的蜥蜴和昆虫。印加皇帝曾用这种鹰的羽毛作为头饰。据说在巴塔哥尼亚，凤头卡拉鹰会把燃烧的树枝丢在干草上，引发蔓延的野火，然后尽情享用源源不断出逃的"难民"，这曾令达尔文深感不安。

　　卡拉鹰尽管特立独行，却在很大程度上遭到了北方世界的科学家与驯鹰者的忽视。就连达尔文也称它们是"假鹰"，"不足以拥有鹰那样崇高的地位"，认为它们惹人讨厌或令人失望的感觉已经慢慢消退。智利诗人巴勃罗·聂鲁达称叫隼为"垃圾坑里不思进取的流浪汉"，语气中带着喜爱之情。但两位德高望重的美国鸟类学家却不屑地认为它们整个族群都是"畸变的猎鹰""相当平庸"，他们说这话一点儿开玩笑的意思都没有。琼·莫里森是少数几个对卡拉鹰感兴趣的当代科学家之一，她告诉我，生物学家仍旧模糊地认为卡拉鹰不具备典型猛禽应有的样子。"这种鸟非常肮脏，"她似笑非笑地说，"是不好的猎鹰。"

　　多年来也有一些不同的声音。十八世纪晚期，西班牙博物学家费利克斯·德·阿扎拉曾在布宜诺斯艾利斯附近遇到凤头卡拉鹰，对这种生物的聪慧感到惊奇。他写道："这种鸟掌握了各种生存方式，能够窥探、利用和了解一切。"一个世纪之后，作家、博物学家威廉·亨利·哈德逊对达尔文进行了反驳，认为卡拉鹰平白无故遭到了贬低。"它们属于连严肃的博物学家都瞧不起的亚科，被称为卑鄙、懦弱、可鄙的鸟类，"他写道，"尽管名声不好，却很少有物种比它更值得仔细研究。"

我幻想着能在自己的公寓里饲养一只条纹卡拉鹰。它是这世上最会惹人生气的室友，但看着它用破碎的T恤衫、唱片套和我书架上的吉他琴弦建造一个鸟窝，说不定是值得的。我能想象它清早就站在我的厨房台面上，用嘴撕开一盒麦片，或是蜷起脚爪打破一个鸡蛋，趁我烧水泡咖啡时在我的椅子下面藏上一片面包。早饭过后，它会专心致志玩着脏袜子或草纸，而我则在试图寻找被它藏起来的钥匙。与此同时，我的脑海中浮现出了达尔文那些尚未解答的问题，还有一些我自己的疑问：你们为什么是这样的？你们的数量为何这么少？你们是怎么变成这样的？

每一次我的这些思绪被触动，卡拉鹰的故事都会变得比我想象中更宏大、更疯狂。条纹卡拉鹰及其亲属有许多出人意料、至关重要的故事要告诉我们。这些故事关乎生命的历史，关乎那片广袤而神秘的大陆上隐秘的世界，关乎进化是如何利用不同的素材塑造出我们这样的头脑的。它们甚至有可能为我们建言献策，告诉我们如何在一个即将发生剧变的世界中生存。

# 条纹卡拉鹰

G7死了。是谁或是什么杀死了它？傍晚时分，我们在海边的巨石上发现了它的尸体。巨石上覆盖着喜氮的金色地衣，福克兰群岛中有海鸟繁殖的岛屿周边都会出现这种地衣。每逢南半球的夏季，斯蒂普尔贾森岛上便会充斥着五十万只鸟的尖叫、咕哝与哀嚎。信天翁、企鹅、鸬鹚和海燕守着用泥巴和碎石搭成的窝，或是藏在泥炭土的地洞中，使这座岛屿俨然变成了鸟类的都市。但此时是八月的冬季，信天翁的聚居地如同备胎大小的空巢组成的蜂窝，即便是对聪明的食腐动物来说，生活也充满了挑战。G7深棕色的羽毛和黑色的喙标志着它是一只年轻的条纹卡拉鹰，而这是它经历的第一个冬天。我不知道它是否是饿死的，它看上去是累倒的，或者是从天上掉下来的。

福克兰群岛保护区的生物学家安迪·斯坦沃斯弯下腰把它抱了起来。G7长长的翅膀伸展着垂下来，露出已经被啃食过的身体。它被啃食的方式出奇讲究：脖子和胸口上的肌肉被整整齐齐地撕掉，雪白的胸骨暴露在外，身上其他的部位都没有被动过，就连光亮透明的大眼睛都完好无损。我摘下手套，把它的脚放在手掌上，触摸着上面如同爬行动物般柔滑的鳞片，还有因为在石头地上行走而被磨得十分圆润的爪尖。它腿上那个印有黄色字母和数字的黑色塑料环是我几周前绑上去的，还完好如初。我打开笔记本写道："2012年9月3日，发现了一具尸体。"

福克兰群岛在人类与动物的世界中都占有独特的地位，但是其外表却很容易让人产生误解。1997年，在我第一次到访群岛时，首府斯坦利港看上去就像一座英格兰海滨小镇，狭窄的街道两旁排列着金雀花树篱，海港边还立着几座红色的电话亭。端庄的教堂拱门由鲸须制成，不会飞的鸭子在防波堤下闲逛，这一切都暗示着英国其实远在千里之外。但远处崎岖的山丘几乎和达特穆尔没什么两样。一面英国国旗在政府大楼的草坪上空迎风招展。陈旧的路虎汽车在街上靠左隆隆穿过，传到我耳边的只有一种语言：夹杂着新西兰口音的英语。几乎没有什么人会提起三百英里之外的广袤的南美大陆。

自从达尔文到访以来，人类已将福克兰群岛最大的两座岛屿变成了与康涅狄格州差不多大的牧羊农场。在1982年英国与阿根廷的战争中，斯坦利港的海滩上曾布满地雷，让全世界的目光都投向了这里。但群岛中数百座面积较小（有些还不到一英亩大）的岛屿依旧保留着昔日未开化时的模样。在欧洲人将牛羊带来福克兰群岛之前，这里的海岸上覆盖着名为"图萨克"的巨型草丛。这种草长得十分高大，基底呈圆形，看上去有点儿像苏斯博士笔下的风景画。草丛中有各种各样的鸟。其中有些鸟全年都居住在这里，比如雀科鸟、鹪鹩与鹅，但还有不少是大规模上岸繁殖的海鸟，比如斯蒂普尔贾森岛上的鸟类。在牧场占主导地位的地区，鸟类资源丰富的景象基本已经无法得见。但在面积较小的岛屿上，人们依旧可以看到福克兰群岛几个世纪前没有政治与农业时的模样。

我乘坐福克兰群岛政府的双引擎空勤飞机来到了其中一座岛屿，在这里认识了条纹卡拉鹰。海狮岛并不是福克兰群岛外围最荒凉的岛屿，从空中俯瞰过去，它没有任何特别之处：缓斜的岩石平台和牧草地周围环绕着深色的悬崖和苍白的沙滩，岛屿面积不大，几个钟头就能步行走上一圈。岛上的大部分图萨克草已经被羊啃食殆尽，但这里已不再是一座农场：曾经的居民正在重新占领这座岛屿。海象懒洋洋地躺在沙滩上，企鹅在海浪中嬉戏，表情严肃的海鸟在铺满沙砾的长长的海岬尽头筑巢。在岛屿的中心，棕头草雁与红胸草地鹨在挂满苦涩小浆果的低矮灌木间踱步。

一整个上午，我都在海狮岛的海岸边散步，坐在南面的悬崖边俯瞰成群的跳岩企鹅和一种名为蓝眼鸬鹚的鸟。它们扭转纤细的喙和浅蓝色的眼睛，看了我片刻，然后就继续叼着满嘴的泥巴与海藻，回去加固自己的巢穴了。纤长弯曲的脖颈和有用的翅膀将它们与不会飞的矮胖企鹅区分开来，但二者的皮毛颜色相近，都是上黑下白，还顶着一颗花里胡哨的脑袋。鸬鹚头上的羽毛是黑色的，长着橙黄色的鼻肉垂。红眼睛的跳岩企鹅顶着尖刺状的黄色头冠。只要我不动，这些鸟就会当我不存在。悬崖下，长串的巨型褐藻在泡沫翻滚的海浪中打着卷又松开。

当我凝视着向南极洲蔓延的蓝黑色海水时，耳边传来了鼓动翅膀的声音和爪子敲击页岩发出的微弱咔哒声。我转过头，两只年轻的条纹卡拉鹰出现在我的面前。这是我第一次见到这种鸟。与企鹅、鸬鹚不同，它们显然对我很感兴趣。其中一只朝着我的方向迈了几步，像只小狗一样歪着头。我似乎应该递上一样见面礼，但身上没有任何食物。于是我从口袋里摸出一根钢笔丢在地上。两只鸟盯着钢笔看了一会儿，像是在决定该怎么做。其中一只走上前，用灵巧的大脚抓住钢笔——动作跟鹦鹉差不多，然后抬起头看了看我，仿佛在问："你就只有这些吗？"它的同伴也拍打着翅膀朝钢笔扑了过来。两只鸟翻滚着追逐到悬崖的边缘。

"等等，"我心想，"回来。解释一下你们想干什么。"

回到斯坦利港,我四处打听这种偷笔的鸟的相关情况,很快得知了两件事情:它们被称为条纹卡拉鹰——还有一个颇具捕鲸时代不羁风格的绰号"强尼·鲁克";通常不太受重视。有些人说它们是穷凶极恶的害鸟,还有许多人直接称它们"无耻"。我听过纽约人说城市里的鸽子是"长翅膀的老鼠",也听过得克萨斯州人恶狠狠地抱怨大尾拟八哥入侵城市,但指责一种鸟鲁莽无礼似乎是种非常英式的做法。我不禁很想再见它们一次。仿佛是命运的安排,后来,我碰到了一位要去福克兰群岛最荒凉的边缘研究这种鸟的英国鸟类学家。

他名叫罗宾·伍茨,与我一同住在这里的第四代岛民凯·麦卡勒姆的家里。凯将自家的百年小屋改成了一间提供早餐的民宿,挂了块写着"凯家民宿"的牌子。她表面多疑,内心却十分温柔。我和罗宾都很喜欢她,这也拉近了我们之间的距离。她总能想办法为上门的旅客安排食宿,即便这意味着她要睡在壁橱大小的厨房地板上,好让客人能在她的床铺上留宿。她似乎很高兴这个世界决定向她聚拢。在我出现的那天晚上,几个来自日本的游客正在她家的后花园里露营,一对意大利夫妇睡在折叠沙发上,一位来自牛津的语言学家占据了客厅的行军床,楼上的小卧室里住着一位苦行僧般的英国南极考察局科学家。在每天出入凯家的访客中还有她六岁的孙女莎妮丝。这个生龙活虎的小姑娘曾经问罗宾他的妈妈是不是故意给他取了一只鸟的名字。

罗宾表示自己并不这么认为，但他的妈妈可能也找不出什么更好的名字。他成长在战后的英格兰。1956年，怀着对探险的热情，年轻的罗宾接受了英国气象局一个偏远地区的职位，从此爱上了福克兰群岛的鸟类。四十年后，他对群岛野生动物的了解不亚于世上任何一个人。这一次，他要前往无人居住的贾森岛屿群，对卡拉鹰展开有史以来的第一次普查。政府正在考虑制定新的法规来保护条纹卡拉鹰，但谁也不知道，经历了几十年的迫害，这种鸟还有多少幸存了下来。

这对罗宾来说并不是什么新鲜的故事。多年来，他一直是福克兰群岛岛民与野生动物之间关系的见证者。他初到斯坦利港时，这里的居民更像是生活在十九世纪而非二十世纪。他们会在镇子上方的山上挖掘泥煤为家里取暖，而且只能通过电报或邮船与英国人联络。斯坦利城外，和大饥荒前的爱尔兰一样，身在外地的地主会雇佣管理人员来经营庞大的庄园。佃农辛勤劳作，却收入微薄。尽管罗宾遇到过许多喜欢岛屿野生动物的人，但还是会有人把企鹅、信天翁和卡拉鹰视为讨厌的东西或是取乐的对象。据说一些男人会把跳岩企鹅当成足球，还有某个颇具创业精神的地主在海鸟繁殖的岛屿上散养狐狸和臭鼬，希望能够发展皮毛贸易。

到了1997年，情况发生了很大变化。从英格兰出发至此不再需要一个月的海上航程，但也需要漫长的十八小时的飞行：从牛津郡的皇家空军基地出发，在大西洋中部的某座火山附近停机加油，然后继续飞往福克兰群岛的另一座军事基地。乘客可以在基地乘坐大巴，在坑坑洼洼的碎石路上行进九十分钟，到达斯坦利港。煤气炉已经基本取代了泥煤，电视也刚刚出现，但郊外农场的生活还是和罗宾记忆中的一样。他希望能去贾森岛屿群探访那些几个世纪以来都不曾改变的地方。我毫不掩饰想要随他一同前往的渴望。在吃了一顿牧羊人做的馅饼，喝了几杯酒，又咽下了凯不知怎么凭空变出来的奶油蛋白甜饼之后，他同意带我一同前往。和达尔文一样，我没有任何重要的资格证书，但恰巧是罗宾在1956年首访福克兰群岛时的年纪，这似乎让他非常高兴。"我想你会看到一些会让你惊掉下巴的事情。"他说着又给我倒了一杯酒。

当时我还不知道自己延续了一项传统。1813年冬天，也就是达尔文登上小猎犬号的前二十年，另一个来自美国纽约的充满好奇心的年轻人吃惊地遇到了条纹卡拉鹰。他就是查尔斯·巴纳德船长。不过，这位船长是个海豹猎手，不是博物学家。在遇到卡拉鹰时，他正面临一些十分紧迫的问题：他被困在了一座荒岛之上，衣衫褴褛，食物消耗殆尽。

就在几个月前，事情还是一帆风顺的。巴纳德和他雇用的船员从新泽西州的桑迪胡克启航，希望能从遍地海豹却尚未开发的福克兰群岛海岸大赚一笔。他们顺利完成了六千英里的旅程，按时到达了旅途的第一站——斯蒂普尔贾森岛。他们在岛上挥舞木棍、痛打猎物，往船舱里堆满皮毛。但几天后，他们遇到了一群更加狡猾的对手：一艘失事的英国护卫舰上幸存的船员。当时英美两国刚刚开战，巴纳德英勇地出手营救了英国人，令对方大吃一惊。然而他们给他的回报却是偷走了他的船——把他和他的狗以及几个暴躁的船员留在了福克兰群岛西缘的一座新月形小岛上。没过多久，巴纳德的同伴又驾驶他们唯一的小船去了另外一座岛屿，留下他一人独自求生。他在日记中狠狠地咒骂了他们。（"哦，我真想把他们扒光了，拿根蝎子鞭抽得他们满世界跑！"）不过，待心中的怒火平息，他还是动手用石头和漂流木搭出了一间小房，并用海豹皮制作了一件外套和一条裤子。做完这些，他又着手为即将到来的冬天囤积食物，从附近的跳岩企鹅聚居地偷来企鹅蛋，藏在一处茂密的图萨克草丛下。

就在他沾沾自喜之际，这批补给却遭到了攻击。一群好奇的条纹卡拉鹰发现了巴纳德藏好的蛋，将它们悉数翻出来吃掉了。它们肯定惊喜地发现，这位新邻居省去了它们将企鹅赶出巢穴的麻烦，于是开始在岛上四处跟踪他，观察其一举一动。一天晚上，他醒来时甚至发现几只鹰正试图拽掉他脚上的鞋子。

巴纳德不知该如何看待这群长翅膀的强盗，也不知该如何对付它们。他试过朝它们挥舞双臂、放声大叫、不断投掷沙子，却怎么也无法摆脱。无论他如何小心地藏匿那些蛋，只要他一转身，它们就会被那些鸟挖出来。他在日记中吐露，自己拥有的一切似乎都遭到了它们的觊觎。"我知道这些力大无穷的鸟，能叼走帽子、手套、袜子、火药桶、小刀、钢棒、马口铁罐。事实上，只要是拿得动的东西，它们都不会放过。"他写道，"它们迫使我想方设法保障自己的粮食供给……我会用石头固定食物，还会吩咐狗趴在附近，阻止这些贪婪的怪物把石头拖走。"

更糟糕的还在后面。一天下午，巴纳德用来袭击那些毫无戒备的海豹和企鹅的棍子不见了。重大的损失令他陷入了深深的恐惧。他开始怀疑这座岛屿可能有恶魔出没。几天后，他发现一群"海盗似的卡拉鹰"在空中盘旋。令他不可置信的是，其中一只的嘴里正叼着那根棒子底部的铁环。他朝它们投掷石块，花了一天的时间才拿回了棒子，还"在战场上收获了十二只鹰……囤货不降反增"。鹰肉的味道可能还不错。二十年后，达尔文写道，煮熟的鹰肉"很白，很好吃。但敢于尝试这样一顿饭的人肯定是个大胆的家伙"。

当卡拉鹰挡在了他与饥饿之间，巴纳德足够大胆。不过他也不由自主地对条纹卡拉鹰逐渐生出了兴趣。他称它们是"所有羽类动物中最顽皮的"，却无法判断它们是什么鸟。"从它们的颜色、顽皮的性情和以腐肉为食的特性来看，它们似乎属于乌鸦。"他写道，"但从另一方面来看，它们的体型……看上去又和鹰隼有关。基于这些特点，在鸟类学家给它们起正式的名称之前，我打算称它们为秃鹫乌鸦。"

这些条纹卡拉鹰兴许也不知道该如何看待查尔斯·巴纳德，他很有可能是它们见过的第一个人类。之前也没有其他动物向它们丢过石头，或是装备了这么有趣的配件。二者的第一次相遇是地球上许多动物很早以前就经历过的一个瞬间。虽然卡拉鹰的"顽皮"行径曾给一个疲于荒岛求生的人带来诸多困扰，但这正是它们生存下来的关键。

　　企鹅似乎就是为亚南极生活而生的。它们在冰冷刺骨的南半球大洋中追逐闪闪发光的鱿鱼群，身上的脂肪和羽毛就是天然的潜水衣。虽然它们在陆地上行动笨拙，入水后却十分优雅。在跟随罗宾调查卡拉鹰的过程中，我看着这些企鹅从我们的船边跳进海中，明白了弗朗西斯·德雷克为何会把它们误认作鱼：它们光滑的身体完全符合水生生物的生存需求，与贾森岛屿群的野生环境也很相配。这里的地面仍旧覆盖着成片的图萨克草，如同顶着一头蓬乱长发。岛屿轮廓在漫长的夏日夕阳的照射下渐渐扩大，海浪也被落日余晖染成了紫色和金色。

　　在如此壮观的背景的衬托下，条纹卡拉鹰看上去更像是派对上待了太久的不速之客。它们不会游泳，也不喝盐水，更不会迁徙，生存方式似乎毫无章法，却显然行之有效：虽然它们不是外岛上唯一的猛禽，但到目前为止是数量最多的。斯蒂普尔贾森岛上只有一对游隼，但我们却在海岸上发现了近三百只条纹卡拉鹰。对一座小到两天就足以穿越的岛屿来说，这样的数目令人叹为观止。年轻的条纹卡拉鹰三两成群地聚集在一起，让我想起了《柳林风声》中洗劫蛤蟆宅邸的黄鼠狼。成年的条纹卡拉鹰成双成对地在海鸟聚居地的边缘，守卫着这片狭长的领土。它们敏捷地在信天翁和企鹅中跑来跑去，试图抢走它们的蛋和雏鸟，还会在我们走向它们的巢穴时猛扑过来。与只吃鲜肉的游隼不同，条纹卡拉鹰似乎准备好了消化任何东西：我们目睹过它们从成团的腐烂的巨型褐藻上啄下苍蝇的幼虫，在草皮里挖掘蠕虫，舔舐打盹的海象淌着鼻涕的鼻孔，用如手一般能挖能抓的爪子撕开海鸟的地洞。

这种毫无章法、反复试错的生活，令它们看起来就像一艘古老沉船的幸存者，决心用尽一切手段在岛上谋生。第一次看到它们全速向我跑来，我因为认知失调吓得浑身颤抖：逃跑的不应该是野生动物吗？一只卡拉鹰拽走了我头上的针织帽，丢在我够不到的地方，用试探的目光紧盯着我。行走在贾森岛屿群的岸边，我低下头时常会看到一个带翅膀的影子与我自己的身影重合，抬起头便发现一只卡拉鹰正在我头顶一两英尺高的地方盘旋。要是我站住不动，它们就会缓缓降落，轻轻拍拍我的肩膀后飞走，像是在邀请我玩捉人的游戏。

十九世纪，在福克兰群岛上定居的欧洲人认为条纹卡拉鹰是一种大有用处的鸟。传说有个斯坦利女子清理自家的烟囱时，会往里面塞上几只卡拉鹰。但牧羊人对这种鸟没有什么好感，特别是当艰难生产的母羊被一群饥肠辘辘的卡拉鹰当成美餐的时候。你很难责怪这种鸟占尽了便宜。同样地，福克兰群岛的居民也很难想象还有什么吉祥物能比这种食腐动物更加精力充沛、足智多谋，更擅长充分利用手边的一切。然而福克兰群岛的旗帜上装饰的是羊，而非卡拉鹰。1908年，羊毛价格下降后，当地政府还曾出价悬赏、捕捉卡拉鹰。

随后发生的屠戮差点导致了卡拉鹰的灭绝。政府博物学家詹姆斯·汉密尔顿恳求官方停止屠杀。"它们身上有种无法遏制、毫无章法的滑稽，需要人们关注，"他表示，"一只和我有点交情的卡拉鹰能和一只空的沙丁鱼罐头玩上很长时间。"最终，他获胜了。但直到二十世纪六十年代，卡拉鹰仅在那些人迹罕至（或无人问津）的岛屿上存在。

值得注意的是，数十年的迫害并没有吓得条纹卡拉鹰放弃自己的滑稽风格。如果你长时间静止不动，还是会有年幼的卡拉鹰跑过来坐在你的靴子上。它们还会踢踹废弃的橡胶手套，叼着塑料布的碎片玩拔河游戏。这些游戏都是有目的的：大海时常吐出一些新奇的玩意，而你永远不知道什么有可能是食物。但其中也带有一种绝望的味道。条纹卡拉鹰至少要长到四岁才能达到性成熟，成熟时间是游隼的两倍。和不怕输的人类青少年一样，年轻的条纹卡拉鹰要想生存，就必须靠近未知的事物。它们跟随同伴四处寻觅食物，饱餐后嗉囊就会从胸口的羽毛中鼓出来，很难掩饰自己刚刚走了好运。

但有些雏鹰似乎无法找到生存的窍门，会向其他的鸟类乞食，把自己累得筋疲力尽，或是直接瘦成了皮包骨，看上去既憔悴又抑郁。成年的卡拉鹰已经掌握了在任何地方获取食物的技巧。鉴于不同岛屿、不同季节的食物储藏地点不同，成功的条纹卡拉鹰必须保持开放的心态和杂食的习惯。它们会趁退潮在浅滩上捕捉小鱼，或是靠海豹的粪便果腹，还会随着季节的变换成为夜行动物，捕捉夜间返回洞穴的海燕。

　　人类对条纹卡拉鹰而言一直比较难以理解。詹姆斯·汉密尔顿哀叹道，尽管悬赏曾给这些鸟造成致命的影响，但它们"还是没有意识到人类的危险"。传说福克兰群岛的条纹卡拉鹰会从晾衣绳上偷窃内裤，还会吃掉成罐的发动机润滑油。虽然会被人类端着来复枪和猎枪四处追捕，它们还是一如既往地被人类吸引：看来，对它们而言，好奇心比自我保护的本能更强。


　　众所周知，这样的生活方式十分危险，但也有可能富有成效，因为这正是智人的一个标志。在离开非洲的家园之后，我们只花了十万年就占领了这个世界剩下的宜居空间。我们是沿着三条重要路线前进的：从中东进入欧洲和亚洲；沿印度海岸前往东南亚和澳大利亚；翻越喜马拉雅山脉进入中国、西伯利亚和美洲。在我们行进的过程中，体形大到足以吃掉我们的动物或者学会了与人保持距离，或者灭绝了，抑或成为我们的旅伴和奴隶。非洲的食肉动物与食草动物拥有得天独厚的优势，它们目睹了我们的祖先学会狩猎和用火的过程，因此知道要在我们出现时逃跑或发起攻击。但随着旅程的推进，我们遇到了一些从未见过人类的动物——许多动物并没有在这样的相遇中幸存下来。人类与乳齿象（或巨型狐猴、洞熊）的第一次相遇肯定令人惊叹，但你很容易忘记，这样的场景对于生存了数千年的人类来说已经司空见惯。下一座山脊或下一片水域中总是会有体形巨大、可以食用的生物在等待我们。它们无疑就是驱使我们继续前进的强大动力。

对旅行与生俱来的热爱、认为地平线永远在召唤我们，可能就是大迁徙留在我们基因中的遗产。达尔文在智利南部的峡湾中萌生了一种说不清道不明的强烈感受，他陷入沉思。他和小猎犬号的船员花费数天时间在原始森林里攀爬，希望找到某种景象，但眼前始终只有更多的峡湾、山脉和森林。不过他还是写道："人们仍旧抱着无限的期待，希望能够看到某些光怪陆离的东西。"

也许我们还在寻找动物的身影。狩猎并非总是需要偷袭、技巧或远距离杀伤性武器，而是仅仅需要一个当地生物还不认识我们的新地方。数千年来，这些生物一直都在附近，亟待我们去发现。时至今日，亚马孙西部尚未通路的丛林中仍旧生活着一些"与世隔绝的"人。"与世隔绝的"哺乳动物和鸟类同样稀少：在伯纳德的时代，捕鲸者和海豹猎手在南极洲周围散布的岛屿上见过其中仅存的一些。英国人亚历山大·塞尔柯克在经历沉船后漂流到一座孤岛，他的故事就是对这个世界的最后一瞥。这段冒险从回忆变成传说，启发了《鲁滨孙漂流记》的创作，成了巴纳德熟知的那首广为流传的诗歌的主题：

> 漫步在平原上的野兽
>
> 冷漠地望着我

人类对它们而言如此陌生

它们的温顺令我震惊

在动物园里第一次面对自己从未见过的生物时——比如霍加狓、马达加斯加狐猴或是目光机警的苏里南蟾蜍——你我都会感觉后脑勺一阵阵刺痛。我们仍旧渴望看到新的动物。欧洲洞穴与撒哈拉悬崖上的绘画和雕刻图案证明，早在刚刚认识这些与我们共享世界、让人类得以生存的动物时，我们就迷上了它们。

条纹卡拉鹰是最后几个不为人所知的物种之一。据我们了解，徒步穿越白令海峡进入美洲、成为美洲印第安人的人类，从不知道福克兰群岛的存在。除了加拉帕戈斯群岛，福克兰群岛是欧洲人发现的真正"新大陆"。巴纳德在日记中描述了一群善于观察的聪明动物对人类展开的第一次"摸底"。他可能忘了二者的相遇有点儿讽刺，因为"秃鹫乌鸦"是通过磨砺出某些才能才得以幸存的——近乎鲁莽的投机取巧，对任何新鲜事物怀有不可抗拒的兴趣；而他本人也是靠着同样的才能才来到这里的。

我把G7的尸体放在斯蒂普尔贾森岛研究站门前的一只塑料桶里，来到门厅脱掉长靴和外套，走进乏善可陈的客厅。一群科学家和志愿者正将野外工作记录本上的数据转录至笔记本电脑里，还有人在烹饪附近的卡尔卡斯岛农场出产的羊肉作晚餐。引领我们来到斯蒂普尔贾森岛的道路各不相同：发现G7尸体的安迪·斯坦沃斯是一名英国科学家，来福克兰群岛是为了逃避英国的艰辛生活；当地岛民米奇·里弗斯爱用冷嘲热讽式的幽默掩饰自己对野生动物深切的热爱；罗宾·伍茨这次回来还带上了朋友戴维·盖罗威。盖罗威是一名退休的社会学教授，二十世纪五十年代曾在西福克兰岛的小学教书，当时这里仅有的出行方式除了步行就是骑马。

队长卡林卡·雷克斯-胡贝尔是个充满热情、颇有能力的新西兰年轻人，供职于英国皇家鸟类保护协会。多年来，卡林卡和寡言少语的丈夫格雷厄姆一直在亚南极地区进行野外科学考察，他们顶着大风从一座岛屿前往另一座岛屿，试图挽救濒临灭绝的海鸟。在之前的一项任务中，夫妇俩和另外五个人在戈夫岛上度过了十三个月。那是南大西洋上的一座休眠火山岛，岛上随处可见信天翁的骨架。毫不夸张地说，这些大鸟都是被"超级老鼠"咬死的。"超级老鼠"是数百年前随失事船只的水手来到这里的家鼠后代。从那以后，老鼠的体形长到了将近祖先的两倍大，还喜欢上吃肉。卡林卡与格雷厄姆研究用毒饵消灭它们的可能性，但并没有得到鼓舞人心的发现。岛上遍布的侵蚀熔岩使毒饵无法被播撒在老鼠生活的所有区域。卡林卡向我展示过一张令人难忘的照片。照片中，格雷厄姆张开双臂将一只信天翁的尸体举过头顶，他撑开它的翼骨，看上去很像是举着一只翼手龙的骨架。

卡林卡和格雷厄姆又被老鼠引到了福克兰群岛。和它们戈夫岛上的同胞一样，这种顽强的小型哺乳动物是在上个世纪的某个时候到达斯蒂普尔贾森岛的，它们已经开始食用雏鸟和小型鸣禽的卵。这令环境保护主义者为斯蒂普尔贾森岛上的黑眉信天翁族群感到忧心。它们是世界上体形最大的信天翁，有十四万只。卡林卡及其团队的任务是趁海鸟在冬天离开时，在岛上各处抛洒有毒的谷粒，看能否杀死老鼠。第一步是确保斯蒂普尔贾森岛上的老鼠愿意上钩。团队每天都要劳心费力地穿行在高大的图萨克草丛中，抛洒带有荧光绿染剂的无毒测试饵。这样投喂了几天之后，他们会设下数百个陷阱，捕到老鼠后再把陷阱清除，将尸体带回研究站。卡林卡会用紫外线照射老鼠的内脏，看它们是否会发光。

这是典型的野外科考苦差，难熬、枯燥，甚至有些荒诞，但也有令人心旷神怡的时刻。正如这座岛屿荷马式的名字所暗示的那样，斯蒂普尔贾森岛的双峰令这里彰显着质朴之美。天气晴朗时，西南风裹挟而来的冷空气如此纯净，仿佛整个世界掀起了一层薄纱。巨大的海燕在岛中央的山脊上盘旋，成群的巴布亚企鹅钻出海浪，在狭长的陆地上晒太阳。大部分企鹅喜欢漫无目的地闲逛，三两成群地在登陆的海岸附近打盹儿。但也有几只莫名渴望爬上山脊，居高临下地凝视海洋。

在这样的场景中，一只死去的条纹卡拉鹰就显得十分特别了。晚饭后，我们挤在门厅，观看卡林卡解剖尸体。米奇查阅了野外科考笔记，发现自己那天上午还曾看到G7与另外几只年轻的条纹卡拉鹰在一起。卡林卡用手术刀切开G7的腹部，嘟囔着说它的内脏看似非常健康：胃部填满了一只企鹅脚的残渣，没有明显的脱水或疾病痕迹。紧接着，她把注意力转移到它的头部，按住它的下颌骨，它的头骨突然向后坠了下去。

"原来是这么回事，"她说，"它的脖子断了。"

起初，这似乎证实了所有人的怀疑：它在和另一只卡拉鹰缠斗的过程中失败了。但我们都错了。过了好几个月，我在一位性格忧郁的博物学家的帮助下明白了这一点。他的生活与工作深深吸引了我，就像条纹卡拉鹰一样一直令我充满好奇。威廉·亨利·哈德逊是最早为卡拉鹰说好话的人之一。和它们一样，他也不是表面看上去的那样。

# 一只没有完全驯化的鹰

布罗德沃特公墓位于英格兰滨海小镇沃辛的中心附近，坐落在一所理工专科学院和一条主街的拐角处。按照英国的标准来看，这座公墓的历史并不算久远，里面的坟墓可以追溯到十九世纪中期至二十世纪中期，但石碑已经纷纷开始倾斜，一些最高的纪念碑已然垮塌。砾石和海玻璃铺成的小块地面上，长满了苔藓和野生黑莓。几棵高大到足以在森林中成为顶梁柱的观赏松树上，斑尾林鸽和喜鹊叽叽喳喳叫个不停。两只用胶带修补过的空喂鸟器，在一张尚新的长椅上晃来晃去。

几块小巧的指示牌为游客指明了布罗德沃特最热门的三座坟墓。其中一座属于人尽皆知的"养了一只小羊羔"的玛丽·休斯，但很少有人知道她的墓坐落在这里。玛丽墓的拐角处是理查德·杰弗里斯的墓碑，看上去一直有人精心打理。这位维多利亚时期的作家有本热门的自传，名为《我心灵的故事》，被那些热爱自然世界的英国作家奉为至宝。（"空气、阳光、夜晚，我身边的一切似乎都充满了难以言喻的力量，"杰弗里斯写道，"所以我行走在不朽的事物之中。"）

　　距离杰弗里斯墓不远的地方，长眠着他的朋友威廉·亨利·哈德逊。他的坟墓看起来远没有那样受人喜爱：十字架的底部都已开裂，园蛛也在墓碑上结了网。哈德逊和杰弗里斯一样热爱自然，也许爱得更加深沉。他的许多作品（例如《在英格兰徒步》《牧羊人的生活》和《丘陵地带的自然》）曾在二十世纪初激发了人们对英国野生动物和景观的兴趣。他是皇家鸟类保护协会的创始人——就是将卡林卡和格雷厄姆派去斯蒂普尔贾森岛的那个协会。协会总部位于伦敦附近，那里悬挂着他的肖像画。画中的哈德逊神情忧郁，留着灰色的胡子，深陷的眼睛是深色的，手里拿着一只长长的双筒望远镜。你可能会想象他是一个投入的登山者，拥有一座乡间别墅，可能还在上议院占有一席之地。

　　那你就错了。随便翻开哈德逊书中的一页，你会看到一个深情款款、才华横溢、充满好奇心的现代人形象跃然纸上。这个男人默默耕耘了几十年，配得上他的墓志铭："他热爱鸟类、绿原和荒野上吹过的风，见过上帝周身散发的光芒。"世界上仍有一小部分热烈的哈德逊支持者。但就像他安息的这座公墓一样，他似乎正在逐渐被人遗忘。

1922年，哈德逊去世时可不是这般默默无闻。身为一名受人尊敬的作家，他创作的大量散文、小说和回忆录都结合了博物学家的眼光和文学的思维。哈德逊是《安娜·卡列尼娜》和《莫比·迪克》（即《白鲸》）的早期拥护者。同行们都很羡慕他能栖息于人与动物的感官和精神世界中。"你可能总想知道哈德逊是如何实现这一点的，但你永远无法得知。"约瑟夫·康拉德写道，"他写下他的文字就像仁慈的上帝让青草生长——你能说的也就这么多了。"与达尔文共同撰写自然选择进化论的阿尔弗雷德·拉塞尔·华莱士，在《自然》杂志上对哈德逊的著作发表过充满赞美之意的评论。福特·马多克斯·福特、D. H. 劳伦斯、埃兹拉·庞德、拉宾德拉纳特·泰戈尔都是哈德逊的朋友。弗吉尼亚·伍尔夫、欧内斯特·海明威、托马斯·哈代和T. E.劳伦斯（人称"阿拉伯的劳伦斯"）都对他钦佩有加。1919年的一个下午，T. E. 劳伦斯与哈德逊都坐在某艺术家的画室里请人为自己绘制肖像。当时，年轻英俊的劳伦斯上校正声名显赫，他主动提起自己已经把哈德逊的小说《紫色的土地》读了十二遍。而哈德逊被劳伦斯迷住，多半是因为他的服饰。

我认为他的一袭盛装是我见过最美的东方男性服

饰：一件略带红色的骆驼毛斗篷或披风，一件镶着金领、垂至地面的白色长袍，一条缠绕着三根银线或绳索的白色头巾。他的胡子刮得干干净净，脸部线条优美，穿着这件长袍尤其好看。他说只有麦加的重要人物才会这样打扮，而且麦加以外的人都不会如此穿戴……我和衣着华丽的劳伦斯上校高谈阔论，还对一些科学与艺术的问题展开了激烈的争论。

在哈德逊的心里，科学与艺术的世界是共存的。这种关系虽然矛盾，却能带来丰硕的成果。他两者都爱，却怀疑科学家目光短浅，也怀疑艺术家愚昧无知。他将自己形容为"作家和野外博物学家"。他认为动物的生活遭到了严重误解——动物的生活其实比我们想象中更接近人类的生活。他还经常称它们为"人"，比如"啮齿人"或者"猴人"。

这样说来，他作品中最经久不衰的遗产是一个跨越了人与动物之间鸿沟的角色，就非常合理了。这个角色是一个名叫莉玛的神秘女孩，是他1904年创作的小说《绿厦：热带雨林中的爱情故事》中的主角。莉玛住在圭亚那南部的林地深处。目前还没有人清楚她是否完全是人类：她拥有红色的虹膜，会说一种悦耳的独特语言，能像蜘蛛猴一样轻松地在树冠中攀爬。她渴望回归被她称为里奥拉玛的故乡，却迟迟才得知自己是同类中剩下的最后一个。她最终死在了认为她是恶灵的人的手中。

莉玛的形象在美国流传开来，最终被改编成电影《翠谷香魂》，由奥黛丽·赫本和安东尼·博金斯主演。她还在DC漫画中以丛林女孩莉玛的身份活到了今天。英国伦敦海德公园一角的哈德逊纪念碑上也有莉玛肖像的雕塑，出自备受争议的雕塑家雅各布·爱泼斯坦之手。雕塑中的莉玛袒胸露乳，左右各有一只鸟相伴——可能是鹦鹉，也可能是老鹰。在哈德逊去世两周年的纪念碑揭幕仪式上，这幅不雅的雕塑作品曾引起轩然大波。《每日邮报》疾呼："将这个恶心的东西移出公园！"一整个夏天，人群把纪念碑周围的草地都踏平了，就为了看看它到底有什么好让人大惊小怪的。正如爱泼斯坦所写，他们在寻找"根本就不存在的猥琐"。也正如哈德逊本人一样，没有人知道该如何看待这幅作品对雅致与质朴充满冲突的结合。

　　"对大多数的野生鸟类来说，人类的行为举止肯定是既古怪又自相矛盾的。"哈德逊写道，"对待它们，人类有时充满敌意，有时漠不关心，有时又亲善友好。所以它们永远不知道会发生什么。"哈德逊充满激情、喜欢沉思，与达尔文形成了有趣的对比。达尔文改变了科学思想，却几乎不曾试图体会各种动物的思维方式——更别提灵魂了。（这两个人从未谋面，但在报纸上就南美啄木鸟的习性展开过辩论。）达尔文的天赋在于凭借直觉分析自然世界的模式与变化过程，但有时似乎会把其他生物视为复杂且行事机械的东西。在描述自己随小猎犬号出海的过程中见到的动物时，他总是保持着一定的距离。以这段对人称窜鸟的腼腆安第斯鸟的描述为例：

它生活在干燥贫瘠的山丘上，藏身于散落的灌木丛中。它的尾巴是竖直的，腿像踩着高跷一样。人们时不时便会看到，它以不同寻常的速度从一片灌木跳到另一片灌木中。毋需多想就能知道，这种鸟肯定为自己感到羞耻，知道自己的形象非常可笑。人们第一次看到它时便忍不住惊呼："有个丑陋的填充标本从某间博物馆里跑出来了，它复活了！"

达尔文一直认为动物就是活标本，他有时似乎还会屈从于一种诱人的想法，即人类是生命的最高成就，或者说在他的研究所揭示的自然法则中，人类以某种方式免于其约束。相反，哈德逊认为人类普遍被高估了，觉得把自己比作驴子或蟑螂并不是一种侮辱。他写道："一个拥有蚂蚁或甲虫般力量的人能钻到长途运输车下，用自己的后背抬着它走到泰晤士河河堤，然后把它丢进河里。"

在音乐的起源与用途问题上，哈德逊和达尔文的意见也不统一。音乐令达尔文感到困惑。他无法想象音乐除了吸引异性之外，还有什么进化方面的功能。而且他认为，音乐是人类独有的。"因为欣赏音乐、创作音符的能力对人类来说都没什么用处，"达尔文写道，"音乐应该被归为赋予人类的最神秘的能力之一。"

对哈德逊而言，这简直是无稽之谈。他辩称，我们的审美偏好和审美能力源自内心最深层次的需要，远远超出了求偶的范畴。他认为，达尔文的观点不仅不适用于人类，也不适用于任何动物。哈德逊承认，"性的感觉"是生活的重要组成部分，但只是其中的一小部分。作为一个无儿无女的音乐爱好者，他可能被达尔文的口吻刺痛了。哈德逊沉思道，人类创作和欣赏音乐的能力可能是无用的，但既然如此，为什么要止步于此呢？

它们和我们身上的其他机能一样无用，与获取食物等毫无关系。我们还可以补充说，从另一个角度来看，这些技能也是有用的。举例而言，它们和玩耍的本能，和奔跑、跳跃、攀爬、划水、游泳、潜水的本能，和晒太阳、在草地上打滚、在没有什么可喊的情况下还是想要大喊大叫的本能一样无用（也一样有用）。

哈德逊认为，这些身体和情感状态——玩耍的乐趣、对其他生物美貌的热爱、用身体发出声音的乐趣——是所有动物共有的，远远不只是生命或进化的附带结果。他相信动物的生活对它们的重要性不亚于我们的生活对我们的重要性。而且动物的智力被大大低估了。只要仔细观察，即便是一只蚱蜢，也有自己的音乐品味。"你可以用各种各样的声音去试探它。"他写道：

吹口哨，用你最甜美的声音唱歌，演奏长笛和小提琴——它都不会在意。但用齐特琴试试，用指甲拨动琴弦，它马上就会全神贯注地聆听，转动长长的触角，并且很快就会开始跟着你的琴声"演奏"它的"齐特琴"。你来到了它的世界，融入了它的物种，触动了它那颗蚱蜢之心的心弦。

总之，哈德逊认为科学家们对现存动物的观察还不够仔细，或是在错的方面观察得过于仔细，只关注解剖结构而忽略了行为，紧盯着我们与动物的区别，而贬低了二者明显的相似性。"我们头脑中有的，它们也有。"他坚称。

在其最后一部作品《里士满公园的雌鹿》中，哈德逊通过动物视角看待世界的追求达到了巅峰，这本书是对我们共享的感官世界巧妙的探索。在那个大多数人都用枪支或陷阱接近野生动物的年代，哈德逊却十分享受手捧望远镜时那份不张扬的亲密。在《里士满公园的雌鹿》一书的开篇，他用望远镜瞄准了一只坐在橡树下的鹿。这只雌鹿咀嚼着反刍的食物，长长的耳朵转向一小片森林。"它并不在意我，"他写道，"而是全神贯注聆听着树林里传出的声音。我那不太灵敏的听觉却什么也没捕捉到。"

毫无疑问，对它来说，耳边传来的声音是重要的或有趣的。为了让它出现在我视线一码内的地方，我用双筒望远镜瞄准了它。我能看出，它身上持续的一连串小动作都有属于自己的意义——突然暂停反刍，双耳朝前硬挺或是微微调转方向；从头到脚微微颤抖，背上的汗毛时而竖起，时而放下。这些都表明，它一直有种小小的兴奋感。令它兴奋的声音无疑就是夏天我们会在长满灌木丛的密林中听到的那些：嫩枝折断的声音，树叶的沙沙声，受惊的苍头燕雀发出的惊叫，乌鸫的窃笑，知更鸟或鸫鹟微带颤音的尖锐惊叫等二十种声音。

这段话中蕴含着强烈的向往。在此书的后面几个部分中，哈德逊在想象中和这只鹿就人类和"低等"动物哪个更加优越展开了争论。雌鹿与他打了个平手。"这是一场大战，"他写道，"双方都发表了许多激烈的苛评，也都曾捧腹大笑。"

我始终觉得它在这场辩论中占了上风，心里痛苦不堪。如果动物的生命能够一直持续到地球上所有的生命都死去，而不是像直立行走、朝着天空微笑的高智能生物这样发展，那就更好了。

即便是在朋友之中，哈德逊也永远无法完全地放松下来。作家莫利·罗伯茨写道，他的身上散发着一种"兴致勃勃却充满戒备的超然之态"，观察别人时仿佛他们也是野生动物。他还将哈德逊比作"一只没有完全驯化的鹰，随时都有可能一飞冲天"。鉴于哈德逊并不像他看上去那么英国范儿，这样的比喻十分恰当。虽然他写的是无可挑剔的英式散文，但他来自南美。虽然他年轻时就离开了南美，但余生都为那片土地魂牵梦萦。

　　说来也巧，我是通过一只鸟了解哈德逊的。这只鸟是斯蒂普尔贾森岛的稀客，出现在G7死后几天。我和罗宾正坐在研究站的厨房餐桌旁，一整天都在图萨克草丛中忙忙碌碌、清理捕鼠器的米奇，从前门探进头，说他刚刚见到了一只叫隼。

　　罗宾站了起来。这可是一条大新闻。多年来，他一直在编制一份清单，记录自己在福克兰群岛上见过的每一种鸟。叫隼是条纹卡拉鹰在大陆上的小型近亲，在群岛出现的记录只有四次，通常还都已经死亡。罗宾干净整洁的家位于德文郡。几年前，我曾去那里探望他，询问有关其他品种卡拉鹰的事情。他给了我一本哈德逊于1920年出版的第一版《拉普拉塔的鸟》。

　　"我想你会喜欢他的，"他说，"他是个十分富有感情的人。"

　　我很快就沉浸在书页之中。《拉普拉塔的鸟》既是一本鸟类指南，也是一部回忆录，是背井离乡的哈德逊对南美世界充满深情的写照。他将书中最长的一个章节留给了叫隼。他写道："尽管这个生物看起来可怜寒酸，从道德的角度来看只配得上一个听上去十分奇怪的绰号，但我不知道博物学家去哪儿能够找到比它更有意思的物种。"哈德逊钦佩叫隼几乎在任何情况下都能找到食物的能力，描述它们时措辞既谨慎又充满同情。"它的食谱可能是所有鸟类中最广泛的，"哈德逊表示，"它还将二十种不同鸟类的习性移植到了自己独特的生活方式中。"

　　它时而是猎鹰，时而是秃鹫，时而又是食虫动物和食草动物。你会在同一天内看到它们中的某一只像暴力的老鹰一样，凭借热切的劫掠本能，追逐活蹦乱跳的猎物。另一只没那么有雄心壮志的，则在费力撕扯着被人丢掉的旧鞋，同时发出悲哀的叫声，仿佛更关心这种材料的黏性，而不是它好不好消化……这种鸟是不会让尊严妨碍自己饱食一顿晚餐的。

对于斯蒂普尔贾森岛上不同寻常的鸟类而言，今天是个好日子。持续了一周的西风和大雨终于罕见地归于平静。从南美大陆被吹来的鸟儿如同抓住了救生筏，不肯离开这座小岛。今天上午早些时候，我看到了一只巴塔哥尼亚雀鹀。那是一种安第斯山脉的鸣禽，蓝灰色的脑袋和翅膀四周围绕着一圈金色的羽毛。罗宾则发现了一对喉部呈黄褐色的小嘴鸻。这种小巧的滨鸟，翅膀上有着西洋棋盘般的黑白花纹，与胸口的乳白色及喉部的一抹琥珀色形成了对比。看到这些鸟对我们而言是种享受，但对它们来说却并不是好事：极地涡旋阻断了它们返回大陆的路，而我们的东方是绵延数千英里的海洋。罗宾记得自己有一次在附近的一座岛屿上见到一种名叫棕背小霸鹟的大陆鸟，它如同一团绒毛无助地在风中颤抖。

　　叫隼也许在福克兰群岛实属罕见，但在南美洲南部却十分常见，几乎无人在意。在阿根廷，它名字chimango caracaras中的"chimango"被用来指代一切微不足道、招人讨厌、毫无价值的东西。有句话叫"No gastes pólvora en chimango"，意思是"别把子弹浪费在叫隼身上"。在智利的最南端，如果你用"chimango"一词的衍生词"chumango"来称呼某人，那就是在玩火——和在南卡罗来纳州叫一个人"北方佬"是一个道理。你可能是想取笑他们，或是想打架，但不管怎样，你都是在说他们属于不受欢迎的群体。

诚然，叫隼乍看上去并不起眼：浅褐色的羽毛，瘦削的腿，看上去虚弱无力的喙（哈德逊认为这样的喙"完全称不上是鹰用来撕咬的武器"），嘶哑且哀怨的叫声。但对喜欢独来独往的猛禽而言，叫隼是一种不同寻常的群居动物。它们经常三四十只聚集在一起，如同超大号的麻雀。有的时候，它们会在树林中建造一座"小镇"，将自己的巢穴拼凑在一起，仿佛无法想象没有朋友和邻居的生活。但在达尔文的笔下，它们却被描绘成了孤独、绝望的形象："它们往往是最后一个离开动物尸骨的，还经常出现在牛和马的肋骨中，就像笼子里的鸟。"几十年前，费利克斯·德·阿扎拉曾写道，也许叫隼具备攻击一只老鼠的勇气，但他表示怀疑。

哈德逊对此不敢苟同。叫隼经常出现在他家的农场上（位于阿根廷农村），他认为这些黑色的食腐动物远比人类看到的复杂得多："一个口味如此多样化的物种在英格兰肯定能得到整本书的描绘，但作为一个可怜的外来者，它得到的描述却只有几个充满敌意的段落。"

在这个问题上，哈德逊略有体会。当年他离开阿根廷前往英格兰，就是为了寻找和他一样热爱野生动物的人，但像约翰·古尔德这样为达尔文的标本编目的人，却把他当作缺乏资质的业余爱好者，令他受尽了冷遇。有时他不得不睡在海德公园，就在他的纪念碑如今所在的地方附近，同时打些零工：为一个长期破产的考古学家做些秘书工作，或是为新闻杂志做自由撰稿人。后来，哈德逊娶了比自己年长十五岁的小个子女子埃米莉·温格雷夫，帮忙打理她的寄宿公寓，但日子过得十分艰难。据哈德逊回忆，某个星期，他们可吃的只有一条面包和一罐可可。不过他总是会为飞到窗前的麻雀喂食，也喜欢在伦敦四处走动，观察城里的人和动物，就像他小时候全神贯注地观察小鸟那样。比如，他觉得伦敦的乌鸦与城市里通勤的人是一样的：

听说伦敦市内经常出没的乌鸦多达四十只，我并不惊讶。除了其中的两三对，这些乌鸦并不会在伦敦繁殖，而是在城市西边、北边和东边的树林里筑巢。在郊区繁育之后，它们会把成功养大的幼鸟带来公园。它们自己有时也会被人从公园里驱逐出去。传统就这样得以传承。大部分鸟似乎每天都会在伦敦上空飞过，长途跋涉前往摄政公园、荷兰公园、中央公园和巴特西公园。由于它们的行动很有规律，所以你可以在伦敦的地图上标记出它们的不同路线。

尽管与自己的出生地相隔一片大洋，但他对故土野生动物的记忆却十分鲜活，这其中就包括农场上那些地位等同于乌鸦的叫隼。叫隼高亢、气喘般的尖叫和乌鸦洪亮的聒噪叫声不太一样，但同样十分"健谈"（这是猛禽的另一个非典型性特征），而且似乎十分享受自己刺耳的音色，在进食时更是如此。他想象它们是在互相训话，或是在抱怨自己的饮食。"加乌乔人有种说法，把走了好运还满腹牢骚的人比作对着动物尸体还要哀嚎的叫隼。"哈德逊写道，"对那些听过叫隼吃肉时凄惨哀嚎的人来说，这样的说法极具表现力。"

在一条被腐烂海藻堵住的水沟里，我们遇到了几只条纹卡拉鹰，当时它们正在啃食一只海狮的尸体。早在几个星期以前，这具尸体就已经干得只剩皮包骨，经过雨水的浸润才重新软化。一群鸟争先恐后地在它身上跳来跳去，从骨架上扯下成片的兽皮。它们中许多都和G7一样，是一岁的幼鸟——要是G7还活着，肯定也会是其中的一员。其他鸟已经接近成年，腿的颜色介于灰色与浅黄色之间，奶油色的脸已经逐渐蜕变为橙黄色。这些鸟大多都很安静，只有一只在不停地叫：尖锐刺耳的声音似乎是要唤来所有听得到它声音的条纹卡拉鹰。

作为一种获取食物的策略，这似乎会适得其反。如果想要独占食物，为什么要引起别人的注意呢？不过这些年轻的食腐动物跑来这里"大摆筵席"是有充分理由的：这条水沟属于一对浑身油亮、誓死抵御入侵者的成年食腐动物的领地。但它们无法抵御一群饥肠辘辘的青少年，只能双双飞到附近的巨石上，愤愤不平地盯着它们。每隔一段时间，这对成年的大鸟中就会有一只扑向离群的幼鸟，然后回到伴侣身边，仰起头与它一唱一和，显然是在宣称："你们这些小毛孩，可别忘了，这里是我们的地盘。"

尽管现场一片骚动，尸体那里却没有发生真正的冲突。从幼鸟们松弛的嗉囊判断，大家都吃到了属于自己的那一份。就连那些互相踩着尾巴的幼鸟也不是真的在打架。它们需要的只是满满一肚子肉，而是否能交上这样的好运在冬末可能是生死之间的分水岭。我在一块岩石上坐下，慢慢靠了过去，直到近得足以触碰到它们，同时紧盯着一只不断看向我的鸟。它似乎是在努力判断我是个问题还是个机遇。我一门心思想在这场大眼瞪小眼的比赛中获胜，几乎没有注意到，就在距离我几步之遥的地方，一只叫隼正俯身向前，寻找着加入它们的方法。

"一般来说，强壮健康的大鸟是看不起叫隼的……"哈德逊写道，"它的突然出现不会引起大鸟的警惕。它们也不会费力去与它纠缠；但当它们身边有鸟蛋或幼崽时，就无法信任它了。"在阿根廷的农场上，叫隼就像长满羽毛的小郊狼：它们始终在附近出没，大多数情况下是无害的，但你可能不想长时间地背对它们。它们会扑向熟睡的羊羔，撕咬马鞍在马背上留下的伤口。哈德逊经常看见"一只被激怒的鞍马在平原上疯狂奔跑，身后紧追着一只饥肠辘辘、决心要咬下它一块肉的叫隼"。它们还会跟随所有携带枪支的人。在哈德逊担任鸟类科学收藏家的短暂职业生涯中，他刚打下来的标本就经常会被它们抢先一步带走。

哈德逊用长远的眼光来看待这些挑衅行为。"和人类一样，思维对野兽与鸟类来说，是最重要的。"他写道。叫隼似乎天生具备一种模式，超越了他所认识的大多数鸟类。他把它们的投机取巧看作是足智多谋，而非调皮捣蛋。他认为，达尔文和阿扎拉将它们描绘成"一个被认为毫无价值、声名狼藉的种族中微不足道的蹭饭者"，是不公平的。从老鼠到城市里的鸽子，最了解人类的动物却经常遭到人类的憎恶——哈德逊对此感到十分遗憾。他相信一切生物所谓的"生活方式"都有受到尊重的权利。叫隼即兴的生活之所以能够引起他的共鸣，可能还有一个更隐秘的原因：他自己的家庭本身，也是一个在没有希望的地方努力适应新生活的例子。

# 博物学家的诞生

　　1841年，威廉·亨利·哈德逊出生在布宜诺斯艾利斯南部的潘帕斯草原，是家中五个孩子中最年幼的。从小到大，他都沉浸在动物的世界中——其中许多动物都是达尔文仅仅看过几眼的。他的父母丹尼尔和卡罗琳因为想过上更自由、更健康的生活，才从美国移民至阿根廷的拉普拉塔省，结果却令人喜忧参半。哈德逊在后来提到父亲时表示，他一直是个不善理财的好人，一个"有着缺陷的闪光男人"。但他的父母都善良体贴，重视教育和文学。正是通过阅读，年轻的威廉萌发了一种想法，即认为祖父母的出生地英格兰才是自己真正的家乡。父母死后，哈德逊于1874年登上了从布宜诺斯艾利斯离港的蒸汽轮船，永远地离开了故土。但那里的风景和动物却深深地镌刻在他的脑海中，成了他看待世间万物的透视镜。

这也难怪。十九世纪中叶的潘帕斯草原还是一片尚未开化、变化无常的土地。对哈德逊的父母来说，那里看上去一定十分陌生。夏天，平坦的平原是草的海洋，头顶是一望无际的天空。但到了秋天，这片草的海洋就变成了令人心生幽闭恐惧的大团刺棘蓟——一种进口自欧洲的洋蓟，在美洲大陆疯狂生长，高耸在骑马人的头顶，让大路小径都变成了光线昏暗的隧道。凛冬时节，刺棘蓟的枯杆会滋生肆虐的野火，直到春雨将平原浇灌成闪着微光的湿地，成为成群迁徙的滨鸟与水禽的中转站。

对年幼的威廉而言，这是个引人入胜、宁静可爱的地方。但这里的平和总是会被暴力打破。（他后来写道："谋杀在当时是个常见的词。"）新生的阿根廷是加乌乔人的天下。这些潇洒却有暴力倾向的牛仔遵循反复无常的野蛮生存规则，喜欢喝酒和耍刀弄枪，还爱背诵民谣、猎杀类似鸵鸟的美洲鸵。早在哈德逊出生前九年，达尔文就曾穿越拉普拉塔。他对加乌乔人的技艺印象深刻，欣赏他们"颜色鲜艳的服饰，鞋后跟上哐当作响的大马刺和腰间别着（且经常用到）的匕首"。但他觉得自己应该与他们保持距离。"他们过分有礼，"他写道，"但在过于优雅地鞠躬时，似乎也做好了准备——只要一有机会就一刀割断你的喉咙。"

这群"有礼貌的恶棍"成了阿根廷民族神话中的英雄，但哈德逊对加乌乔人的人部分记忆是他们会从屠宰牲畜（有时还有人类）中获取快乐。他们多彩却野蛮的生活既令他胆寒，也令他向往。回想起来，哈德逊觉得让加乌乔移民的祖先变得比较粗暴、奇特的原因，在于潘帕斯草原的生活压力。从旧时潘帕斯农场周围逐渐消失的果园中，他为这一改变找到了解释。这些果园的建造者都是移民，来自"人们习惯坐在树荫下，把玉米、葡萄酒和油看作必需品且在花园里种着青菜"的那些地方。

但现在他们生活的主要任务是养牛。牛群会在广阔的草原上自由漫步，所以与其说它们是家畜，不如说它们是野生动物。他们过的就是马背上的生活。他们再也无法挖土、犁地，或是保护自己的庄稼不受昆虫的侵害。他们放弃了油、葡萄酒和面包，只靠肉生活。他们坐在树荫下，吃着父辈或曾祖父辈种下的果实，直到果树老死，或是被风吹倒、被牲畜压折，最后一片树荫或一粒果子都不剩。

当时，欧洲殖民者与美洲印第安人间无穷无尽的掠夺和报复仍旧历历在目。当胡安·曼努埃尔·德·罗萨斯将军的军队对"野蛮的"美洲印第安人发起了无情的征战，一场不宣而战的内战扰乱了乡村的平静。他还经常征召或贿赂其他美洲印第安人去做最肮脏的工作。达尔文曾在潘帕斯草原与罗萨斯不期而遇。将军既端庄又疯狂的怪异行为令他深感不安。他写道，罗萨斯是个出色的骑手，但心血来潮便会折磨、屠戮别人，身边还总是跟着一群取悦他的弄臣。

哈德逊出生时，阿根廷的边境已经移至拉普拉塔南部，罗萨斯将军则成了避世隐居的独裁者，住在布宜诺斯艾利斯郊外的一座大型宫殿里。针对美洲印第安人的战争还在继续，但潘帕斯草原范围内的战役已经被阿根廷、智利和乌拉圭政府间的武装斗争所取代。威廉和五个兄弟姐妹很小就学会了骑射，每当看到陌生人骑马靠近农场，他们总是会感觉到一丝危险。

尽管如此，哈德逊一家还是非常欢迎客人来访。威廉回忆称，没有什么"能比让陌生人和旅行者在我家留宿"更让父母高兴的事情了，"……最贫穷的人，甚至是在英格兰被贴上流浪汉标签的人……都能得到和上流社会的人一样的待遇"。哈德逊一家会在厨房烹饪野味和腌桃子来招待客人，充满同情地聆听他们的故事。孩子们也会被允许超过就寝时间晚睡。和对待许多问题的态度一样，丹尼尔和卡罗琳并不会剥夺孩子们的快乐与自由。威廉后来形容自己就像一只"小野兽，靠着两条后腿四处乱跑，对自己身处的世界充满了兴趣"。童年的好奇心逐渐演变成了一种深刻、神秘的"对大自然的感情"。这种感情深深扎根在他心里，经受住了农场生活的严酷考验——一场几乎致命的风湿热和好几个酗酒教师的摧残。"它如此强大，如此不可思议，"他写道，"我真的很害怕它。"

　　但我还是会奋力去寻找它。日落时分，我会离开家，步行到大约半英里以外的地方，坐在干草地上，双手抱膝，凝视着西边的天空，等待它将我带走。我会问自己：这意味着什么呢？

　　这种强烈的好奇心——后来被哈德逊称为"万物有灵论"——让他显得有点古怪。卡罗琳·哈德逊注意到，她年幼的儿子喜欢一个人闲逛。后来她告诉他，自己会悄悄跟踪他，看着他"一动不动地站在高高的野草或树下，盯着一片虚空，一站就是半个小时"。她担心他可能疯了，但最终发现他总是"盯着某些活着的东西，也许是一只昆虫，但通常是某种鸟—— 一对用青苔在桃树上筑巢的鲜红色小翔食雀或是类似的美丽生物"。

　　少年时期的威廉喜欢花上几天、几周的时间"四处闲逛"——骑上马深入郊野，观察动物，采集鲜花，拜访遥远的邻居，在星空下入睡——享受达尔文所说的"野外生活的乐趣：以天为被，以地为桌"。拉普拉塔的乡村是一片真正的蛮荒之地。美洲豹和美洲狮会捕食毛茸茸的犰狳，毒蛇会和负鼠家族共享洞穴，长相类似兔子的兔鼠会在地下展开歌唱比赛。夏夜，从加乌乔人的套索中逃脱的美洲鸵在暮色中低声交谈，像是某种大地发出的声音，挥散不去。

> 一天傍晚，我骑马来到潘帕斯草原上的一处低洼地段，一次次地勒马，聆听某种地球上其他声音都无法比拟的神秘声音。那种声音就像夏天的淡蓝色或干燥的雾气，遮遮掩掩或朦朦胧胧，弥漫在整片风景之中，产生了天地交融的效果。大地、空气和天空，它无处不在，力度不断变化：时而像夏日里昆虫响亮的哼鸣，时而渐弱到几乎消失殆尽。听着听着，你会觉得那个声音是自己想象出来的。

随着哈德逊的成长，他对野生动物的兴趣逐渐演变成了想要了解一切的渴望——一种在农场难以满足的热望。他家面积不大的书房里收藏的都是有一个世纪历史的书籍，内容大多涉及圣徒和哲学家的人生，以及古罗马的衰败。没有任何一本书会提到他生活的地方和人类以外的奇异动物。他意识到，自己想要一种截然不同的历史，"一种既包含人类，也包含动物的历史"。

由于遍寻不到这样一本书，他便开始自己动笔创作。早年的热情在几十年后满足了他的需求。他的作品《拉普拉塔的博物学家》（1892年）集合了一系列关于他家乡动物的散文随笔，并逐渐在英格兰拥有了自己的受众。"这是一本独一无二的博物学作品，"阿尔弗雷德·拉塞尔·华莱士写道（他认为此书的书名并不足以体现它的内容），"它之所以如此有价值、有趣味，是因为它不是一位旅行者或短暂过客创作的，而是出自一个生于这片乡野中的人之手。他从小就熟悉这里的各种野兽、鸟类和昆虫，对每一种生命形式都充满热爱与尊重。二十年来，他一直在仔细观察、准确记录自己熟悉的各种生物的生活史。"在这本书中，哈德逊生动描绘他的动物同伴的天赋得到了充分展示，就连生活在他家房子地下的蛇也得到了详尽的描述：

　　冬天，它们无疑会彼此缠作一团，在那里冬眠。夏日的夜晚，它们在家时便会自在地盘踞在窝里，或是像幽灵一样在自己的地下公寓里游荡。我清醒地躺在床上，一小时一小时地聆听它们的声响……有几条蛇聊起天来似乎没完没了，因为经常在我睡着时它们还在对话……一段长长的嘶嘶声之后，紧接着是清晰的嘀嗒声，就像一只会发出沙哑嘀嗒声的钟。大约十几、二十或三十声嘀嗒过后，又会传来嘶嘶的声响，像是有谁长长地叹了一口气，偶尔还会夹杂着颤音，如同风中颤抖的干树叶。一旦一个声音停止，另一个声音就会开始；如此周而复始，有问有答，你方唱罢我登场。有的时候，那几个声音还会合并成某种神秘而又低沉的和声，如同死亡降临前的呼吸，砰砰跳动、嘶嘶作响。我清醒地躺在床上，一边聆听一边发抖。

不过，在哈德逊从小认识的所有生物中，最贴近他心灵的还是鸟类。潘帕斯草原的鸟类品种多得惊人。哈德逊将它们称为"长羽毛的人类"，而这里就是它们的家园。尽管欧洲人对画眉、燕子和鹰隼已经见怪不怪，但威廉最喜欢的还是那些南美独有的品种：鸟蛋呈光洁的紫色、长相类似鹌鹑的栖鸟；喙又弯又长、叫声尖利刺耳、胸肌发达的朱鹭；颜色和体型都很奇异的火烈鸟和长尾小鹦鹉。其中，有些鸟类是为了躲避巴塔哥尼亚的冬天，从北方飞来此地的。其他的鸟是从巴西、玻利维亚南迁至此，赶往春日里短暂出现的湿地进行繁殖。在几个星期的时间里，郊野就会回响起数百万只鹬、鸽、杓鹬和鸥的叫声。农场边那棵古老的红柳树，是威廉观察鸟类、观察世界时最喜欢的地点。他写道："无论何时我想去野外的树上待着，都会爬上那棵柳树，去高处寻找一根结实的树干，待上一个小时，眼前是一览无余的辽阔的绿色平原，还有一片片正在吃草的牛羊牧群。还能看到远处的房子和泛蓝的白杨树林。"

　　这里也是他想象另一种人生的好地方。在那种人生里，他拥有一双翅膀，而不是一双手臂。他羡慕大半生都在空中翱翔的鸥和老鹰，但他最想成为的鸟是一种不太好看的生物。它是南美洲特有的鸟类，被称为冠叫鸭。冠叫鸭的长相不太好看，体形略大于火鸡，又大又圆的身体呈灰色，长着红色的长腿和小得十分滑稽的脑袋。可到了空中，它们就变了一副模样，如同企鹅跳进了大海：

这是一种体形和鹅一样大或更大一些的鸟，重量几乎和我差不多。它想飞的时候，就会十分费力地从地上起飞。它越飞越高，飞行也变得越来越轻松，直到升至它看上去还不如一只云雀或小百灵大的地方。在那个高度，它可以连续几个小时绕着大圈飘浮在空中，偶尔发出欢欣鼓舞的尖叫。在它遥远的脚下，那种声音听上去就像是天空中传来的号角。要是我也能飞离地面、高高升起，该多好啊！这样我就能整天飘游在湛蓝的天空中，没有痛苦，也不必努力。

不过，最先引起哈德逊注意的是被他称为"carancho"的凤头卡拉鹰。他十分欣赏这种既聪明又迷人的鸟，说它们是"披着羽毛的贵族"——但它们颜色庄严的羽毛掩盖了一种"惊人的勇气与野蛮的精神"，它们会爆发出令人震惊的能量。哈德逊回忆道："小时候，我有一次骑在一匹小马上，看到两只凤头卡拉鹰正在疯狂地攻击一只体弱多病的母羊。母羊拒绝躺下等死，于是它们就骑在它的脖子上，殴打、撕扯它的脸颊，试图把它拽倒。"年幼的哈德逊找到了它们的巢穴。那是一座位于桃树顶端的庞大堡垒，令他既害怕得发抖又十分高兴。

一圈树枝形成了一个大小正合适的洞。凤头卡拉鹰就在那里用树枝、成块的草皮、羊和其他动物干枯的骨头、绳子的碎片、生牛皮和其他它们能叼得动的东西，搭出了一个巨大的鸟巢……它们晚上会在巢里栖息，白天偶尔回去看看，通常还会带去一根白骨、洋蓟茎秆之类的东西堆在里面。

在八岁的哈德逊看来，这个鸟巢是那些看起来"野蛮、可怕得难以形容"的鸟类的家园。但他知道里面藏着宝藏，因为一个加乌乔人给他看过一对凤头卡拉鹰的鸟蛋，上面长着红色的斑点。他很想拥有一颗鸟蛋，于是鼓起勇气，选择一个接近日落的时刻动手。"我设法顺着光滑的树干爬上了树枝，"他回忆道，"心脏狂跳，开始动手执行我的任务，试着钻过茂密的枝杈，向巨大的鸟巢边缘爬去。"

就在这时，我听到了一声刺耳的鸟叫。透过树叶望向鸟巢的方向，我看到两只鸟正朝着我怒气冲冲地飞来，它们靠近时再度放声尖叫。我吓傻了，从树枝间掉了下去……飞快地朝着房子奔去，再也没有回头。

威廉再也没有试图从"披着羽毛的贵族"那里偷过东西，但一直带着钦佩而不安的复杂心情关注着它们。和长相不太引人注目的叫隼一样，凤头卡拉鹰会被屠宰的牲畜吸引，并且特别关注年幼、生病、负伤或其他容易受伤的生物。("鸟类或野兽身上出了任何问题，"他指出，"它们都能很快发觉。")和所有卡拉鹰一样,凤头卡拉鹰在寻找觅食伴侣方面也颇有天赋,它们会紧跟美洲狮、美洲豹和猎人的脚步,同时"机灵地保持安全距离"。加乌乔人有时会利用它们的这种习性来为自己牟利,他们招募不知情的凤头卡拉鹰充当帮凶,帮助自己捕捉栖鸟(哈德逊称之为"松鸡")。

> 捕鸟人拿着一根细长的藤条,藤条的末端是一个小套索。看到一只松鸡时,他就会绕着它飞奔,直到它蜷伏进草丛……他伸出藤条,缓缓降到那只不知所措的小鸟头上,直到用小套索将它套牢。许多松鸡都不会静静地坐以待毙,被人用这种公然且赤裸的方式抓走。但如果捕鸟人的头上一直有只凤头卡拉鹰在盘旋(他会时不时地给它投喂砂囊),就算是最警惕的松鸡也会害怕得一动不动,任人宰割。

叫隼在农场上也很常见。哈德逊回忆称,这种鸟非常爱玩,也很聪明,是难得能够适应人类生活节奏的鸟。"在每一座独立的棚屋上都能看到它们的身影。它们常与狗、家禽一起分享被丢在垃圾堆里的内脏和不要的碎肉。"叫隼似乎不具备这方面的知识,但它们是会相互学习的优等生。哈德逊甚至相信它们会向别的动物虚心学习。他曾见过它们和苍鹭、朱鹭一起站在浅浅的湖水中钓蝌蚪;和小翔食雀一起在半空中吞食长翅膀的白蚁,"丝毫没有任何的违和感";和犰狳、狐狸一起啃食已经脱水的尸体；和猪一起在耕过的地里拱土觅食。仿佛它们最大的技能是从别人和自己的成功中学到些什么。

但最重要的是，它们会被人类深深吸引。与其他鸟类相比，叫隼似乎更明白拉普拉塔的人类能够引领它们找到食物。哈德逊指出，这种鸟"在定居区的数量最多"。它们同样会被我们最信赖的伙伴——火——吸引。欧洲殖民者和美洲印第安人都会利用放火点燃草原的方式，将猎物赶出它们的藏身之处。叫隼明白这意味着什么。"看到远处的火焰升起浓烟的那一刻，叫隼就会朝着火光飞去。"哈德逊写道，"这个时候，它们会变得异常活跃，穿过烟雾，在炙热的灰烬中尽情享用被烤熟的豚鼠和其他小型哺乳动物，还会勇敢地追逐那些在火焰中四散奔逃的亡命者。"

简而言之，叫隼成功的秘诀似乎在于它们的头脑。即便以前从未有过类似的经验，它却能察觉到机会的出现。哈德逊对这种拒绝被分类，对世界一直保有敏锐好奇的目光，依靠智慧生存的鸟类情有独钟，这似乎也是再自然不过的事情了。


在斯蒂普尔贾森岛的这条水沟里，叫隼与条纹卡拉鹰的种族相似性显而易见——但体形较小的那只可怜的鸟儿似乎格格不入。它被风吹到了海上，降落在巨人的世界里，就像欧洲人曾认为它的故乡生活着神秘的八尺巨人。每当它靠近海狮的尸体，就会被条纹卡拉鹰赶走。叫隼看上去既困扰又疑惑，从一块岩石跳到另一块岩石，不时仰起下巴叽叽嘎嘎地尖叫几声，像是在向听不到它呼喊的远方朋友们求救。

我想知道条纹卡拉鹰是怎么看待叫隼的。是把它当成竞争对手？还是遭难的亲戚？抑或某种弱小的动物？人们很容易把条纹卡拉鹰想象成叫隼早期时的样子：身上的花纹更华丽，比例也更匀称，生活经验还没那么丰富。条纹卡拉鹰已经对福克兰群岛外围的史前景观了如指掌，却还在摸索人类的生活情况。在贾森岛屿群附近某座岛屿的农场上，我见过一个男人给一只瞎了一只眼睛的卡拉鹰喂了几片蛋糕，还叫它"弗里达"。后来的某一天，那只母鹰决定直接走进他家的客厅。

做老鼠实验的团队离开斯蒂普尔贾森岛几个月后，我想起G7的死，重新翻开了《拉普拉塔的鸟类》一书。我仔细研究卡林卡解剖时拍下的照片，却没有发现任何特别之处。想起哈德逊曾告诫人们不要低估叫隼，我又回到他的描述中去寻找线索。他写道，叫隼饶有兴致时"偶尔会攻击比它们更大、更强壮的鸟类"。还有这么一句话："无论何时何地，叫隼总是会做好攻击弱者、病者和伤者的准备。"

尽管如此，认为一只叫隼能够杀死G7的想法似乎不太可能。除非G7已经受伤或奄奄一息，不然这太费工夫。米奇几个小时前还见过它好端端的样子。还有一个事实：G7的身上只有胸肌（相当于鸡胸肉）被吃掉了。这听起来不像是一只最后都不肯放弃尸体的鸟会干的事情。我往回翻了几页，看到了哈德逊对某种更加有名的猛禽——游隼——的简要描述。

其中有句话让我突然停了下来。

"游隼有个非常奇怪的习惯，"他写道，"在将鸻鸟、鸽子或鸭子杀死之后，它只会吃掉胸骨以上的皮肉……（其他）身体部位一口也不动。"

这还差不多——斯蒂普尔贾森岛上的确有游隼出没，但我从未怀疑过它们，因为那种鸟似乎是专门捕猎海鸟的。它们会从悬崖边的栖息处一头扎进岸边的波涛中，捕捉名为锯鹱的小鸟，以及如在池塘上捕捉摇蚊的蜻蜓一样优雅的鹈燕。一旦用长长的致命的利爪抓住猎物，游隼就会顶着强风将它们带回岸边，在海滩上拔掉它们的羽毛，大快朵颐，只留下仅带着些许羽毛、连着一对翅膀的叉骨。游隼十足的勇气令人惊叹，因为它们不会游泳，一个错误的动作就会让它们永远沉入大海。

但猎杀一只条纹卡拉鹰并非是小菜一碟。条纹卡拉鹰的体形比游隼大，也更重，强壮到可以将一只鸬鹚按倒在地，或是翻开密密麻麻缠成一团的腐烂海藻。它们可能缺乏技巧，但可以用顽强的韧性与多才多艺来弥补。相反，游隼既挑剔又保守，严格的偏好加起来就像运动员的行为规范。它们几乎只猎食活鸟，通过低空飞行悄悄接近猎物，或是从空中以惊心动魄的俯冲方式撞向猎物。这也让它们成了地球上速度最快的动物之一。将猎物击昏或抓住之后，游隼便会狠狠地一口咬断它的脊柱。它们喙上的齿状切口就是用作这个目的的。

要是我能更加细心地想到 G7 脖子断裂的问题，也许早就猜到是游隼干的了。G7是一只年轻的鸟，而年轻可能就是它毁灭的原因：年轻的条纹卡拉鹰总是特别好奇、喜欢交际、勇敢无畏、兴趣广泛，但缺乏技能。也许那只游隼当天在海上打猎时战绩不佳，恰好在海岸上看到了一个容易下手的目标。G7可能正和一群朋友站在一起挖掘幼虫或是解决什么分歧。就在这时，一个和海浪一样灰压压的深色身影从东边高速低飞过来。英国作家约翰·亚力克·贝克曾在老家埃塞克斯的宽阔河口处跟踪过游隼。他指出，游隼往往会挑那些患病、年迈、缺乏经验的个体下手。但和卡拉鹰不同，它们永远只挑活的。

我永远也无法确定，但我觉得自己已经抓到凶手了。可如果事情真是如此，那么G7和凶手的相遇，反映的应该是更大范围内的斗争：不仅是种族之间的战争，还有思维之间的较量——"通才"与"专家"的古老演变之争。禅宗思想家铃木俊隆曾经写道："初学者的心中有很多的可能。但在专家的心中，可能性很少。"

# 世界上最聪明的鸟

　　七十八岁的杰夫·皮尔逊头戴棒球帽，身穿一件背面用金字写着"驯鹰人"的绛紫色运动衫。打开步入式鸟舍的大门时，他低了一下头。"你好啊，亲爱的！"他喊道，"你好啊，宝贝！"鸟舍里，名叫艾薇塔的年轻条纹卡拉鹰站在从橡树上砍下的一根树杈上，浑身邋邋遢遢，兴奋地放声尖叫。"咔呜！咔呜！咔呜！"它大声吼道，每吼一声便要吸上一口气。如果你整个上午都待在德文郡的托特尼斯伍德兰猎鹰中心，观赏鸟舍中的欧亚茶隼、孟加拉雕鸮和北美栗翅鹰，就会发现艾薇塔有些与众不同。不过你得花点功夫才能看出它的独特之处。它看上去很邋遢，弯腰驼背，羽毛呈黑棕色，长着弯钩形的喙和一双看上去过大的蓝灰色爪子。它引人注目的地方是眼睛：又大又黑，充满好奇，坦诚直率。它不会像其他鸟那样，漠然地从你身上移开视线，而是会紧盯着你。这很迷人，却也令人不安。

它也是唯一一只鸟舍里摆了张书桌的鸟。杰夫关上身后的大门。艾薇塔的尖叫声更响亮了，如同汽车的警报，没完没了，分外聒噪。"我知道了，亲爱的。"他安慰它，"哦，我知道了。"它的鸟笼周围环绕着链条，笼子正面挂着一块牌子，上面写着："艾薇塔，条纹卡拉鹰，孵化于2014年5月。"

杰夫的手放在背后，拿着一样艾薇塔从未见过的东西：一只玻璃瓶。瓶子里面装着放了一天的鸡头，鸡头上拴着的绿色绳子从瓶口伸了出来，就像一根没有点燃的导火线。艾薇塔似乎知道有什么不对劲，叫声渐弱，如同一个对发脾气失去了兴趣的婴儿在啜泣。它紧盯着杰夫，歪着脖子点着头，颈背上短短的羽毛竖起又垂下，趁他挤进书桌后的塑料草坪椅时坐在了他头顶的位置。一堂课即将开始，但老师是谁还不清楚。

杰夫挥手取出瓶子，把它放在书桌上，用一只手扶住。艾薇塔陷入了沉默，然后三步并作两步地从橡树枝蹦到了桌子上，爪子敲打在桌子上，咔哒作响。它俯下身，仔细检查着瓶子里的鸡头，还啄了啄玻璃瓶。

"这里其他的鸟只能做到这一步了，"杰夫表示，"它们会说，'哦，吃的！我要吃掉它！'但最多也就到这一步了。"

艾薇塔向后退去，仔细打量着瓶子。你能感觉到它的专注，甚至几乎能够看到齿轮正在它的大脑中转动。它绕着瓶子踱起步来，从各个角度打量着瓶子，还把一只特大的脚爪放在了光滑的瓶身上。杰夫让手中的瓶子动了动。艾薇塔一把抓过绳子，将它拉了起来，鸡头靠近了一些。它看着杰夫。"继续啊！"他说。于是它弯下身子，用嘴叼住绳子用力一拉。鸡头嘭的一声被拽了出来，被艾薇塔狼吞虎咽地吃掉了。

一切发生得太快，以至于你很难判断它是否能将这件事情的因果关系联系在一起。但有一点显而易见：艾薇塔现在真的很喜欢这条绳子。它把绳子叼在嘴里，跳到地上，绕着鸟舍四周跑了起来。它还会将绳子丢在杰夫对面的角落里，仔细审视着它，用脚按住绳子的一端，张开嘴叼起另一端，然后仰起头高呼："我拿到了！我拿到了！我拿到了！"它低头看了看绳子，"但我拿到的这个东西是什么？"

与此同时，杰夫将三只倒扣的咖啡杯放在了桌子上。"薇塔！"他边喊边吹起了口哨。艾薇塔抬头看了看他，又看了看绳子，仿佛是在说，"你待在这里别动"，然后跑回书桌，一下子就跳到了和杰夫同一个水平面的位置。杰夫将一小块鸡肉放在桌子上，用其中一只马克杯盖住它，玩起了猜杯子的游戏——将手中的杯子互相换来换去。艾薇塔靠近马克杯，转动脖子跟着它们，又开始尖叫。"蒂娜每次都能猜到！"杰夫的喊声盖过了它的尖叫声。

"咔呜！咔呜！咔呜！"艾薇塔的叫声更加响亮了，还夹杂着一丝懊恼，仿佛知道自己应该做些什么，却又不知道该怎么办。它回头看了看角落里的绳子——还在那里。杰夫放开了手中的马克杯。艾薇塔用脑袋轻轻碰了碰其中一只，看了看他。杰夫拿起下面藏着鸡腿肉的那只马克杯，但不是它选择的那一只。艾薇塔大快朵颐，还在不住地尖叫，然后冲回去重新拾起绳子，这才安静下来。在这份突如其来的安静中，杰夫在猎鹰中心播放的凯尔特竖琴乐声隐约传了过来，还伴随着头顶上那群英国秃鼻乌鸦的呱呱声。

当艾薇塔站在鸟舍地面的碎石上，全神贯注地玩着自己的新玩具，杰夫看起来有些尴尬。"它已经越学越好了，"他从桌边站起来说，"路还长着呢。"艾薇塔将绳子拽来拽去，像一只玩弄老鼠的猫。杰夫趁它全神贯注之际，朝它放下了一只网。它在最后一刻躲开了，横着跳到鸟笼的链环围栏上，像只鹦鹉或猴子似的紧紧扒住笼子不放。"哦，不，"杰夫嘟囔起来，"别让它钻到角落里去。"

艾薇塔还是钻进了角落。它再次放声大叫，叫声既充满警惕又恐慌，却没有任何用处。一阵短暂的挣扎过后，它被杰夫用网抓住了。杰夫解开缠在它握紧的爪子上的一圈圈绳索，轻轻放开了它。它刚一解放，杰夫就用毛巾盖住它的头，将它抱进怀里。"咔呜！咔呜！咔呜！"它在抗议毛巾的事情。杰夫漫不经心却又十分有力地抱住这只不断尖叫的"包裹"，如同一个老练的家长。他把艾薇塔抱回办公室，进行每周一次的体重测量。"我发现它的身上有一点让人非常惊讶，"他说，"那就是从不记仇。"

玩绳子可能看起来没有什么特别，但这种行为发生在一只猛禽身上有多令人吃惊，怎么强调都不为过。与狗或者猴子不同，鹰隼、猎鹰和猫头鹰是孤立、冷漠且挑剔的，对游戏不太感兴趣。它们大部分时间都在为下一次猎杀储蓄能量。如果肚子不饿，它们多半什么都不会做，也很少愿意被人抚摸或玩弄。驯鹰人倒是可以接受这一点。他们喜欢鸟，但不指望自己的喜爱能够得到那些鸟的回报。因为那些鸟大多会把他们当作食物的来源，或是性格古怪、无法让它们满意的同伴。杰夫养过一只会向他鞠躬和展示自己的雌性矛隼，直到他用手指按到了它的泄殖腔。

如你们所知，杰夫既不是科学家，也不是鸟类观察家，而是一个驯鹰人。这其中存在很大的不同，但他看起来更像是军情六处的退休特工。他这辈子从事过许多职业：工厂工人、水手、伞兵、狙击手、巴林酋长保镖、吸尘器销售员——他为自己广泛的专业知识和闲聊天赋颇感自豪。一段关于驯鹰理论与实践的演讲，可能突然就会转向婆罗洲的丛林、俄罗斯潜艇的甲板或波斯湾某座遍布人类骸骨的小岛。杰夫从军的日子早已一去不复返。他往咖啡里倒了一小杯朗姆酒，承认自己很容易被那些无法引起他兴趣的工作或人惹恼。

杰夫表示，问题在于他一旦接受了某种新技能或新职业，竭尽所能学习了方方面面的知识，就会感到无聊，转而去做其他的事情。如今，除了在伍德兰经营猎鹰中心，他还会制作珠宝，跳探戈舞，用金属探测器在英国的海岸上搜寻罗马硬币。尽管他早已过了退休的年龄，却无法想象退休后的生活。他模仿着自己在超市的货架上置办新货时颤颤巍巍的样子，厌恶地翻起了白眼。先后娶过好几任妻子这件事既令他骄傲，也令他懊恼。"别问多少个。"他咬了咬下嘴唇，皱着眉头举起了四根手指。

似乎只有驯鹰这件事能够留得住他。杰夫的右手手背上有块鹈燕的文身，图样已经随着岁月的流逝变得模糊。杰夫狭小的办公室里塞满了他的技术装备：皮头罩、系链、手套、一组跟踪任性的鸟的无线电遥感设备、一只装满毛绒绒黄色尸体的板条箱——那是足够他的猎鹰吃上一天的解冻小鸡肉。卡尺、钳子和其他工具挂在墙上的钉子上，或是从墙上的箱子里溢了出来。其中一只箱子上标着"蒂娜的玩具"。一只狍子的头骨下贴着孩子们画的老鹰和猫头鹰。天花板的横梁上还有一条橡皮蛇摆着出击的姿势。

杰夫小时候就从英格兰中部的偷猎者那里学到了驯鹰的基本原理。他们教会了他如何催眠小鸡、打昏野鸡。后来，他为女王的骑手照看猎鹰，在马来西亚服役期间利用登岸假和当地的驯鹰人成了朋友。这项技能还让他在巴林意外地得到了一份保镖的工作。酋长得知他对驯鹰很感兴趣，便和英国军队签署了三年的合同，将他雇了过来。（"他们称之为临时调派，"杰夫说，"但他其实是违背我的意愿将我买了下来。"）酋长的眼光不错。相比于对人类的感情，杰夫对猛禽的了解与热爱有过之而无不及。"有时我看到那些人从那扇门走进来便会心想，哦，上帝，"他做了个鬼脸，"却又必须对他们和颜悦色。"

杰夫的厌世情绪很容易被他异想天开的思想所替代。要是你问起躺在他书桌的角落、有着巨大黄色鸟喙的乌鸦模样的布袋木偶查理，他会像个小男孩一样高高兴兴地把手伸过去。几分钟之后，当杰夫越聊越跑题时，你可能会发现自己站在了查理那一边，赞同地看着它开始啄杰夫。"别啄了！"杰夫大吼着打断了自己的话，"太淘气了！"查理继续啄着他的肩膀。杰夫心软了。"查理不喜欢我的时候就会咬我。"他一边解释一边轻抚着木偶的脑袋，瞪了它一眼。"看着我，"他说，"你可不想回到那个盒子里去，对吗？"

杰夫会把工作带回家。他办公室外的庭院里有一块布告栏，上面贴满了他在家里拍摄的照片。照片显示，那里不仅是杰夫的住处，也是猛禽幼鸟的主要育幼场所。在其中一张照片里，一只愤怒的雪鸮幼鸟站在洗衣房的地板上仰着头，下面的文字注释是："'禁止入内'是什么意思？"在另一张照片中，一只茶隼站在杰夫光秃秃的后脑勺上，它猎人般的双眼直勾勾地盯着笔记本电脑屏幕，下面的文字说明是："小心右边岩石后面的怪物。"杰夫的妻子瑞塔也出现在照片之中，她和年幼的雕鸮米茨一起躺在前院的草坪上。顶着一双黄色大眼睛的米茨看上去就像一团白色的毛球。

不过其中有张照片却没有文字说明，也不在谁都看得见的地方，而是摆在杰夫书桌旁最崇高的位置上。照片中，一只条纹卡拉鹰站在一片绿油油的草地上，嘴里叼着一只红色的球。那肯定不是艾薇塔，而是一只羽翼丰满的成年卡拉鹰，尾巴尖上长着"V"字形的白色带状花纹。它就是蒂娜。要是你问起它的事情，杰夫就会变得有些沉默。

蒂娜是意外闯入杰夫的生活的。当年，一个名叫阿什利·史密斯的年轻的天才驯鹰人用蒂娜与杰夫交换了一只苍鹰。苍鹰是强大的猎手，擅长在茂密的丛林中穿梭、追捕猎物。但是由于性格难以驾驭又十分好斗，苍鹰很难飞向观众。杰夫带着一丝喜爱的语气称其为"神经病"，还补充道，有那么一种说法：如果你能训练一只苍鹰狩猎一季而没有自杀或离婚，说明你已经掌握了驯鹰的技术。

但这只苍鹰不按常理出牌，它在公众面前神态自若，即便被陌生人包围，也能快活地坐在栖木上抖动羽毛。阿什利渴望将它收入囊中。于是，并不依恋这只苍鹰的杰夫纯粹出于好奇，用它换来了蒂娜。驯鹰二十载，他还从未遇到过一只条纹卡拉鹰，最近才对这种鸟有所耳闻——那是1983年的事情，福克兰群岛战争已经结束一年。从岛上回来的士兵带回了一个又一个故事，讲述那些乌鸦一样的大鸟是如何朝着他们的散兵坑张望，或是蹲在直升机的水平旋翼上的。

这次交易之所以让杰夫感到舒心，也是因为他了解蒂娜的生平故事。它刚满一岁，是一对圈养条纹卡拉鹰的后代。在将蒂娜抚养到能飞的年纪的过程中，它们没怎么接受过人类的帮助。杰夫本以为蒂娜是个有趣且不会令人抓狂的挑战，但他会告诉你，其实是蒂娜训练了他，话里话外还带着一丝惊喜。和蒂娜在一起的前几年，杰夫几乎不会去干涉它，对它喜欢跑来跑去、走来走去的行为也十分迁就。观众们看到这一幕都会咯咯发笑，不像看到老鹰和猫头鹰那样会惊讶地倒吸一口凉气。后来，杰夫因为一份工作离开了几年，回来后，他以为自己得让蒂娜慢慢重新接受自己的存在，就像对待被他丢开好几个月的其他圈养鸟一样。相反，蒂娜给了他一个惊喜：它跳到他的肩头，不停地叫啊叫，仿佛在说"是你！是你！"。之后蒂娜还给他带来了更多惊喜。"它一直缠着我不放，"杰夫说，"像小狗一样。"

在那之后不久，蒂娜让杰夫知道，它想从这段关系中得到更多。一天早上，他在清理它的鸟舍时弄掉了钥匙。在他还没来得及找回钥匙之前，它就从栖木上跳下来，用嘴叼起钥匙，跑到了鸟舍的另一边，转过头直勾勾地盯着杰夫。杰夫惊呆了：他养过的鸟没有一只有过这样的举动。他朝它迈了一步，它也俯身向前，摆出一副要跑的姿势。这是一个游戏，他心想，它想玩游戏。在接下来的几分钟时间里，蒂娜叼着钥匙绕着鸟舍跑来跑去，灵巧地躲避杰夫的抓捕，直到最终用钥匙换来了食物。从那以后，每一天的早上都是这样开始的。

在他们一起玩耍的过程中，蒂娜拒绝了几乎所有的驯鹰传统。它不会忽视杰夫，或是试图与他交配。它只是想和他互动，不管自己饿还是不饿。它喜欢不能吃的东西，会研究、搬运和摆弄杰夫递来的任何物件，从毛绒玩具到橡皮球，再到成段的绳子。要是他没有按时出现，它便会呼喊他。安静的午后时分，它偶尔还会在他的肩膀上打盹。

几个月过去了。他们之间的游戏逐渐升级：从抢球变成了接球，后来变成了猜杯子，紧接着又变成了似乎需要抽象思维的任务。杰夫用PVC管制作了一个装置，测试蒂娜通过颜色分辨物体，以及将颜色与口令联系在一起的能力——它可以做到。他又买了一组橡皮球和积木，看蒂娜能否通过形状分辨物体——它也做到了。后来杰夫改变了它的公开表演内容，以展示其新技能，并将自己对修补和驯鹰的热情结合成某种接近行为科学的事物。蒂娜从喜剧担当变成了表演明星。杰夫认为它是世界上最聪明的鸟。


如果你没有看过飞行表演，可能很难想象那是一幅什么样的画面。这种表演一半是马戏演出，一半是教育展示，而且总是含有一定的风险因素，因为驯鹰人需要赋予鸟儿暂时的自由。伍德兰飞行竞技场能够容纳五十人左右。某些更大的公园和动物园会雇用专业的饲养团队，每天为大批观众放飞数十只鸟。一些飞行展示还配有主题音乐和造雾机等。

当然，这些表面功夫都是为观众而非鸟儿设计的。鸟儿的工作是尽可能直截了当、可以预见的。经过训练的"示范"鸟通常能从一根栖木飞到驯鹰人的手套上，以换取食物奖励。比如一只训练有素的仓鸮能从一根杆子跳到另一根杆子上，以此换取鸡肉碎。演出结束后，它还能摆出亲切友好的姿势，配合拍照，恢复每天无所事事的习性。一些训练有素的猎鹰能够展示自己的捕猎技巧，俯冲下去袭击绳子上旋转的诱饵，直到驯鹰人照例发出"嗬"的喊声，并将手里的诱饵丢到空中让它捕捉。

但它们能做的事情也就这么多。演出内容很少变化，这些示范鸟似乎也很少能够意识到自己不必按照指令行事。它们好像很喜欢这种可以预见的规律生活，或者至少可以说是听天由命，为知道自己该去哪里寻找下一顿饭感到安心。从观众的角度来看，猛禽引人注目、庄严威武，很容易让人忘记它们的行为并不是那么令人兴奋：飞来，获取食物，降落在栖木上；获取食物，飞走，获取食物，完成任务。

蒂娜在伍德兰的表演与众不同。要是同一件事重复得太过频繁，它就会变得百无聊赖、心不在焉。杰夫发现，维持蒂娜注意力最好的方法就是交给它新的任务。它刚开始执行的经典表演任务是爬过一根管道，找到隐藏在里面的少量食物，然后跳进一只垃圾桶，打翻花盆，看看下面可能放着什么——这是杰夫饲养的其他鸟永远不会尝试的任务。"大多数鸟要是看不到食物，就好像任务不存在一样。"他表示。

后来，演出的内容发生了改变，从专注于展现蒂娜的敏捷到展现它的思维。首先，它要按照杰夫的要求，从一组积木中取回一个方形或圆形物体。然后，它还要应观众的要求，取回一个红色、蓝色或绿色的球。（杰夫说，无论观众选择什么颜色，蒂娜从来没有选错过。）接着是大结局，杰夫会将一把迷你填充玩具丢到身后，里面通常包括尼莫、小猪和唐老鸭。蒂娜待在他面前的一根低矮的栖木上。杰夫会盯着蒂娜说："去找出尼莫。"听到这句话，蒂娜就会听话地蹦下来，奔跑着穿过竞技场，用嘴叼起尼莫，将它丢进一只桶里还给杰夫，领取食物奖励。然后杰夫又会说："去找出小猪。"它也会照办。

杰夫坚称，他没有给过蒂娜什么秘密提示。它似乎真的能够明白他的意图，并将他的话与特定的玩具联系起来。有时他还会在蒂娜去取玩具的半路上告诉它，他改主意了，想要另一个角色，它便会丢下嘴里的玩具，去取他想要的那一只。最后，蒂娜会在杰夫的陪同下返回自己的鸟舍骑在他的肩膀上，自己跳回鸟笼。要是它自己返回笼子，那里就会有更多的食物在等它。蒂娜已经学会了理解杰夫的意思，似乎不费吹灰之力就能预测他的行为。

如果表演进度不够快，蒂娜还会失去耐心。如果杰夫在表演的过程中跑题，它便会轻轻咬住他的耳垂，把他拉回正轨。如果哪位观众将任何一种食物带进了竞技场，蒂娜便会把它偷过来当场吃掉，不管是汉堡包还是圆筒冰激凌。（有一次，它竟然落在了一辆婴儿车上，还从婴儿的口中夺走了奶嘴，杰夫大惊失色。）想用驯鹰的传统工具系脚带和皮头罩来试图控制它是没用的。它只会把它们扯掉，撕成碎片。它参与演出似乎是出于喜好，留在这里似乎也是因为不想离开。

蒂娜的表演视频只有一段。那是它和杰夫的助理林恩在2013年合作的。你很难说到底是谁在让谁表演。视频中，蒂娜盛气凌人，而几乎和杰夫同岁的林恩却没有那么落落大方，看上去有些胆怯。视频开始时，蒂娜坐在林恩的肩头，朝着他的耳朵放声尖叫，直到他拿出一块食物才安静下来。"别叫了！"他恳求道，"我正要说话呢！"在蒂娜取回尼莫和唐老鸭之后，林恩匆匆将它带回鸟舍，还边走边解释，要是它安全返回笼子后得不到他给的额外食物，它一早就会惩罚他。"和这种聪明的鸟相处，麻烦在于它们不会忘记。"林恩关上鸟笼的门闩，显然松了一口气，"要是我不多给它点好吃的，它早上就会追着我到处跑，还会咬我的脚踝。我跟你说，可疼了！"

这种即兴、抽象、超前的思考方式是杰夫以前从未在鸟类身上见识过的。他无法解释蒂娜与自己饲养的其他鸟为什么会存在这些区别，但无论缘由为何，他都被迷住了。他甚至在当地的一家报纸上发布了一项挑战，鼓励任何人拿出任何一只更聪明的鸟来。（谁也拿不出来。但公平地说，这项挑战的条件也不是非常清楚。）

蒂娜三十三岁那年患上了严重的关节炎时，杰夫和林恩的心都碎了。鸟的大脑通常不会随着年龄的增长而衰退，蒂娜似乎比以前更敏锐了。它虽然感觉不到明显的疼痛，却几乎无法移动——跛脚的条纹卡拉鹰看上去很悲惨。最后一次孤注一掷的手术失败后，杰夫决定为它执行安乐死，然后要求林恩将它埋了，但不要告诉他埋在了哪里。

"我不能——"杰夫张开嘴，随即改了口，"我不想知道。"这一次，他似乎不知该说什么。就在这时，他的脑海闪过了一个念头，他清了清嗓子。"你知道吗？"他说，"莎士比亚是个非常优秀的驯鹰人。"他用准备上台的那种男中音背诵了几首诗，有的出自《奥赛罗》，有的出自《罗密欧与朱丽叶》，还有一段是他自己的创作。

"哦，发出呼鹰的声音。"他朗诵道，"——因为他们总是在大吼：'嗬！'——把我温柔的雄鹰召回——雄鹰指的是雄性的游隼——虽然我用自己的心弦把她系住，但我也要放她随风远去，追求自己的命运。"

他打了一个拍子，然后又打了一个拍子。竖琴的乐声缓缓传来，伴随着黄褐色猫头鹰单调刺耳的哀求。杰夫似乎很喜欢自己的嗓音，眼神却飘向了千里之外。

他似乎根本不曾想过，蒂娜当初为什么会来到英格兰。在某种程度上，这并不重要：令杰夫感兴趣的是它，而不是它祖先的土地。但至少可以说，即便是短距离的迁移，英国也不太可能出现圈养的条纹卡拉鹰。猛禽在国际上的交易是受严格管控的，捕获和进口一只条纹卡拉鹰在今天几乎是不可能的事情。即便国际条约不成问题，将足够数量的条纹卡拉鹰从南美洲南部运来英格兰繁殖，也会非常昂贵。谁会有这种渠道或意愿去做这种事情呢？又为什么要做这种事情呢？

# 企鹅国王的庭院

嗓音低沉的澳大利亚人坎贝尔·穆恩穿着卡其色制服，神情略显疲惫。他在巨石阵附近的一家大型野生动物公园的"鹰隼保护基金会"担任国际保护项目主管，经常在外奔波。我在公园的咖啡厅里和他见面时，他刚从肯尼亚回来，是去那里阻止偷猎大象和犀牛的人毒害秃鹫。"非洲的秃鹫有十一个品种，"他闷闷不乐地盯着杯里的茶，"其中有九个都面临威胁或濒临灭绝。"

当我问起条纹卡拉鹰的事情，他才高兴起来。（"那些厚脸皮的混蛋。"他说。）他所在的保护组织的创立者是驯鹰人阿什利·史密斯。当初正是他把蒂娜带来，交换了一只表现良好的苍鹰。蒂娜的父母达尔文和拉夫尼亚至今仍在栖息地，如今它们已经四十多岁了。它们居住在一座大型的开放式鸟舍中，有足够的食物和新鲜的空气，却很难不让人觉得它们看上去有些孤独。它们在距离家乡八千英里的地方长大，从没有见过故土的模样，除了自己的后代之外，也没有见过条纹卡拉鹰物种的其他成员。

十多年前，坎贝尔在加入保护组织之前也从未见过条纹卡拉鹰。他注意到，蒂娜的父母和公园里的其他住户截然不同：它们不那么胆怯，更爱玩，在新饲养员面前能够更快地放松。他发现它们的眼中有种莫名引人注目的神采，具备幽默感似的。他惊讶地得知，还没有人为它们的物种编纂过血统谱系簿—— 一种动物园和饲养者用来防止圈养动物近亲繁殖的族谱。他开始动手编纂时才发现，英国的条纹卡拉鹰比他预想中更多——大不列颠岛各处的动物园和猎鹰公园分散着至少五六十只，欧洲大陆还有一些，日本至少有一只。但当他问及这些卡拉鹰的来源时，提供信息的人往往就会变得含糊其词。似乎很少有人知道（或愿意说出）自己的条纹卡拉鹰到底来自哪里。

"当然，"坎贝尔表示，"所有人都知道，是来自企鹅国王。"

"企鹅国王"也叫"企鹅百万富翁"，是个名叫莱恩·希尔的鸟类爱好者，也是一个精力充沛、喜欢自吹自擂的家伙——有熟人称他为"可爱的无赖"。他在科茨沃尔德的自家后院里建了一座名为"鸟园"的大型野生动物公园。在这座占地面积五英亩的公园里，生活着从世界各地搜罗来的数千只鸟。鸟园于1957年开放，二十世纪七十年代中期在当地声名大震，每年接待游客超过一百万。希尔滑稽逗趣的质朴形象让他成了英国广播公司的最爱。当时还十分年轻的大卫·爱登堡甚至将《我们身边的世界》中的一整集拿出来给了他。希尔希望自己饲养的鸟能够尽可能自由地活动，结果常常要花好几天时间追逐飞往乡间探险的金刚鹦鹉和企鹅（有一次还有一只巨大的印度犀鸟）。

鸟园里，不会飞的鸭子和紫色的雌红松鸡在人工池塘里游泳；蜂鸟在巨大的温室里吸食着热带植物的花蜜，偶尔还会扯下游客的几根头发，用来编织它们的小巢；一对蓝紫色的金刚鹦鹉在礼品店里爬上爬下；一群松散的火烈鸟与鹤在希尔家门前的草坪上踱步。希尔的住宅是一座经过修复的都铎王朝风格的庄园，被他称为查德瓦尔。成排的鸟舍里还饲养着其他色彩鲜艳的特色鸟类，包括犀鸟、凤头鹦鹉和来自新几内亚的维多利亚凤冠鸠。凤冠鸠的体形和小鸡差不多大，头上长着浅灰蓝色的羽毛。

但鸟园里最出名的住客是企鹅，共有五个不同的品种。从矮胖的跳岩企鹅到高大优雅的帝企鹅，它们摇摇摆摆地在自己的地盘上穿过，或是在配备了玻璃观赏门的泳池里游泳，

神情淡然地望着来自热带的邻居。希尔写道："通常，在漆黑的冬日早晨"，

> 我拉开卧室的窗帘，会看到令大多数人揉着眼睛怀疑自己是否在做梦的场景：脚下被大雪覆盖的草坪上，一群寂静无声的企鹅正充满期待地抬头仰望，仿佛在说"你好，今天你起床了吗？"。到了中午，冰雪已经融化，它们所在的地方就会被一群色彩鲜艳、喧闹嘈杂的火烈鸟取代。它们看上去像是在用慢动作表演部落舞蹈。最终，黄昏降临之际，我会在书房的窗畔呼叫。灰色的非洲鹦鹉朱诺会应声飞来，依偎在我的肩膀上道晚安，然后飞去屋里睡觉。

朱诺是这些鸟中的特例。它起初脾气很坏、性情乖戾。在希尔的照料下，它感染的双眼恢复了视力，从此便很少离开希尔的身旁。（不过，还有一只名叫乔治的非洲灰鹦鹉也会陪伴在它左右。）朱诺喜欢和希尔玩游戏。在英国广播公司录制的片段中，它仰面躺在他摊开的手掌上，让他一次又一次地把自己丢到空中再接住。"上上下下，"希尔写道，"双腿举到空中，快乐地半眯着眼睛，放心地知道自己会落在我的手里。"

大家都说希尔与鸟的关系十分融洽，似乎有本事知道它们真正想要什么样的生活。寻回任性飞走的金刚鹦鹉时，他用到的技巧就是个很好的例子。经过训练的金刚鹦鹉坐在

一根疙疙瘩瘩的木棍上，其中一只却消失了。希尔和名叫约翰·米德温特的首席饲养员装好一辆用于"捕鸟行动"的旧旅行车，带上了棍子。找到这只失踪的鸟时，希尔和米德温特将棍子拴在伸缩杆的一端。"（这种杆子）很像传统的烟囱清洁工会用的那种。"希尔写道。

棍子小心地摆动着穿过树叶，直到伸至距离金刚鹦鹉不到一码的地方。鹦鹉栖息在高处，置身于陌生的风景之中，它可能会有些不安，肯定还有点儿疲倦。但它突然看到面前出现了一个熟悉的物体，上面还放着一小块美味的巧克力。"你好，我的小棍子。"它会这么想，然后跳到栖木上，被安全地够下来，跳进诱捕笼中。

某位儿童野生动物节目的老主持人坚称，希尔上辈子肯定是只鸟，并把参观希尔公司的鸟园比作"和圣诞老人一起走进一场精彩的儿童茶话会"。希尔可能会喜欢这样的类比。他想要相信自己圈养的鸟都很享受生活，即便有机会，通常也会选择留下——还有什么比这个事实更能证明他的成功呢？持怀疑态度的人也许会指出，和福克兰群岛上的条纹卡拉鹰一样，他的鹦鹉和企鹅被困在了科茨沃尔德。但就算鸟类无法表达内心的愉悦，也有办法展示自己的健康：它们的羽毛干净而有光泽，头脑也十分机敏，对生活充满了兴趣。鸟园里的大部分动物看上去都是如此。和大多数动物园相比，这里更像是人与动物想象得到的和彼此交朋友的地方。

鸟园还会让人想起贵族在广阔的庄园领土上设立私人动物园的传统。（举个例子，布里斯托附近的一位男爵夫人就曾在自家的壁球场上养了一对斑马和一只大猩猩。）但希尔不是贵族出身，他是园丁的儿子，十六岁辍学成了木匠学徒。"课堂之外似乎总是有许多更有趣的事情在发生。"他写道。

在某些方面，希尔与哈德逊有几分相似。1912年莱恩·希尔出生时，哈德逊作为一名作家终于在伦敦声名鹊起。和哈德逊一样，希尔最快乐的童年回忆都源自户外：牧场、灌木丛、温德拉什河畔的溪流。尽管莱恩的父母不像他们的儿子那样热爱野生动物，却允许他在厨房的餐桌上解剖鸟的尸体，饲养蛇和黄鼠狼之类的野生动物。他最好的动物朋友是一只名叫乔伊的鸽子。他把它从一只没有羽毛的雏鸟抚养长大，训练它从他张开的嘴里吃东西。有一次，乔伊突然飞进教堂，坐在了跟随唱诗班唱歌的小莱恩身旁的靠背长凳上，打断了当地的一场洗礼仪式。

希尔写道，这些毛茸茸、有鳞或有羽毛的伙伴"教会了我和动物相处的重要一课"，就像潘帕斯草原上的童年经历让哈德逊感受到了动物的内心世界一样。和哈德逊相似，希尔在感知机遇方面也颇具天赋。"二战"期间，他在自己的木工店里为炸弹制作木头鼻帽，战后又通过购买、修复、转售荒废的房屋，赚得盆满钵满。希尔在自传《企鹅百万富翁》中一点儿也不难为情地详述了自己累积财富的过程。他毫不怀疑这些财富最好的用处可能就是创建梦想中的世界，像雇用他父亲的贵族那样拥有一座房子，生活在喜欢他的鸟类中间。

相反，哈德逊满足于在书页间构建想象中的世界，不怎么喜欢动物园。不过他也有可能被公共花园吸引，在那里不用望远镜就能欣赏数百只鸟自由漫步。你很容易想象他站在鸟园的其中一座池塘边，凝视着智利火烈鸟、黑颈天鹅或麦哲伦企鹅——都是他年轻时从未想过自己还能再次见到的鸟类。但令他痛苦的是，它们看起来不得其所，因为哈德逊认为，动物只有在自然环境中才是真正的自己。对他而言，这个观点是常识、怀旧和神秘的混合体，如今却被我们称为"生态学"。莱恩·希尔缺乏的似乎正是这样的视角。他热爱鸟类，但在渴望将它们搜罗到自己身旁的过程中，似乎没有充分地考虑它们远在天边的家乡。

说句公道话，他也没有多少时间可以沉思。鸟园没有休息日。企鹅每年都要吃掉七吨的鲱鱼和虾，而长尾吸蜜鹦鹉和其他以花蜜为食的鸟类要消耗进口自新西兰和罗马尼亚的数千加仑的糖水和蜜。犀鸟、凤头鹦鹉之类以水果为食的鸟类所需的葡萄、苹果、香蕉、坚果和葵花籽相当于一支小型军队的配给。那些食虫、食肉的鸟类吃的是活粉虱与活老鼠，还要补充牛心。以蜜蜂为食的鸟类需要运来的活蜜蜂与黄蜂。来自中美洲的翡翠绿色的凤尾绿咬鹃必须要人亲手喂食活的蝗虫。英格兰以前从未有人如此近距离地饲养过这么多的鸟类。希尔和他的员工不得不在试验和犯错的过程中创建各种方案与程序，在反季水果稀缺、无法拨打国际电话的年代协调食品供应商。

但他们通常都能成功，并且随着鸟园越来越受欢迎，希尔的眼界也愈发开阔。他踏上旅途，去找寻新的鸟儿。这也给他带来了不同寻常的挑战，比如如何让蜂鸟在国际航班上不要饿死。（他的解决办法是将它们偷偷塞进雪茄盒，每三十分钟就去厕所一次，用眼药水滴管给它们喂些糖水。）鸟园的名声也让希尔接触到了其他富有的鸟类爱好者。在他们的引导下，关于世界各地受到威胁的野生动物，他有了新的思考——不仅要关心动物本身，也要关心它们生活的地方。

这些爱好者中就有世界野生动物基金会的创始人彼得·斯科特。斯科特对企鹅有种特殊的喜爱，因为他的父亲罗伯特·福尔肯·斯科特曾在1910年到1912年参与英国的南极考察。这趟考察注定不会成功，罗伯特也在返程的途中去世。在给妻子的最后一封信中，罗伯特恳求妻子一定要让刚出生的儿子"尽可能对博物学感兴趣，这比打猎强多了"。彼得·斯科特想要亲眼看看冰封的大陆，于是在1968年组织了一趟前往南极半岛的特殊巡游。这座半岛是一片山石嶙峋的卷须状陆地，一直朝南美洲延伸，上面生活着南极大陆的大部分野生动物。

斯科特邀请希尔加入这支由业余博物学家和摄影师组成的旅行队伍，希尔欣然接受了。几个月之后，他坐着飞机飞越了火地岛上空。那里的景色在他看来和在达尔文看来，一样令人生畏。"在飞越巴塔哥尼亚时，我们看到的贫瘠黑土地仍旧留有冰河时代的痕迹。"他写道，"听说留在这片荒蛮大地上的土著印第安人平均寿命还是只有三十岁，结合这里的环境，这个数字似乎出奇地合理。"

随着南极世界一点点出现，希尔也越来越着迷。他在鸟园里养了近十年企鹅，了解它们的性情和喜好，此刻却在裂开的冰川和浮冰中看到了它们栖息在锯齿状的黑色悬崖边，或是在斯科特租来的纳瓦里诺号旁，瞥见它们以惊人的速度穿梭在深蓝色的海浪间。他们在斯坦利港短暂停留。在那里，希尔见到了曾为他运输过一批企鹅的牧师。阵阵极地涡旋在他们身边扬起，尾随气流而来四处游荡的信天翁紧跟在一行人身后。

驻扎在南极半岛各个基地的俄国、英国和美国的科学家，技术人员和士兵，成为一个与世隔绝的奇怪群体，他们配备了直升机、雪地拖拉机和用雪橇降落的货机。但希尔更感兴趣的是他们身边的风景。"在人类逐渐销声匿迹的地方，野生动物却生生不息。"他写道。豹形海豹在茶碟形状的厚厚浮冰上紧盯着希尔，成群的虎鲸在企鹅与海豹聚居地附近的岸边来回游荡，偶尔还有几只座头鲸朝着船边游来。这是一片迷人却又充满矛盾的地方，既有田园诗般的宁静，又无比荒凉，让希尔感觉自己仿佛进入了人类存在之前的过去。不过，当纳瓦里诺号驶入名叫奇幻岛的火山口时，这样的幻觉就消失了。那里的捕鲸站已经变成了一片废墟。

"在这里，我们看到了晒白的鲸的骨架和腐烂的船体遗骸，"希尔写道，"让人想起本世纪初的几十年间，鲸曾在这个可怕的地方惨遭集体屠杀。鲸鱼油会被拿去制造香皂，鲸薄薄的上颌板用于制作紧身束腹，龙涎香则用于制作香水。"这就是对人类贪欲的清醒见证，也是对一个仍在蓬勃发展的行业的见证：陆基捕鲸站之所以被废弃，是因为和能在海上猎杀、加工鲸的捕鲸加工船相比，它已经过时。莱恩曾从斯科特等人的口中听说南极野生动物被屠杀的故事，但亲眼看到屠杀留下的痕迹，他还是倍感震惊。

成群的企鹅在奇幻岛港口的斜坡上筑巢，似乎对这里血腥的过去无动于衷。在希尔穿过一大片冒着热气的黑色沙滩朝它们走去时，它们只是呆呆地盯着他，那一刻就像是在做一个清醒的梦。鸟儿在"死亡工厂"的废墟上无所畏惧地自由飞行的画面，令人难以忘怀。如同巨大飞蛾般在海上盘旋的大群黑白色威尔逊风暴海燕，也让人过目不忘。莱恩表示，这是他此生见到的最动人的景象之一，他如同看到了失落的天堂。

回到家，莱恩很难重新适应在鸟园的生活。和与斯科特一起看过的世界相比，这里显得苍白无力。他渴望回到遥远的南方。几个月后，听说福克兰群岛有两座遍布企鹅、信天翁和羊的偏远岛屿要出售，希尔按捺不住了。两座岛屿的标价为一万英镑，约合今天的四十万美元。希尔出价五千五百英镑，不要岛上的羊群。岛主犹豫了，但希尔是唯一一个感兴趣的买家，于是岛上的羊群被带走了。1970年，契约书被送到了希尔的手上。这是一份看上去十分古老的正式公告，上面布满了印章和钢印。在抵押权不受限的情况下，大贾森岛与斯蒂普尔贾森岛被永久转让给了他。莱恩·希尔——一个园丁的儿子，就这样买下了世界上最大的一片私人自然保护区之一。

第二年，南半球的夏天，一架水上飞机将希尔带到了斯蒂普尔贾森岛。在此之前，莱恩接受了一项运输任务——将在斯坦利港积攒了一周的邮件送往西部定居点。在飞往自己岛屿的途中，他像个扮演邮递员的小学生，在飞行员尽量低空飞行时，将包裹着垫子的信袋丢给张开双臂等待的岛民。飞机离开时，希尔怀着敬畏的心情沉默地站了一会儿。斯蒂普尔贾森岛的山峰在他头顶高耸，雄伟而古老。一大群筑巢的信天翁飞向他视线所及的地方。就在他沉醉于眼前的景象时，两只好奇的条纹卡拉鹰突然飞过来，在他的身边绕来绕去，想看看他要干什么。

岛民伊恩·斯特兰奇比希尔先一步来到这座岛屿，两人在斯蒂普尔贾森岛上因陋就简地生活了大约一个礼拜。他们会露宿在废弃的剪羊毛棚子里，花费好几个小时步行穿越信天翁的聚居地。送走羊群不仅为莱恩节省了开支，也拯救了岛上的野生动物。长势良好的图萨克草仍在这里最陡峭的斜坡和边沿上生长，为众多海鸟和海豹提供栖身之所。让他尤其感到高兴的是看到了成群的巴布亚企鹅。它们巧妙地躲在图萨克草丛形成的天然屏障背后，每只企鹅身下都坐着从一英里外搬来的成堆的白色鹅卵石。希尔写道："巴布亚企鹅的巢穴无疑是和埃及纪念碑一样的建筑杰作。"

> 我对这种鸟类建筑非常着迷。我偶然发现了一只两英尺六英寸宽、九至十二英尺高的鸟巢，动手把它拆开，发现它是由大约五百块鹅卵石构成的。我又将它拼了起来，希望它的主人能够满意。

希尔有时会把自己想象成庄园主，要向对他心怀感恩的鸟类臣民发表演讲——他的这个幻想在鸟园里多多少少已经成为现实。但斯蒂普尔贾森岛能够更大程度地满足他的欲望。岛上的居民对他的存在要么漠不关心（比如企鹅），要么很感兴趣（比如停在他乐福鞋上的那几只类似椋鸟的淡黑抖尾地雀）。最令他开心的是，这些鸟都是他的，他可以随意处置。短期看来，它们就像是银行里的钱：希尔拥有英格兰人谁也不曾见过、可以无限供应的鸟类，他手里的盈余还能用来交换其他稀有物资。在岛上生活的余下的日子里，希尔和斯特兰奇还从栖息地捕获了一些鸟，将它们装进特制的运输木箱。就这样，希尔带着六十六只企鹅和几对鹅返回了斯坦利港。在通过海关时，他随手支付了大约两万五千美元的出口费，还骄傲地告诉海关官员，他是价值四千万英镑的野生动物的主人。据莱恩估算，他在世界上这个默默无闻的角落里对两座无树岛屿的购买，是历史上最大的不动产交易之一。

莱恩·希尔又做了十年的企鹅国王，于1981年突发心脏病过世，过世时不满七十岁——鸟园就再也没有真正从亏损的阴影中恢复过来。从某种程度上来说，他完全是在依靠个人力量维系这一切。希尔离世之后，曾被他的热情掩饰的缺漏昭然若揭，包括他对待记账的随意态度。继任者们试图弄清他何时从哪里购买了这些鸟，或是他有可能将鸟交易、出售给了谁，然而结果是只找到一堆被插在尖钉上的折角文件。最终，为了偿还他的众多债务，鸟园和两座贾森岛都被卖掉了。

莱恩的遗产之一就是蒂娜。他先后几次返回福克兰群岛捕鸟，其中至少有一次带回了几枚条纹卡拉鹰的鸟蛋。希尔对猛禽一向没有太大的兴趣，但条纹卡拉鹰在他需要交易时迟早有用，因为谁也不曾拥有过这种鸟。没有人能确定他进口了多少只——肯定超过两只，可能不到十只。如今世界上所有的圈养条纹卡拉鹰，可能都是莱恩从斯蒂普尔贾森岛上带回来的。

这么小的基因库会导致关乎存亡的风险，但鸟园中条纹卡拉鹰的后代目前似乎还在繁衍生息。其中一对被送去了摄政公园的伦敦动物园，并在那里繁育了许多年。如今，在切斯顿冒险世界、贺灵思绿色活动农场和猛禽中心、萨福克猫头鹰动物保护区、伍德赛德野生动物公园、科茨沃尔德野生动物公园、天堂公园的丛林谷仓，你都能看到蒂娜的兄弟姐妹和表亲。在格洛斯特郡纽温特的国际猛禽中心，一只名叫皮布尔斯的年轻条纹卡拉鹰还拥有自己的图片社交网站账户。从伦敦乘火车一个小时，你就能在老鹰高地野生动物基金会见到一对被称为"黄油脑袋夫妇"的成年条纹卡拉鹰。英格兰的每一家猎鹰公园，似乎都会有只名字十分可笑的条纹卡拉鹰在你背后的某个地方潜行，还有一个等不及要给你们讲述它们的故事的饲养员。

然而，你以为会对这种鸟着迷的行为科学家，似乎并不知道它们的存在。在距离牛津大学行为生态学研究小组仅几英里的地方，就有好几只条纹卡拉鹰。即便如此，小组的成员却专注于研究新喀里多尼亚岛那些会使用工具的乌鸦的高超智力。但在驯鹰人中，消息已经传开，条纹卡拉鹰的娱乐价值愈发受到人们的重视。虽然驯鹰人几乎不了解条纹卡拉鹰在野外的生活，但对它们（和游客）喜欢的一系列活动似乎达成了共识。这些活动通常包括打翻东西，爬行穿过PVC管，解决"扑通扑通"或"叠叠乐"之类游戏的难题，或跳进桶和盒子里。人们经常会把这些表演录下来放到网上。在我最喜欢的一段影片中，牛津郡一个名为詹姆斯·钱农的驯鹰人展示了一只名叫布布的年轻条纹卡拉鹰。布布站在詹姆斯的身旁，身上并没有捆绑绳索。詹姆斯将它介绍给一圈充满好奇心的游客，然后将三只塑料花盆放在了一条碎石小路上。

"这只鸟将智力提升到了另一个水平。"詹姆斯嘟囔道。

仿佛是接到了暗示，布布冲过去打翻了第一只花盆，然后是第二只花盆。后者装着留给它的一小份食物。它停下来，抬头看了看詹姆斯。

"这似乎不是什么难事，"詹姆斯表示，"这里其他的鸟却永远无法明白。它知道这里只有一点儿食物，所以没有必要打翻第三只花盆，那里是绝对不可能有什么东西的。"他停下来环顾四周；布布不见了。"布布！"他喊到，"你去哪里了？"

镜头向上抬起，对准詹姆斯的头顶。布布正站在鸟舍的房顶上。"你跑去那里做什么？"詹姆斯问。布布眨了眨眼。

"下来吧，亲爱的，"一个老妇人喊道，"我们想看看你，给你照张相！"

如今，科茨沃尔德又有了一家新的鸟园，属于一个新的主人。那里没有莱恩·希尔花园的迷人氛围，但饲养的某些鸟正是他家鸟类留下的后代，其中有几只帝企鹅就是他当年饲养过的。某个楔形的小鸟舍里住着一对条纹卡拉鹰，它们就算不是蒂娜的亲兄妹，也肯定是它的表亲。鸟舍里摆着一只巢箱和一个供鸟儿戏水的混浊水盆。2015年，我到访那里时，那只雌性卡拉鹰正站在齐胸深的水里，看上去已经泡了许久，还计划再泡一会儿。除此之外，它就没什么事情好做了。

我很想知道莱恩是怎么看待这个物种的，因为条纹卡拉鹰似乎是他最喜欢的一种鸟：有魅力，爱交际，好奇心强。但他并没有赋予它和金刚鹦鹉、火烈鸟一样的自由——这也许是出于他对企鹅的担心——他似乎也不曾考虑，如果自己愿意把花在鸽子乔伊和鹦鹉朱诺身上的时间和注意力全都投入到条纹卡拉鹰身上，他能学到些什么。不过，他的确赋予了它们这个种族某种前所未有的东西：一片可以居住的新大陆，还有一群很想知道它们是何物的人类。

他也挽救了斯蒂普尔贾森岛和大贾森岛上的鸟类。在他去世之后，这两座岛屿多次易手，但没有人在上面重新放牧羊群。最终，一名美国金融家将这两座岛屿买下，并捐给了野生动物保护协会，也就是布朗克斯动物园的主人。也许我们可以有把握地说，再也没有人能从斯蒂普尔贾森岛上捕获野生动物了。和希尔在1971年看到这座岛屿时的心情一样，世界各地的自然资源保护者都对它心存敬畏。他曾和伊恩·斯特兰奇露宿过的剪羊毛棚屋，已经被风吹得破败不堪。废墟中散落的几个板条箱上仍旧刻着"鸟园"的字样，还有一个上面用褪色的蓝墨水写着"希尔""斯坦利"和"福克兰群岛"。

2012年，G7死在斯蒂普尔贾森岛的海岸上时，蒂娜还活着。要是它们相见，可能还能认出彼此，但蒂娜也许会震惊地意识到，它在这个世界上并不孤独。不过话说回来，让它与杰夫成为朋友，化身成为伍德兰明星的品质——好奇、不安、注意力分散——也许正是G7被杀手当作容易得手的目标的原因所在。

让我们回到G7死去的那一刻，也就是游隼折断它脖子的那一刻。它刚被游隼撞倒几秒，可能就已经吓得无力反抗了。

和它长长的灰色双腿相比，游隼的亮黄色双腿很短。尽管它的体形更大，但游隼有着它没有的坚定而致命的神态。你看，游隼用又长又细的脚趾紧紧攥住了它的脖子和肩膀。你看，游隼苍白胸脯上的黑色细条纹和它土黄色的初级飞羽相比，显得非常时髦。你看，游隼蓝灰色的双翼在俯身进食时在它的上方呈弧形展开：这个由来已久的姿势被驯鹰人称为"展翅"。你看，冰封的海浪如同玻璃的山丘。成群的企鹅从中蹦出，划出一道道弧线。海狮浮到海面上呼吸，嘴里发出生硬的声响，鼻孔里喷出阵阵热气。

现在把空间和时间都缩小，将斯蒂普尔贾森岛缩小到蓝色海洋中的一个点。在地面上看不见的一个更大的形状和图案出现了：一连串山脉紧挨着地壳上的一条裂缝。海底下面封存着一摊摊石油。G7和游隼都成了抽象的概念，不再是个体，而是自己物种中的成员，在地理、时间、运气、技巧、竞争和意外的影响下，顺着微弱的发光线不断分叉。

这就是"进化"一词所包含的过程。如果你追溯G7和游隼的分支谱系，就会发现一个惊人的事实：它们竟然是同一个鸟类家族"隼科"的成员。从进化的角度来看，条纹卡拉鹰和游隼只分开了很短一段时间，大约与黑猩猩和大猩猩产生分别的时间跨度相同。在这样的差距下，二者相遇的场景令人感觉很不舒服，就像看着一只黑猩猩吃掉了一只疣猴。

在某种程度上，你可以把G7的死看作酝酿了数百万年的进化宿怨中的一段争执。和许多家庭纠纷一样，其中暗含着为确定哪种生活方式才算最好的时所产生的矛盾。争执的一方是条纹卡拉鹰这样的通才——它们是好奇心很强的学习者，在如何利用这个世界的问题上很有可塑性。在对面紧盯着它们的是专家——拥有特殊品味、几乎不留容错空间的专家。专业人士可能会瞧不起业余爱好者："只此一次，安静地坐着吧，你们这群半吊子家伙。"另一方面，通才可能会回瞪它们，嘴里嘟囔着："试着拓展思路，改变一下吧。"在这两种鹰截然不同的生活中，存在着很早以前就发生在这座星球上的某些事情的痕迹——某些非常、非常重要的事情。

# 第二部分

# 远方与往昔

回想美洲大陆发生的变化，人们肯定会感到无比震惊。以前那里一定遍布巨型的怪物。

——查尔斯·达尔文

我想要一种不同的历史，一种既有动物，也有人类的历史。

——威廉·亨利·哈德逊

# 紧随恐龙之后

某一天，十八岁的威廉·亨利·哈德逊从恶梦中惊醒。这个梦是如此可怕，以至于他五十年后想起来还历历在目。梦中，他站在潘帕斯草原的自家房门外，头顶是艳阳高照的蓝天，但有什么东西不太对劲。"抬起头——"他写道，

　　我看到很高的地方有一团云朵般黑乎乎的东西，正轻快地朝地面飘落。我后来才看清，那不是云，而是某种固体。它越降越低，逐渐变成了铁棒，铁棒有桶的两

倍那么粗、一两英里长。当它降到靠近地面的最低处时，我清楚地看到它们一条条地延伸出去——足有数千或数百万条——一直延伸至天空，直到消失在我的视线之外。我抬起头望着滚滚洪流说："一切都结束了。地球上所有的生命都会被闪电击中而亡，地球本身也会被逐出轨道。"

第二天，哈德逊发现自己不是一个人。他们一家和周围乡村的邻居大约都在同一时间惊醒，有些还听到了巨大的响雷声。从某种意义上说，哈德逊的梦可能是真的：一颗拳头大小的流星也许曾在他们的头顶上爆炸，碎成一团金属蒸汽和微小的碎片，降落在平原上。但现在看来，他的这场大梦似乎有着可怕的先见之明，仿佛埋藏在土地里的记忆已经渗入他熟睡的大脑。一个世纪之后，科学家们意识到，与哈德逊的梦境极其相似的事情的确发生过，不过不是在他有生之年，也不是在任何人的有生之年。

如果我们把哈德逊的梦倒退六千六百万年，往北五千英里，离开梦境的世界、进入清醒的生活，哈德逊就是在一片平静的浅海中凝望同一片天空——让我们给他一条小船——这片浅海覆盖的区域相当于如今的墨西哥尤卡坦半岛东半部。在他脚下清澈的蓝色海水中，依附在礁石上的管状巨蚌和单生珊瑚为成千上万的硬骨鱼、鲨鱼、软体动物、海星和甲壳纲动物提供了庇护。这些动物中很多都和你如今在科苏梅尔岛海边看到的没什么两样，但他的小船下可能会漂过被称为沧龙的巨型海洋爬行动物长长的阴影。当他抬起头凝望时，会注意到某种特别美丽且奇特的东西——不是什么黑点，而是一个灼热的光点在迅速膨胀：那是一块至少有六英里宽的金属岩石。它以快到像火柴头在砂纸上摩擦一样的速度擦过地球的大气层，突然迸发出熊熊燃烧的火光。在撞击使哈德逊蒸发之前，他眼前的最后一个画面就是耀眼难当的亮光在天空中蔓延开来。

小行星撞击海洋时，引发了一波可怕的致命海浪，看起来就像是湿婆神化作了带汽的海水。它标志着被地质学家称为白垩纪的远古时代就此终结。我们对这个时刻了解得越多，就越是觉得它可怕：小行星的破坏力相当于一百亿颗广岛原子弹（相比之下，人类历史上最大规模的火山喷发只有其威力的四分之一）。它在地球上凿出了一个三十英里深、一百二十英里宽的大坑，在大约十分钟的时间内就推起了一圈比喜马拉雅山还要高大的山脉。随着大海涌入巨坑，一场巨大的海啸滚滚而来。如果今天有个一模一样的物体在同一地方着陆，将会掀起六百英尺高的水墙，重创中美洲大部分地区，南美洲北部海岸，加勒比群岛、墨西哥大西洋沿岸、得克萨斯州大部分地区，路易斯安那州、密西西比州、亚拉巴马州和佛罗里达州全境。冲击波会夷平整个北美的森林和建筑，产生的缓慢震动会像钟声一样，唤醒北美西岸沉睡的火山，让莫斯科的地板咯咯作响，令孟买的窗户支离破碎。

　　过去的问题在于，它一直都在改变。小行星对生命史的
影响是如此突然，而且无所不在，以至于人们很容易忘记我
们是最近才知晓此事的。一个多世纪以前，古生物学者就知
道某件事情导致了大部分恐龙和其他动植物种类突然从化石
记录中消失，但我们似乎永远也无法清楚地得知发生了什么。
我记得自己还是个孩子时，曾经听过许多有关恐龙灭绝的解
释。那时候，小行星撞地球还是一个颇具争议的新假设。但
到了二十世纪八十年代，相关证据迅速累积。1991年，恐龙
被埋葬的陨石坑地点也得到了公开确认，催生了一大波将巨
型太空岩石描绘成无情恶棍的灾难电影。

　　即便如此，科学家们仍旧保持着谨慎的态度，直到2010
年的一场专家会议才得出正式结论：小行星很有可能引发了
白垩纪的大灭绝，我们对于此事的影响和后果还知之甚少。
几年前，人们才开始尝试钻入陨石坑。由此产生的古岩石伴
随着粉色花岗岩从地幔中被挤出，继续揭示着那个几乎改变
了地球上所有生物的瞬间相关的惊人事实。

　　其中的一个惊人事实是：这颗小行星的影响是极不均衡
的。它以倾斜的角度进入我们的大气层，爆炸后向北、向西
喷射出燃烧的碎片和火山灰云团，直击北美腹地。云团所到
之处，所有事物仿佛都经历了一场行走的噩梦。云团有几千
英里宽，以每小时数百英里的速度移动，如果你挡住了它的

去路，几乎是没有机会逃跑的。北半球几乎没有什么动植物幸存。

相反，南半球可能逃过了一劫，但我们往往不会去考虑那里，因为地球的大部分宜居土地都位于北方。澳大利亚生物学家蒂姆·弗兰纳里表示，虽然北美的花粉记录表明，撞击发生后出现了大规模的焦土灾难，但来自澳大利亚南部的样本表明，最南端的森林几乎没有受到影响，只是那里的动物生活得不太好。相比于动物，植物更能应对爆炸后世界各地陷入的多年寒冷黑暗状况。许多从那个时代幸存下来的植物如今依旧十分常见，平常得甚至不值一提，包括松树、棕榈树、蕨类植物、苔藓、苏铁植物和木兰。再往南，面积是澳大利亚两倍的南极洲也拥有大量的动植物，但我们对它在白垩纪大灭绝时期的经历几乎一无所知，因为那里的化石痕迹都被埋藏在数英里厚的冰层之下。

不过毋庸置疑，这次爆炸造成的影响是全球性的。撞击区富含石膏的海床向上隆起，朝着高空大气喷射出数百万吨含硫矿物，将蓝色的天空染成了棕色和黑色，也穿透了拉着帷幔般的琥珀色黎明与猩红色黄昏。爆炸喷射出的较重粒子以燃烧的玻璃球的样子落回地球，燃起熊熊大火；较为细小的粒子与水蒸气发生化学结合，形成多年的酸雨。白垩纪晚期，世界上某些地方的火山活动已经非常强烈，但小行星的碎片让情况雪上加霜：在尚未与亚洲相撞的印度大陆岛上，两处岩浆"热点"都出现了大规模爆发，将世界进一步笼罩在烟尘和火山灰中。大规模爆炸的残渣徘徊在大气中，如同一层硫黄色的薄纱，数十年间遮天蔽日，让我们的星球陷入了极地冬夜般的寒冷与衰退状态。

无须多言，地球气候的突然剧变令许多动物无法忍受，其中最受煎熬的是体形最大的物种。即便它们在冲击波和森林大火中幸存了下来，食物供应也往往严重受损，导致它们在接下来的几个月中无法生存。这样的问题在海洋中尤为严重：没有足够的阳光，被称为浮游植物的小型植物会在几天或几周内萎缩，引发一连串的饥荒，并沿食物链向上蔓延。

在陆地上，某些动物比其他动物更适应黑暗、寒冷、严苛的新世界。从它们的现存后代来看，哺乳动物、两栖动物，以及至少部分生活在地下或一年中有一段时间在冬眠的爬行动物，生存的机会更大。（比如鳄龟，一生中大部分的时间都潜在池塘的底部，通过皮肤吸收水中的氧气，即使在大火肆虐的北美也存活了下来。）

体形较大的恐龙就不具备这些能力了。它们在一个充满肉和新鲜绿植的世界里繁衍了数千万年，体温很高。与我们一样，它们也是温血动物，行动敏捷，需要频繁进食——还得连续数月耗费能量孵化巨蛋。小行星撞击地球之后，在第一波冲击中幸存下来的恐龙面对的是一个再也无法为它们提供食物的星球。据一项估计显示，体重超过五十磅的动物在撞击发生后的世界中几乎悉数灭绝，只有深海的远古食腐动物除外，比如至今仍在暗无天日的海底四处觅食的睡鲨。当沧龙的尸体从水面降落到漆黑的深渊中时，睡鲨可能还很享受这份好运。

在我有生之年，这个版本的白垩纪灭绝的故事已经从假设成为了历史。我们泰然接受了这些令人警醒的消息，把它和其他曾经颇受争议的事实放在一起——比如冰河时代全球遍布冰川，或是我们的种族源自非洲。自从十九世纪初恐龙被首次公开展示以来，相关展览一直备受欢迎，但其意义已经发生了改变。考虑到另外一颗巨型陨石肯定还会再次造访地球，如今所有的恐龙骨架都会贴上一个警示标签，上面写着"有一天，你也会成为我"。

在得知陨石的事情之前，大型恐龙灭绝的科学解释往往把原因归咎于恐龙自身，认为它们行动过于迟缓，大脑又太小，对冷热或疾病缺乏抵抗力。但现在看来，恐龙并没有以任何方式导致自身的灭绝，化石记录中也没有任何迹象表明，白垩纪晚期的世界进入了某种衰落阶段。相反，地球上的生命正在蓬勃发展。小行星撞击发生的瞬间，我们的星球和以往一样，正处于舒适宜居的状态中——尽管你我可能觉得生活在其中感到不安。在恐龙的星球上，就连南极洲也是一个温暖、繁茂的地方，大部分地区都被森林覆盖。从今天珊瑚礁和亚马孙丛林之类的地方，我们就能看出当时地球几乎同样的丰富性与多样性。我们对这段突然消失的时光了解得越多，失去的痛苦就会变得越强烈。哪个孩子在看过恐龙绘本之后，不会被霸王龙在树蕨后窥视的笑容吓得浑身哆嗦，或是惊叹于甲龙身上凶猛的背刺，心中或许有点儿希望它们的世界依旧存在呢？

但在许多方面，它们的世界的确存在，而且不只存在于化石记录之中。撞击发生后的世界绝不是一切从零开始。今天的每一种生物都有一个在爆炸中幸存的祖先。其中有些由于没有足够的压力去改变，依旧保留了古老的形态，比如纽约道路两旁的银杏树，或是在深海中漫游的巨型海洋鼠妇。包括我们在内，还有一些生物在被小行星扰乱的世界里抓住了机遇，衍生出了新的形态。

已知最古老的灵长类遗骸可以追溯到大约五千五百万年前。那是任何一个世界征服者都不会选择的时代。我们毛茸茸的小个子祖先长着细长的脚趾、长长的尾巴，仅有一只手掌的大小，在树林间穿梭，以虫子为食。不过它的谱系有着光明的未来：在动物世界重建的过程中，一大群曾在恐龙的阴影下奔跑了数百万年，或是一直躲藏在地下隧道与洞穴中的夜行毛茸生物钻出来，发现自己继承了这个世界。这就是从小行星撞击地球到现在（新生代）的地质时代被称为哺乳动物时代的原因。从表面上看，哺乳动物获得这一头衔似乎是实至名归——它们在后白垩纪的世界中增添了数千种新的形态，占据了大型恐龙留下的空余生态位。例如，须鲸和猛犸象之类的动物几乎和它们蜥蜴状的前辈体形一样硕大，其遗骸在地球上留下了清楚的标记。

不过，重要的是要记住，哺乳动物不是存活下来的唯一一种动物。自从发现小行星的事情之后，有关恐龙灭绝的另一个颇受争议的假说便开始升温，并突然成为了事实：恐龙并没有灭绝。我们称之为鸟类的动物就是在爆炸中幸存下来的恐龙直系后代。记住这一点，你就能开始明白蒂娜、艾薇塔、G7和游隼到底为何物了。

　　鸟类不像你想的那么容易解释，在某些方面比人类更难被定义，因为它们存在的时间比我们久得多，这是公认的。如果我带你坐上时光飞船，回到陨石撞击地球的那个早上，你会发现这个世界有许多奇怪的东西——最奇怪的可能是它看起来和你熟悉的地球很像。从运行轨道上看去，彼时的地球和它现在的样子没有什么不同，只是有的地方更绿。大陆多半已经是你在如今的地球上看得到的位置和形状。但从这个角度来说，细微的差别还是存在的。如果你把鼻子贴在飞船的舷窗上几分钟，就会注意到，南美洲与南极洲之间仍有一条细长的大陆桥相连；澳大利亚也一样。南极洲本身被一片狭窄的海分隔开来。印度仍在沿着地壳构造板块朝亚洲移动，将创造尚未诞生的喜马拉雅山。北美洲也被一片内陆海洋分割开来，其残余的部分仍在大盐湖盆地中蒸发。冰川是不存在的，沙漠的数量也很少。和如今的新西兰或火地岛一样，南极洲被南方的山毛榉树林覆盖。

　　如果我们让宇宙飞船降落，就会清楚地知道自己进入了一个古老的世界，特别是如果你碰巧遇到了一群巴塔哥尼亚的长颈雷龙——它们每一只的长度和体重都堪比一架客机——或是一群长着鸭子样的嘴、袋鼠形状的鸭嘴龙正在北美西部的沼泽里咀嚼多汁的草。（不过，你可能会对鸭嘴龙周围众多的鳄鱼邻居感到困惑。它们中有些看上去十分现代，像是来自未来的访客，但事实正好相反。）

你肯定也会注意到一群长着羽毛的恐龙看起来十分眼熟，但又有点儿古怪，就像你偶尔会在梦境中看到的那些半虚构动物。它们大小不一、体型各异，有的像蓝色的松鸡，有的像长颈鹿，其中许多还会展翅高飞；有些长着多骨的长尾和牙齿，多数的前肢上都有抓爪；其中一群的腿和上肢上还长着长长的翼羽，就像活的双翼飞机。在过去的几十年中，古生物学家发掘出了各种各样的有翼恐龙，大多数出自中国东北地区的化石层。很有可能还有更多发现在等着我们。

截至目前，我们发现的化石表明，大部分有羽毛的恐龙都是捕猎者，能用嘴和双脚捕捉昆虫、蜥蜴、哺乳动物、鱼和其他恐龙。它们在这些猎物身后穷追不舍，或是从天而降、将其扑倒。就连那些不会飞的恐龙，其前肢和尾巴上也长着呈扇形散开的粗硬羽毛或刚毛，其他部位则是蓬松的羽绒。这些羽绒也许能够帮助它们的主人在白天保持凉爽，在晚上保持温暖。那些最长、最华丽的羽毛可能有助于它们互相发出信号或吸引配偶，呈明亮的黑色、白色、灰色和棕色，甚至还有斑斓的蓝色和绿色。

有羽毛恐龙的社交生活比较难以了解。它们大部分从孵化出壳的那一刻起就能自理（它们的蛋可能是五颜六色的）。人们在缅甸发现的一块琥珀中，保存着一只新孵化出来的恐龙，身上的浅色羽毛发育得惊人地良好。在中国某地发现过同一品种的恐龙化石，它们有老有少，似乎是一起死亡的。这表明，至少某些有羽毛的恐龙是群居的，甚至会成群结队或以家庭为单位觅食。

不过，化石能告诉我们的动物生活信息仅此而已。关于这些奇怪且奇妙的生物，我们还有许多永远无法得知的信息。和巨型蜥脚类恐龙、鸭嘴龙一样，大部分有羽毛的恐龙都死于小行星撞击之后的混乱，基本消失在世界大部分地区的化石记录中。例如，美国西部的白垩纪晚期化石中至少有四组长羽毛的鸟类恐龙（包括会潜水捕鱼的恐龙），但在小行星将北美夷为平地之后，这些族群就没有留下任何的化石了。

而在遥远的南方，某些有羽毛恐龙在南半球的森林和草原中存活了下来（它们也许大多生活在南极洲），至今还与我们同在。经受住小行星撞击的物种似乎至少有十几个。随着地球逐步恢复，它们在哺乳动物的身旁尽情地繁衍生息。与白垩纪时期的巨兽相比，这些存活下来的恐龙体形较小，似乎全都会飞，但有些在哺乳动物时代失去了飞行能力。它们中有的后来又恢复了祖先的庞大体形：某种两条腿的食肉鸟类就比人类还要高大。还有一种像鸡一样的澳大利亚食草动物，名叫斯特顿雷鸟，身高十英尺，体重超过一千磅。这两种巨型鸟类都活到了有史时期，史前的人类肯定见过它们。

按照进化的标准来看，恐龙从这场惨败中恢复的速度十分惊人。如果我们乘坐时光飞船，从小行星撞击的那一刻继续前进一千万年（在进化的过程中，一千万年是很短的间隔），就会发现另一个版本的地球也充满了有羽毛的恐龙。它们已经进化成鸟类科学家如今所认识的四十个主要种群，可能还要更多一些。也许你毫不费力地就能认出鸭、鸡、鸵鸟和海鸥的祖先。但你还要再前进四千万年，才能找到一只与你我十分相似的动物。可以说，我们仍旧生活在恐龙的黄金年代。侏罗纪或白垩纪时期——我们心目中恐龙最辉煌的年代——被发现的恐龙品种只有大约七百个，但至今还存活的恐龙品种竟然超过一万个，比哺乳动物品种数量的两倍还要多。这些恐龙的体型、生活和思维的多样性如此惊人，让人忍不住好奇，新生代为何不被称为哺乳动物与恐龙的时代。

当然，现存的恐龙与它们的祖先相比体形较小，也相应地调整了自己的饮食。许多恐龙成了素食主义者，以谷物、水果和花蜜为食，另一些则以无脊椎动物为食，比如昆虫、蜘蛛和蠕虫。有些甚至会食用树叶，包括南美洲的奇特麝雉。这种长着凸起红眼的冠毛鸟，在会被洪水季节性淹没的森林里筑巢，多腔消化道里散发出浓烈的泥土气味。某些恐龙已经适应了几乎完全依赖可靠食物来源的新生活。八哥、美洲黑羽椋鸟、欧椋鸟和城市里的鸽子就是生活在人类聚居中心的恐龙，就像哈德逊时代生活在伦敦的银鸥和以腐肉为食的乌鸦。这种策略是非常不错的选择。现在在地球上几乎每个城市的角落和缝隙里，都能听到哈德逊在窗边喂过的家雀干巴巴的唧唧声。它们也许看起来不太像霸王龙，却有可能是有史以来分布最广、数量最多的恐龙。

不过，被我们称为猛禽的恐龙从未放弃祖先的狩猎生活。它们仍会捕食和自己体形相近（或更大）的动物，有些还专门以其他的恐龙为食。许多猛禽都声名显赫——比如在美国，几乎所有人都能想象出秃鹫、红尾鹰或角鸮的样子，但其他的形象就很模糊了，大部分人都不曾意识到它们的存在。

这并不是因为它们一直没有被人发现。科学家们已经编纂了一份相当详尽的世界鸟类名录。如果发现一个新的鸟类品种算得上是具备新闻价值的罕事，那么发现一种新的猛禽就更加难得了。这种事情最近一次发生是在2002年，之后就再也没有了。猎鸟是早期博物学家最先描述的鸟类之一，其中部分原因在于它们通常体形庞大、引人注目，而且我们早就知道它们的长相与生活地点。但它们是如何生活的，就是一个截然不同的问题了。就卡拉鹰家族而言，我们的确知之甚少。它们与猎鸟保持着不同寻常的伙伴关系，因此值得被小心地从其他亲缘动物中甄别出来。

首先，让我们来看看已知的事情。猛禽，如隼、猫头鹰、猎鹰、老鹰、秃鹫和蛇鹫，仅占所有鸟类品种的百分之五。但如果我们将关于它们的鼓鼓囊囊的文件从书架上拿下来，在桌子上摊开，会惊讶于需要多大一张桌子。一万的百分之五仍然是五百个品种。猛禽生活在除南极洲之外的所有大陆上，包括地球上最令人印象深刻的一些动物：安第斯兀鹰——最重的飞鸟，翼展十英尺；二十磅的角雕——以美洲热带地区的猴子和树懒为食；斯特勒红嘴斑蛎鹬——以成年的鲑鱼为食，在堪察加半岛与鄂霍次克海的偏远海岸上筑巢；红眼的西伯利亚雕鸮——体形是同类角鸮的两倍，会在寒冷寂静的北方针叶林中悄悄尾随体形较小的鸮；还有撒哈拉以南的非洲独有的蛇鹫，四英尺高，能够有力地踩住蛇，长着橙色的脸和黑色的长冠，如同狮身鹰首兽在世，大跨步穿过热带稀树大草原。（这里没有更多的篇幅提及胡兀鹫、蜂鹰与布莱奇斯顿的鱼鸮，但你们已经明白我的意思了。）

在天平的另一端，也就是秃鹫和老鹰的对立面，是一些你不去寻找就几乎不会注意的鸟。在美国西南部和墨西哥的巨型仙人掌中，生活着几乎不到四英寸高的姬鸮。它们以昆虫为食，生活在啄木鸟废弃的巢穴中。非洲侏隼的体形小到可以生活在群居织巢鸟修筑的多腔巢穴中，不时还会跳出来吃掉类似麻雀的鸣禽邻居。一种来自菲律宾的小隼，比蜂鸟中体形最大的个体还要小。

当然，体形的大小不代表一切，但决定了你能猎杀什么。捕猎者由其猎物和击杀方式来定义。猛禽研究者喜欢称它们为"肉食鸟"。这个词来源于拉丁语中的动词"抓住"或"抓取"，因为它们会用爪子捕捉猎物。想想《侏罗纪公园》中身手敏捷的反派角色迅猛龙。这个品种名字的意思就是"快速的抓捕者"。但这些好莱坞版本的聪明群居恐龙身上缺乏一个关键的细节：现实生活中，迅猛龙属于全身长满羽毛的恐龙。（一名科学家表示，如果在街上看到一只迅猛龙，你的反应可能不会是"哦，我的天，一只恐龙！"，而是"那只奇怪的大鸟是什么？"）不用太多想象，你就能将现代猛禽与迅猛龙联系在一起。艾薇塔之类的鸟会让这个过程变得更加容易：从正确的角度看去，它长满鳞片的大脚、掠食者的目光和短跑运动员的步态，就好像是从白垩纪时代迈着沉重的脚步走出来的。你可以想象它长着利齿的样子，但这并不是说它需要牙齿。

自从达尔文的时代以来，霸王龙及其同时代的动物就让博物馆的参观者感到既兴奋又害怕。但早在我们知道猛禽的恐龙起源之前，人类就被它们深深吸引住了。数千年来，我们一直在赞美、羡慕它们犀利的眼神、优雅的身姿、迅猛的飞行速度和捕猎技巧。（没有哪个猛禽能够大到把我们放进它们的食谱，这有助于我们理解上述情形，基于同样的原因，老虎是可怕的，但虎斑猫是可爱的。）我们也是捕猎者。但和猎鹰、老鹰相比，我们就显得笨手笨脚，还只能在陆地上移动。我们喜欢把猛禽当作力量与等级的象征——想想亚述人可怕的狮身人面像，埃及人的鹰神荷鲁斯，或罗马、拜占庭、德国和美国的帝国雄鹰。

这些象征意义让人很难看清猛禽的真实面目。事实上，它们和我们没有丝毫的相似之处。尽管猛禽看上去高贵威严，但只是自我的主宰，通常更喜欢单兵作战。它们不像我们那样需要陪伴；虽然缺乏社交关系似乎是一种自由，但这种自由远离我们所关心的一切。其中，猎鹰尤其因其专心致志而著称。它们以技能而非个性闻名。"操控"一只隼或猎鹰的过程就像驯服一匹马，与其说这是和这只鸟形成一种伙伴关系，不如说是迫使它接受驯鹰人的在场是个不可避免的事实。

这就是为什么杰夫与蒂娜在一起的经历如此令人惊讶，巴纳德和达尔文又为何对蒂娜野生的表亲倍感困惑。虽然卡拉鹰属于猛禽，却并不遵循与其他猛禽相同的剧本。要是威廉·亨利·哈德逊见到蒂娜，可能不会太过惊讶，因为他从小在南美洲长大，认识它的亲戚。但就算他能够凭借直觉与蒂娜产生共鸣，也无法解释它的好奇心从何而来。它是怎么变得热爱玩耍、喜欢陪伴、渴望学习、拥有强烈的自我意识光环，以致与伍德兰的其他鸟类同胞如此不同的？它的好奇心是这个物种独有的创新，还是被其他猎鸟抛弃的古老遗产？

这些问题可能听上去难以回答。但新的技术证明，蒂娜的祖先拥有令人惊讶的历史。这不仅使她的行为更容易被人理解，也揭示了条纹卡拉鹰与游隼是如何变得如此迥异的，它们的家族又为何在现存的猛禽中独树一帜。

# 家族秘密

在智利南部一座寒冷贫瘠的山顶上，朱莉娅·克拉克戴着滑雪护目镜，顶着寒风和高纬度地区的阳光，凝视着地面。克拉克身材高大、头发乌黑，是一位古生物学家，正在寻找飞行恐龙的化石残骸。这一才能几乎让她成为传奇。来到某个地方，她停下了脚步。在我看来，这里和我们整个早上都在攀爬的这座山坡上其他的地方没有任何不同，就是一堆乱七八糟的红褐色巨石和碎石。但朱莉娅一动不动，我这才想到她应该是找到了一块化石。

"我觉得这里有只恐龙。"她小心翼翼地翻开一块手指大小的古砂岩碎片说道，"我觉得这些骨头已经融入悬崖里了。"这对我来说似乎是不可能的，但朱莉娅的眼光很少出错。她之所以有名，不仅是因为能找到新的化石，还因为她能从充分研究过的化石中找出其他古生物学家忽视的隐藏的细节。多年来，她一直在南极半岛和蝎子横行的戈壁沙漠探险。探险的过程虽然很不舒适，却令人着迷。好几个月，她都在卡车下露营。她的发现包括已知最古老的鸣管，即鸟类用来发声的独特器官。这根鸣管是她在一块状似鸭子的鸟类化石中发现的，这种鸟和一些恐龙一起生活在温暖的南极洲。借助于微观化石结构"载黑素细胞"，她还揭示了这只恐龙羽毛的颜色。她也是第一个发现智利博物馆中那块腐烂的神秘岩石是沧龙蛋的人。

我原以为寻找恐龙会是一个漫长而又痛苦的过程，但朱莉娅喜欢速战速决，直到发现某种有希望的东西。跟随她大步登山，让我感到安第斯山脉的南段比北段似乎短了许多。一路上，我们放弃了陆蛤大小的蛤蜊留下的印记、发紫的大块蜥脚类动物骨骼，还有和城市大巴一样大的动物遗骸。这些无一不令我感到惊讶，却无法打动她。"这种东西太大了，"她说，"我才不会背着它走来走去呢，除非是一块头骨。"

在我们脚下，朱莉娅的两个学生萨拉·戴维斯与赫克托·加尔扎正慢悠悠地在看似火星的山坡上攀爬。两人紧盯着地面，满脑子想象的都是爬行动物的时代。对他们来说，暴露的山体表面充满了远古动物的切片，每一个砂岩层都是一个时间胶囊，保存着曾经在这里繁衍生息的各种生命。萨拉找到了一颗食肉动物的弯曲牙齿，看上去可能属于一只小型的霸王龙。赫克托翻到了一颗看起来更加远古的牙齿，也许属于一只沧龙。它有半英寸大小，是一颗闪亮的圆锥形黑色岩石，笔直得如同铁路道钉。

这两种动物（一种陆生，一种海生）的遗骸揭示了这条荒凉山脉的原形——它曾是一条古老的海岸线，断断续续被大海淹没，一度还连接着南美洲与南极半岛。如果在世界上其他地方都陷入一片火海时，南极洲的确曾是动物的避难所，那这里就是它们进入（或者重新进入）南美洲的桥梁。在白垩纪末期的流星撞击地球后三千万年，太平洋板块的海底舌状结构楔入两座大陆之间，不仅将二者彼此分隔开来，还消除了阻止海洋在南极洲四周畅通流动的最后一道屏障。极地涡旋就此产生。在接下来的三千五百万年间，辽阔的南方大陆会慢慢变成我们所知的冰封大地——地球上最寒冷、最干燥、最不宜居的地方。

我们脚下这条山脉中掩埋的化石太过古老，无法阐释小行星撞击后的时代，却能带我们短暂感受恐龙在一个非常特殊的地方度过的最后一段时光。我们所在的地方是人类可及的最南端，却依旧能够找到没有被埋在几千英尺冰层下的白垩纪化石。

朱莉娅捡了几块骨头化石样本，把它们密封在塑料袋里。

短暂休息后，我们回到了山下的营地——长满青草的山谷中一片橙黄色的帐篷。我们只来这里停留几天，但帐篷里住着一队年轻的智利古生物学家，他们已经在这里待了好几个礼拜。他们的领队——一个名叫马塞洛·勒佩的古植物学家，是个英俊的大胡子。这一季，他们发现了古老棕榈树的树桩和蜥脚类动物巨大的股骨，但最令他们兴奋的是一颗比豌豆还小的臼齿。这颗牙齿属于曾和恐龙一起生活过的哺乳动物，也是在如此遥远的南方发现的最古老的哺乳动物骨骼。

但朱莉娅想找的是一只古老的鸟。她在一个碗状的坑边停下了脚步，坑里的碎石和沙子已经被风吹走。她表示，这种地方的地表可能会留下细碎的化石——不出十分钟的功夫，她就找到了两颗小小的牙齿，还有几根扁豆形状的骨板，可能是龟壳的一部分，或是某种小型装甲蜥蜴的鳞片。萨拉在笔记本上记下了坐标。

"我们就管这个地方叫'齿坑'好了，"朱莉娅说，"我们会记住它的。"

我在坑边坐下，期待能在五颜六色的鹅卵石和石化木头碎片中再发现一颗牙齿，但眼神很快就变得呆滞起来。就在我打算放弃时，坑表面一个和我的手差不多大小的奇怪印记引起了我的注意。印记的三条细长裂片从一个中心点向外呈扇形散开，每个裂片的尖端都有一小片清晰的草皮痕迹，很像爪印。退后望去，我才看清那是一连串浅浅的恐龙足迹中最深的一处。足迹是如此清晰，以至于让我怀疑它们是否是某个人为了开玩笑才刻在沙子里的。我向萨拉比了个手势。她走过来看了看，陷入了沉默。就连朱莉娅也愣了一会儿，然后笑了笑说："它们是安第斯秃鹫的脚印。"

"兽脚亚目恐龙。"她并没有讽刺的意思，"知道它们还活着，是不是很好？"


将身边的世界组织起来，似乎是我们这个物种的基本需求。这和语言或宗教一样，或者正如哈德逊所言，和我们在无事可喊时也想要大喊大叫一样。从宗教思想的宇宙论到化学元素表，这种冲动赋予了我们许多礼物，但也带来了纳粹的种族主义幻想和原子弹。对非人类世界分门别类是其中比较良性的产物之一。早在达尔文之前，萨满、哲学家和其他知识的积累者就一直在进行这项工作。

一个忠实的达尔文主义者可能会发现，我们给其他生物分类的嗜好已经进入了一个快速分化的时期。分类学，即命名科学，一开始是为了整理我们对生物世界的认识，给同类事物分类，并将生物名称标准化，以便博物学家能够确定他们谈论的是同一种生物。生物学的学生仍在学习十八世纪植物学家卡尔·林奈提出的分类阶元：界（动物王国）、纲、目、科、属、种。这种类别就像彼此嵌套的玩偶。林奈认为，这样区分就足以描述整个生物世界。

他错了。林奈体系中的一些要素仍在使用，但随着科学家们试图让自己对于生命的理解符合该体系的标准（而不是正好相反），该体系也得到了修正与扩展。自然系统很少像我们想的那么简单。大多数科学家认为一个物种是一群只与彼此交配的动物，但就连这一定义在某些圈子里也存在争议。

要想了解卡拉鹰的真实身份和来源，重要的是理解有关生物分类的想法是如何在十九世纪晚期开始发生改变的。当时威廉·亨利·哈德逊还是个年轻人，查尔斯·达尔文已经垂垂老矣。对生物分类者而言，这是个激动人心的时刻："科学家"一词开始流行起来，一场分类学的革命正在酝酿之中。欣然接受这场革命的博物学家发现，他们的研究工作因为三个发现有了新的起点并被重组。有了这三个发现，对生命进行更精细、更真实的研究成为可能。

首先，他们意识到，地球比自己想象中古老得多，比我们想象得到的历史还要久远。这种认识不是一蹴而就的。1882 年，达尔文去世时，最准确的估计表明，我们的星球大约有一亿年的历史。地球的真实年龄最后一次被修正是在1953 年——通过对名为"代亚布罗峡谷陨石"的巨型外星金属进行辐射测量研究，人们发现太阳系形成于大约四十五亿年前，数字大到令人难以理解。

听到这样的数字，我们的反应通常是点点头，然后继续手头的工作。但对达尔文和哈德逊时代的科学家而言，意识到地球的历史可以追溯到数百万年前，是种极大的解脱。它让地质和生物过程有了足够的时间产生不可能的奇迹，并帮助科学家们看到，已经不复存在的动植物化石遗迹是地球上曾经有生命存在的证据。这在今天似乎是不言自明的，但在几个世纪前，当西方学者不得不把化石生物和活体动物与一个被认为只有几千年历史的世界联系起来时，这一点还远不够清晰。

这些学者中有个名叫贝尔纳维·科沃的西班牙耶稣会信徒。他是个严肃认真、一丝不苟的人，十七世纪初的几十年间一直在努力收集被欧洲人称为"新大陆"的两块大陆的历史。科沃成年后的大部分时间都住在西班牙的新领土墨西哥和秘鲁，试图让美洲印第安人皈依基督教，但他也是一位博物学家。1653年，他终于完成了一部作品，书中的描述充满了对南美人民、风景和生活的困惑。耶稣会士是一群新近出现的、富于争议的改革者，不仅投身于教会，还致力于理性的力量——科沃称之为"我们拥有的最昂贵的宝藏"。但当他试图描述南美洲独有的动物时，却陷入了左右为难的境地。

"我们从《圣经》中得知并公认，除了被诺亚方舟挽救的动物之外，海陆间所有的动物都灭绝了。"他写道，"我们发现自己不得不为它们开路，让它们离开方舟搁浅的地方。诺亚从他的岗位上迈下船，来到美洲的这些地区，是如此遥远。"对科沃来说，这主要是逻辑问题。如果上帝在世间不同的地方安置了不同的动物，并派遣天使把它们带给诺亚，那么当大洪水退去时，它们如何才能回到自己的故土呢？

他不是第一个被这个问题困扰的人，但他觉得别人在为离开方舟的动物设计复杂的逃生路线时误入了歧途。为什么印度有老虎，而非洲没有？为什么欧洲有马，而南美洲没有？蜂鸟是如何从中东安全飞往安第斯山脉的？回答这些问题似乎需要大量的奇迹，科沃只能心安理得地接受其中的一两个奇迹。他辩称，如果世界上的动物都是被天使带到诺亚身旁的，那么最合理的解释似乎是，同一批天使会在洪水退去后返回，将动物送回它们来时的地方。"如果这个解决方法行不通，"他写道，"我就不知道还有什么别的方法可以不涉及上帝特殊的奇迹干预，或是不存在什么巨大的缺陷和荒谬之处了。"

> 不乏著名学者为了避免承认上帝的干涉……让自己身陷错综复杂的迷宫。这里充满鲜为人知的新事情、新问题。无论他们度过多少个辗转难眠的夜晚，或是多么殚精竭虑地试图想出解决之道，最终还得被迫承认这样的结果：它们远远超出自然通常采取的风格和路线，没有特殊的神助，就无法按照逻辑来解释。

读到这些话，你很难不同情科沃。几乎可以肯定的是，这个与伽利略同时代，既细心又聪明的人，正是在描述他自己。你可以从他的作品中感受到思想的激荡。不到一个世纪之后，这种思想的激荡促成了科学方法的诞生。但他的惊慌失措是在所难免的——他所依附的权威"把房子盖在了沙土上"。两百年后，达尔文用另一种革命性的观点重新定义了动物的起源，回答了这个问题：所有生物都起源于一个共同的祖先。或者正如他所说："我应该从类比中推断，也许地球上存在过的所有有机生物都是从同一种原始形态进化而来，变成了最初会呼吸的生命体。"

在这种逻辑与想象的飞跃中停留片刻是值得的。接受它，就相当于接受了一个极其有悖常理的观念：你和一棵橡树、一只屎壳郎之间的关系，和你与祖母之间的关系是一样的，你们之间只有程度上的区别。如果通过时间旅行回到过去，你们的路径会彼此相连。要想理解这一点，任何人都得花费不小的努力。在某种程度上，达尔文通过巧辩为科沃提供了一个应急舱口。如果你把大洪水看作早期地球的一种隐喻，把它当作充满艰辛、遭到小行星撞击后四处流淌着熔岩流的地方，那么待一切尘埃落定，所有生命就真的起源于同一个地方了。

但达尔文也致力于从他能够直接观察到的东西进行推断，这最终使他产生了第三个观点——如今被我们称为自然选择进化论的原则。达尔文（与他的合著作者阿尔弗雷德·拉塞尔·华莱士——他自己也得出了同样的理论）认为，生命的多样性不是总体规划的结果，而是随着时间的推移，生命将不同个体的特征传递给后代，从而进行自我分类。他们总结称，地球上的生命永远不会达到一个稳定的状态，而是时刻都在变化。物种虚假的持久性是我们短暂的生命带来的意外结果。

达尔文与华莱士的理论从被提出的那一刻起就陷入了激

烈的神学争论。不过，它给分类学者组织生命世界的方式带来的影响虽没那么显而易见，却也非常深刻。达尔文与哈德逊时代的分类学者还无法在分子的尺度上观察生命，但一个古老的地球、一个所有生命的共同祖先，以及一个由自然选择塑造的、不断变化的世界汇聚在一起，让人想到了一种新的方法。如果我们不是根据相似性，而是根据亲缘关系来分类生物，会怎么样？如果达尔文是对的，生命的组织原则是"改良血统"，即父母将新的性状组合传给其后代的能力，那么我们就能顺着生物不断分支的祖先追溯到世界的深层历史，将现存的一切生命和星球上的早期生命形式联系起来。分类学者将不再需要发明新的生物类别；相反，他们的工作就是去揭示这些类别。

达尔文最著名的一句话是这样说的："这种生命观是伟大的。它拥有多种力量，起初被注入一种或几种形式之中。当这个星球根据固定的万有引力定律旋转时，无数最美丽、最奇妙的形式从最简单的起点开始，一直且正在进化着。"这句话揭示了所有生命的谱系仍在进行之中，并将持续很长一段时间。科学家们还在继续修改他们的谱系概念，以反映新的证据，挑战关于谁与谁存在血缘关系、关系有多亲密的旧观点。近年来，挖掘现有生物关系的新工具，使得人们可以直接向过去的世界提出这些问题。


你可以把生命之树想象成埋葬在沙丘中的一棵伸展枝条

的大橡树，只有树枝的尖端能够探出沙地。这些树尖就代表了现存的所有物种，有时也被称为"顶端物种"。为了简单起见，让我们假设最靠近彼此的树尖代表了看上去最相似的物种。但表面的相似可能具有欺骗性，树尖也不代表一棵树的全貌。大部分树枝在到达沙丘表面之前就已止步了，有些树枝延伸到了足以从沙子里探出头来的长度，同时以惊人的方式转弯、分叉，来到了它们的邻居附近。

这就是为有机体进行分类的棘手之处：如何知道相似的物种是否真的具有亲缘关系？如你所料，某些顶端物种之所以看起来相似，是因为它们拥有同一个近代祖先，但也有一些物种是通过不同的路径获得相似的外表、行为甚至思想的。

这种情况叫作"趋同"。鲨鱼和海豚就是一个明显的例子。鲨鱼属于一种从未离开过海洋的谱系。海豚则是某个源于海洋，在陆地上实现多样化的动物谱系的后裔。该谱系中的某些陆地动物最终成了我们所说的哺乳动物，某些又回到了海洋。鲨鱼的胸鳍是一块软骨板，一直以来都是如此。而海豚从海洋到陆地，再回到海洋的历程，被写进了它们的身体：海豚的鳍状肢里长着五根手指的骨头。但如果你决定将海豚和鲨鱼归类为以海洋为居、行动迅速的灰色鱼雷状食鱼动物，而不是按照二者迥然不同的谱系来归类，就有可能错误地把它们归并到一起。

鸟类恰巧是人类研究最多的动物群体之一，并对引导达尔文与华莱士的思想提供了帮助。一些科学家可能会说，鉴于鸟类只能代表生物的一小部分，它们受到的关注已经超出了应有的份额。但不可否认，它们是一群很有用处的动物：普遍、引人注目、颇具吸引力、大到肉眼就足以看到，其进化历史已经得到了仔细的研究、分类和重新分类。分类学者仍在争论应该把某些谜一般的物种（比如怪异且臭烘烘的麝雉）放在什么位置，但科学家们普遍认为鸟类的主要祖先关系的问题已经得到了解决。所以，当最近有一组研究人员提出要对我们看待猛禽的方式进行重大修正时，大家都感到十分惊讶。

用来证明这一点的工具是DNA分析，它能让科学家识别我们看不到的生物基因图谱存在哪些相似与不同。和海豚鳍状肢中的手一样，所有有机生物的历史都隐藏在其基因组中。对于如今致力于研究生物谱系的科学家来说，DNA的重要性怎么强调都不为过，因为它是进化过程中真正起作用的机制，是生物间存在古老联系的物证。分析DNA就像是坐下来采访一个人，了解他的故事。我可能无法为你讲述自己家族中超过两三代人的故事，但我的DNA可以。它包含了自从我的祖先离开非洲以来就不曾改变的信息。DNA中的某些部分甚至从他们有腮开始就没有改变过，仍旧带着曾在年轻地球的海洋中漂浮的透明单细胞生物身上的化学指纹图谱。

DNA还能揭示我们最敏锐的双眼曾被欺骗的地方。一个多世纪以来，人们一直以为所有猛禽之间的关系都是非常紧密的，如同一棵树上相邻的两个枝子：一个是日间捕猎者（隼、老鹰、猎鹰、秃鹫、鸢、鹮和蛇鹫），一个是夜间捕猎者（猫头鹰）。这是一种干脆、利落且直观的分类方法，但恰恰是错误的。猎鹰的基因组表明，它们根本就不属于任何一种猛禽。与之最近的亲缘动物是鹦鹉。在长达七百万年的时间里，甚至可能早在白垩纪大灭绝发生前，它们就一直走在与猛禽不同的进化道路上。

在风暴将叫隼吹到斯蒂普尔贾森岛之后的那天早上，我走出门，穿过野外观测站和"岛屿中央山脉基地"间的一块平地。我要前往一片宽阔的草地，在那里，我经常看到条纹卡拉鹰在草地上挖掘草皮、寻找早餐。但我突然停在了头顶的悬崖上落下的一块巨石前。巨石的背阴处有一个凹槽，里面灌满了淡水，两只成年的条纹卡拉鹰正站在里面。

它们盯着我看了一会儿，然后继续洗澡，猛地钻进水里，再飞起来甩掉折叠的翅膀上的水。水潭边还站着两只成年的鸟，仿佛是在等待轮到自己。第三只浑身湿漉漉的鸟已经跳到岩石的顶上晒起了太阳。这时，第四只鸟从岩石后面钻了出来，步态笨拙、深埋着头，看上去十分年幼。它开始绕着水塘的边缘踱步，停下来俯下身子，将脑袋伸到水上，然后又缩回去，继续踱步。洗澡的两只成年卡拉鹰并没有理会它。绕着水塘转了半圈之后，它又试了一次，不安地将头长时间伸到水面上，然后缩了回去。它身上的一切让人联想到一个正在鼓起勇气，跳进水池最深处的孩子，而他的成年同伴似乎正在罗马浴池之类的社交俱乐部里瞎混。

我不知道这种行为是不是卡拉鹰与鹦鹉共同谱系的一种暗示。鹦鹉最喜欢与彼此为伴。野外的大多数鹦鹉都生活在吵闹的群体之中，少数也会成对生活或与家庭成员组成的小群体住在一起。与生俱来的社交能力让它们成了人类很好的伙伴，就像朱诺与莱恩·希尔一样。（从这个意义上来说，蒂娜对杰夫的喜爱让它更像是一只忍不住想要社交的鹦鹉，而不是一只典型的冷漠猛禽。）

　　不过我们对鹦鹉的看法也有可能是错的。我们通常认为鹦鹉是热带素食者，这种形象更多地缘自它们目前的生活方式，而非其祖先的生态环境。近距离观察就会发现，鹦鹉身上存在有可能起源于食肉动物的迹象：圈养的鹦鹉很乐意吃肉，而且在新西兰，外形酷似乌鸦的高山鹦鹉会爬进海鸟在地洞里筑的巢，吃掉无助的幼鸟——和福克兰群岛上的条纹卡拉鹰一样。食肉鹦鹉是现存最古老的鹦鹉，惬意地栖息在经常被雪覆盖的地方。和条纹卡拉鹰一样，它们贪玩成性，喜食腐肉，会被新事物吸引。这种鸟还会飞到停着的汽车上，将挡风玻璃的雨刷撕扯下来，因此臭名昭著。在食肉鹦鹉的栖息地，将靴子留在帐篷外的徒步旅行者，早上常会发现鞋带已经被解开了。

　　当然也有可能，对群居的喜爱是卡拉鹰和鹦鹉分别进化出来的。许多原因表明这似乎不太可能，但它们的确拥有足够的进化时间，因为血统不仅仅关乎"什么"，也关乎"什么时候"。那么猎鹰和鹦鹉到底是什么时候分道扬镳的？这是它们的DNA能够回答的另一个问题。这要归功于一种名叫"分子钟"的假说。这种假说认为，两个物种的基因组越是不同，它们与最近的共同祖先在时间上的距离就越远。分子钟会为一定数量的遗传差异分配一个时间跨度。将这一原理应用于实际数据是个复杂的过程，误差范围很大，但最新的估算表明，猎鹰与鹦鹉的最后一个共同祖先生活在五千五百万年至六千五百万年前——你可能会发现，这段短暂的时期正好是小行星撞击尤卡坦半岛的时候。

这就是真正有趣的地方了。如果你知道两个谱系是在什么时候分化的，就可以将它们的时间旅程叠加到地球的历史上，开始思考分化是在哪里发生的，又为什么会发生。考虑到白垩纪晚期小行星给北半球带来了毁灭，猎鹰与鹦鹉的共同祖先很有可能在遥远的南方（南美洲、非洲、印度、澳大拉西亚或南极洲）存活了下来。不过这是一片面积极其辽阔的区域，几乎占据了半个地球。要进一步缩小这个范围，就必须思考世界本来的样子。现存最古老的鹦鹉生活在澳大拉西亚，而现存最古老的猎鹰生活在南美洲。鉴于小行星撞击地球时，澳大利亚与南美洲是通过陆桥与气候温和、森林密布的南极洲相连的，有可能——如果算不上很有可能——鹦鹉-猎鹰的祖先是在那里躲过了白垩纪大灭绝。

不过，除非我们能窥探到冰层的下面，否则是无法确定的。要想追踪某个谱系在数百万年前的地理轨迹，需要大量有根据的猜测，而在化石证据稀少或不存在的地方就难上加难了——事实上，大多数的动物研究情况都是如此。这个问题让可怜的贝尔纳维·科沃望而却步，以至于他会求助于天使。但进化论让科学家们可以将谱系图叠加在世界地质和气候历史上，重建某个谱系在时间和空间上的物理旅程。

这种组合的结果往往令人惊讶。比如，你可以合理地回答达尔文关于条纹卡拉鹰起源的问题，暗示它们可能从未离开过遥远的南方——也就是说，它们和新西兰的食肉鹦鹉一样，只不过是从南极洲飞行了一小段距离，就定居在那里，它们的亲缘动物则进一步北迁。不过，二者的DNA暗示了一段更加复杂的旅程：在气候与地貌大规模变动的驱使下，它们经历了两千万年的漫长旅程，穿越了南美洲的每一个地方。


进化生物学有一条定律——当单一的生物种群被山脉或大海等物理屏障隔开时，新的物种就会形成。自然选择会以不同的方式作用于新分离的种群，将它们送上独特的路径，最终使它们彼此区分开来。这意味着，不同谱系的分子特征往往反映了物理世界的变化。以白垩纪晚期小行星撞击后鸟类、哺乳类动物和青蛙的遭遇为例，物种的突然繁荣或"分散状分化"甚至有可能标志着重大行星事件的发生，比如世界的冻结或解冻，大陆桥的上升或坍塌，或是海洋盆地的合拢。将生物的生物旅程与地球的地质历史联系起来，有时被称为历史生物地理学或谱系生物地理学。但它实际上只是一种新的历史，即威廉·亨利·哈德逊梦想中那种将其他生物包含在内的历史。

　　和人类历史一样，这门学科产生的故事极其复杂。它们跨越了漫长的时间，越是往回追溯，就越是模糊不清。不过近几十年来，该学科已经成为科学活动十分活跃的一个领域，每年都会有基因与地理分析的新组合出现。这些组合有的能够覆盖数百万年，有的仅能覆盖数千年，但全都源自同一个理念：用现在去探究过去是有可能的。根植在卡拉鹰DNA中的故事，不仅揭示了其家族与其他猛禽截然不同的旅途，也揭示了G7和将它杀死的游隼的进化历程。

　　让我们回到想象中那张堆满猛禽档案的桌旁。如果将所有关于猫头鹰、隼、老鹰、鸢、鹞、秃鹫、鱼鹰和蛇鹫的资料全都收集起来，放在地板上，那么桌面上会剩下六十四个物种的档案，里面是猎鹰科的所有成员。在这一科中，DNA将猎鹰进一步区分为三个不同的亚科。其中规模最大、最为人熟知的是游隼亚科，也就是所谓的"真"猎鹰。一想到"猎鹰"这个词，你脑海中出现的画面可能就是它们中的一只。这种鸟极其敏捷、身强力壮，在追捕活的猎物时异常凶猛，特别是在热带稀树草原、冻土地带和沙漠之类的露天地貌或树木稀少之地。锥形的桨叶状翅膀赋予了它们致命而坚毅的优雅。在世界上的某些地方，拥有一只猎鹰是强有力的身份象征，因为猎鹰各个都身价不菲。通过合法渠道购买一只游隼需要花费一万美元。一只纯种矛隼（体型最大的真猎鹰）在卡塔尔的售价可达二十五万美元。卡塔尔每年都要举办为期一个多月的猎鹰狩猎节。

游隼的名字意为"漫游者"。它不仅是地球上速度最快的鸟，还和大多数真猎鹰一样，属于长途迁徙的鸟类。许多游隼会季节性往返于两个半球之间，一年行程可达一万八千英里。尽管它们的飞行路线有时相当简单（比如从新英格兰到古巴，或是从西伯利亚北部到土耳其），但也存在一些奇怪的变化。一只在阿拉斯加的诺姆被绑上标识带的游隼，几个月后出现在了夏威夷；另一只在亚利桑那州被绑上标识带的鸟，后来现身日本，被怀疑是搭上了一艘集装箱货轮。除了具备远距离飞行与导航方面的惊人技艺，真猎鹰的视觉能力也令人难以置信。游隼的视觉处理速度是动物中最快的，眼睛敏锐到能在一英里外看到报纸的标题。约翰·亚历克·贝克指出，人类的眼睛和头骨比例若与游隼的相同，那每只眼睛的直径应该有三英寸，重量达四磅。

真猎鹰是如此令人印象深刻、为人熟知，以至于来自北方世界的科学家往往将这一科中剩下的十八个品种视为后来添加进来的，仿佛这些生活在南美洲的鸟是"假猎鹰"。但DNA清楚地告诉我们，包括卡拉鹰在内的南美猎鹰在谱系中完全没有任何的畸变。事实上，从基因角度来看，它们比游隼之类的真猎鹰更靠近这一科的祖先。虽然缺乏化石证据，但真猎鹰的基因和如今的分布情况表明，游隼的祖先离开南美之后，首先在北美中西部的开阔地带建立了新的家园。在那里，它们可能改善了自身的捕猎技巧，进化出了巨大的眼睛和狭窄的翅膀。从那里开始，它们沿着过去五百万年间一直延伸至寒冷世界的草原继续向亚洲、澳大利亚、非洲和欧洲进发。在非洲的某个地方，我们的原始人类祖先正朝着猎鹰来时路径的相反方向前进，这些猎鹰可能是第一批看到他们的飞禽。

与此同时，继续留在南美洲的猎鹰也在走着自己的路。它们很少迁徙，饮食习惯通常不像真猎鹰那样教条，可以说似乎更具想象力。它们中有些鲜为人知，比如森林猎鹰。这是热带雨林中的一种蛇鹫，以鸟类、蛇、蜥蜴和昆虫为食。如果你在一缕阳光中看到它们，肯定会觉得眼前一亮：它们长着红色或黄色的脸，蓝灰色的羽毛有精致的条纹图案，桨叶状的短翅非常适合在丛林中追逐猎物或是在树林上空翱翔。不过它们不是长距离迁徙的鸟类或速度之王。你不会在英格兰的驯鹰中心或是波斯湾的会议上见到它们。也从来没有一个盾形纹章上会有笑隼的图案——这种与众不同的小型捕蛇鸟，长着大大的眼睛、黑色的脸和苍白蓬乱的鸟冠，看上去像是刚刚从瞌睡中醒来。

不过，卡拉鹰似乎是南美洲最具冒险精神的猎鹰。尽管至少有一个卡拉鹰品种加入了热带林地的森林猎鹰行列，但大多数卡拉鹰还是更喜欢比较广阔的视野，有些甚至在高耸的安第斯山脉找到了家园。它们都采取了与真猎鹰截然不同的生活方式。大多数卡拉鹰不会专注于一种狩猎技术或是一片栖息地，而是保持开放的选择，在地面和空中追逐各种各样的食物。而且，它们发育（或许是维系）的不是眼睛，而是思维。

看到这里，你可能会想，如果游隼的祖先很早以前就离开了南美洲，那么卡拉鹰来福克兰群岛做什么呢？这是个合理的问题，其答案就是一个很好的例子，可以用来证明地理在创造新物种的过程中扮演了什么角色。虽然真猎鹰很早就离开了南美洲，与森林猎鹰、卡拉鹰截然不同，但仍有物种返回了它们曾经离开的大陆。游隼就是这些物种中最新出现的。其DNA显示，在过去的一百万年或更近的某个时刻，它们重新进入了南美洲。

我时常想象第一只游隼到达福克兰群岛的那个时刻——那个连条纹卡拉鹰都有可能目睹过的瞬间。和查尔斯·巴纳德一样，它可能只是某一天出现在了成群的海鸟与海狮之中，是一个卡拉鹰以前见所未见、具有威胁性的奇怪来客。由此看来，G7的死又有了另一种略显邪恶的含义：这是一起从国外远道而归的亲戚谋杀本地居民的事件。

不过，对那些能够长途飞行的动物悠久的历史做过多的假设是存在风险的。猎鹰的起源有可能在其他地方，甚至有可能是在遥远的北方，或是一小片已经被掩埋了数百万年的大陆地壳。但基因证据指向了南极洲，化石记录也似乎证实了这一点。人们从未在非洲或欧洲找到过卡拉鹰的化石，在南美洲倒是有几处发现。迄今为止，人类发现的最古老的猎鹰骨头来自南极半岛北端的一座岛屿。那是一根跗跖骨，是连接鸟类胫骨与脚的骨头。它属于一个生活在大约五千万年前的生物，看上去很像卡拉鹰的腿骨。

# 消失的乌鸦奇案

你可以说，游隼和条纹卡拉鹰之间的进化竞争很早之前就已经尘埃落定了。游隼的成功不可否认：从崎岖的荒野到城市的中心，它们几乎可以生活在任何地方，而且它们还是无可争议的飞翔狩猎大师。"它身上的一切都进化到了能将瞄准的眼睛与引人注目的鹰爪紧密连接在一起的程度。"约翰·亚历克·贝克写道。

可以显示远距离物体的视网膜……分辨率是人类视

网膜的两倍……不停地突然微转头部、扫视周围的环境，（它）能捕捉到任何一个移动的点；通过聚焦，它可以立即将那个点放大成更加清晰的画面。瞄准远方的一只鸟，一只鼓动着白色翅膀的鸟，看着它在自己的脚下如同一抹白色展翅飞翔，它也许会觉得自己总能一击必中。

很难定义条纹卡拉鹰的技能。它们和矛隼一样庞大、强壮，却没有游隼的速度或敏捷，也没有它们巨大的眼睛。从没有科学家研究过条纹卡拉鹰的眼睛，但针对叫隼的一项研究显示，它们的视力是迄今为止测量过的猛禽中最糟糕的，说明它们的思维方式并不依赖于瞄准和快速打击。卡拉鹰似乎生活在一个更具微妙差别的世界里，这个世界由家人和朋友、已知与未知的人或物组成——对条纹卡拉鹰来说，未知总是散发着不可抗拒的光芒。

这是一种财富还是一种累赘，仍有待商榷。但条纹卡拉鹰有限的续航距离表明，这是一种累赘。和游隼的致命能力相比，它们的生活方式似乎毫无技巧。但和其他的真猎鹰相比，你很容易在卡拉鹰的身上看到鹦鹉的好奇心与社交特性。我有时会想，游隼放弃了社交是不是因为它们逐步精简了自己的生活，提高了捕猎技巧呢？

条纹卡拉鹰的生活似乎与人类的更加相似。在我们心中，那些生性好奇、喜欢社交的动物（猫、狗、鹦鹉）是最可爱的，因为我们意识到了它们对感情、新奇事物和玩耍的需求。

有些鸟类非常擅长与人互动，以至于我们很容易忘记它们与人类的关系有多遥远。人类与鸟类最近的共同祖先是生活在三亿年前的一种卵生两栖动物。但如此巨大的进化差距也无法阻止杰夫和蒂娜善解彼此的心意，玩起抛接和躲避的游戏，并且在多年没见之后还能记起对方——如此亲密的联系，以至于杰夫为了蒂娜的死伤心欲绝。除了说这是精神相融的惊人范例，你还能说它是什么呢？

　　将杰夫与蒂娜的大脑结构进行比较，它们的友谊就更令人惊讶了。第一批研究鸟类大脑的科学家注意到，鸟类的大脑表面十分光滑，从而判定它们是简单且单纯的，因为人类的前脑拥有紧密的皱褶，而这些皱褶很早就被认为是我们"自我"和"他者"概念的基础，是我们的社交智力，也是我们及时投射自我的能力——这些都可以被称为意识的组成部分。从十九世纪九十年代到二十世纪六十年代，大部分科学家都认为鸟类是纯粹的本能生物，不具备思考或感知的能力。

　　威廉·亨利·哈德逊持有不同的观点。要是他知道自己死后一个世纪，人们不再认为鸟类是一群没有头脑的纯粹本能动物，肯定会松一口气。我们现在知道，一些鸟具备了我们曾经以为只有人类才能拥有的几乎所有（如果不是所有）意识属性，包括计划未来的能力，对时间和自我的抽象观念，以及通过梦境来处理日常经历的需要。

　　在过去的十年中，这项研究的成果已经走出了认知科学这个鲜为人知的领域，进入了大众文化的范畴。展现鸟类思维灵活性的视频在网络上激增。快速搜索就会看到，一只新喀里多尼亚乌鸦正在解决涉及杠杆、哑铃、坡道和滑轮的难题；一只印度八哥用英语和自己的主人开起了玩笑；一只状似乌鸦的黑背钟鹊调皮地和一只狗搏斗，抓着晾衣绳荡来荡去。有些鸟甚至达到通常只有人类才能享有的一定的名望。一只名叫亚力克斯的非洲灰鹦鹉的去世引发了全世界的哀悼。它曾和哈佛的研究人员就数字、形状和颜色之类的概念进行过交流。但在最令我印象深刻的一段视频中，一只野生乌鸦栖息在加拿大一座郊区住宅的木质平台上，朝着手举相机、哈哈大笑的男人发出了一连串掷地有声、流畅自如的声音，如同流水滚落在岩石上发出的声响。男人靠近乌鸦，伸出一根手指。乌鸦啃了他一口，模仿起男人的笑声以示回应。

　　科学家承认鸟类的头脑中不只有本能也许会令哈德逊感到高兴，但他也会责备他们为何过了这么久才接受如此显而易见的事实。他认为鸟类拥有自己的理智和审美，据此反对哲学家乔治·桑塔亚纳对美的概念，就像他反对达尔文对音乐的看法一样。"桑塔亚纳曾在他的作品《美感》中声称，美感是我们生活中的一件小事。"哈德逊写道，

　　　　其结果顶多是根植在花岗岩山脉中美丽的野生草本植物——那些山脉就代表了我们本性的现实。我不同意他的说法和这样的比喻。美不是随随便便生长出来的，不是天知道从什么地方落入人类生命中的一粒种子萌发

的结果。美是花岗岩本身固有的……从出生到死亡，从蚂蚁到人类：它一直存在于我们每个人身上，存在于最低微、最卑贱的人身上。就像我们能从动物的游戏和悦耳的叫声中看到、听到的那样，美也存在于动物身上。经过长期的近距离观察，我确信鸟类的美感发展得很好——尤其是在乌鸦和鹦鹉家族中。

尽管哈德逊不是和乌鸦一起长大的，却对这种鸟了如指掌。从伦敦的街道到康沃尔的悬崖，乌鸦的社会组织能力和记忆力都令他惊叹不已。英格兰还给了他与鹦鹉相处的意外体验。在维多利亚时代的家庭中，饲养鹦鹉普遍得令人诧异。起初，这令他感到高兴。但看着它们成为笼中之鸟，还要被迫表演把戏，他似乎不太开心。鹦鹉的困境触发了他的思乡之情。他承认："第一次到访有钱人家，发现鹦鹉也是家庭成员，是一种令人压抑的体验。"

当我被迫带着欣赏的表情站在围观的人群中，观看、聆听它展示那些令人生厌的才艺时，只能说些口惠而实不至的话：我的眼睛转向了内心世界，眼前出现了一片绿意盎然的森林景观，林中回响着成群的野生鹦鹉狂野、欣喜而又疯狂的尖叫声……在适合它的地方，而不是在某间住房的狭小笼子里，它应该是比其他鸟类更值得羡慕的。我真希望自己能在它过上野外生活的地方见到它，真希望我能够再次见到一大群鹦鹉，让它们对我的出现表示愤怒，在我的头上盘旋，发出令人无法容忍、震耳欲聋的尖叫声。

但有一只鹦鹉使他有例外的体验。在北威塞克斯丘陵一家名为"羊羔"的旅店中，他遇到了一只绿色和金色相间的巨型鹦鹉。它属于旅店的老板——一个寡妇，她从丈夫那里继承了这间旅店。而这只鹦鹉是她丈夫五十年前从墨西哥的一个年轻女孩手里买来的。他缺乏想象力地为它取名"波莉"。据寡妇所说，波莉刚到英格兰时会用西班牙语说话，还有"两首最喜欢的歌，大家都喜欢听，但没人听得懂歌词"。

但在接下来的几年间，波莉所掌握的词汇发生了改变。它开始学习并使用英文单词和短语，似乎彻底忘记了西班牙语。尽管波莉已是高龄，身上的羽毛破烂不堪，还会微微打战，但在遇见哈德逊时明显和他擦出了火花——它的眼睛里"充满了几乎不可思议的鹦鹉的智慧"。波莉喜欢旅店的环境，也是晚餐桌旁的常客。它会坐在桌旁的一根栖木上，想吃什么就吃什么。"因为它喜欢社交，所以更喜欢和家人一起吃饭，还要分享同样的食物——包括肉。"哈德逊写道。

早餐时，它会走到桌旁，吃些培根和煎蛋，还有吐司面包、黄油、橘子果酱。晚餐时，它会吃上一些肉，（通常）搭配两种蔬菜，之后还要吃些布丁或苹果馅饼和芝士。两餐之间，它会找些鸟食吃着玩，但还是更喜欢多肉的羊骨。它会用一只手/脚握住羊骨，心满意足地大嚼特嚼。

哈德逊试着递给波莉一块糖果，或是挠一挠它的头顶，想和它交个朋友。但它并不买账，狠狠将他咬出了血。后来，他开始和它说西班牙语，"用表示疼爱的假音……称它为小姑娘而不是波莉，还有那片翠绿的大陆上所有女性称呼小宠物时会用到的讨人喜欢的绰号。"这一下子就起到了惊人的效果。

波莉立刻变得专注起来。它听啊听，还飞下来凑上前，好听得更清楚一些，紧盯着我的那只眼睛闪烁着如同火红宝石般的光芒。但它一个词也没说，无论是西班牙语还是英语，只是不时发出几个低沉而又模糊的声音……两三天之后，它显然已经无力回忆那些过去学过的知识，但在我看来，一段有关消逝时光的模糊记忆显然被唤醒了——它想起了一段过往，并且会努力去回忆。不管怎样，实验的结果是它的敌意消失了，我们很快成了朋友。它会走到我的身边，踩在我的手上，爬上我的肩头，让我带着它四处走动。

几个月后，哈德逊收到了"羊羔旅店"老板的来信："波莉已于1909年6月2日去世，享年五十五岁。"这个年纪对一只巨型鹦鹉来说太年轻了。但哈德逊表示，"半个世纪的煎蛋和培根、烤猪肉、水煮牛肉配胡萝卜、牛排配洋葱，还有炖兔肉，肯定让它的身体承受了相当大的压力"。无论它是否是因为这些酒吧餐而丧命，哈德逊一想到自己和波莉都拥有一个回不去的家乡，内心就受触动。对他来说，它听到西班牙语时表现出的好奇反应似乎不仅证明了它的聪慧，也证明它有能力进入神秘而忧郁的记忆深处。

哈德逊关于自然界的故事，时而受到赞赏，时而遭到摒弃，但他对鸟类思维的看法现在看来似乎颇有远见，绝非一厢情愿。乌鸦和鹦鹉的大脑都特别大，因此也是许多研究的焦点。研究人员甚至对乌鸦进行过PET扫描，以观察其灰质的脑电活动。虽然我们知道从进化的角度来说，卡拉鹰几乎和鹦鹉一样，但没有人研究过卡拉鹰大脑的解剖结构或功能。这可能是因为科学家在想到"聪明的"鸟类时，猛禽在榜单中的排名并不算靠前。

在过去的十年间，阿根廷科学家打破了这种模式，对叫隼展开了行为研究。哈德逊曾把叫隼挑选出来，认为它是一种有能力从其他鸟类和彼此身上学习的社交型食腐动物。生物学家劳拉·比昂迪及其同事在2010年的一篇论文中提到了这个问题，指出叫隼是"群居的猛禽，表现出了极大的生态可塑性"，它"探索新资源的能力使其得以在人类改造活动愈演愈烈的地区存活下来"。比昂迪及其团队想知道叫隼是否会教彼此与人类打交道，而不是依赖个体的试错，于是决定通过一项实验来测试它们的社交技能。

首先，研究人员从马德普拉塔郊区捕获了三十只野生叫隼。这座海滨小镇距离哈德逊的出生地大约二百五十英里，当地人经常看到叫隼在垃圾桶里翻找并撕开塑料包装袋。研究人员将每只鸟放在一个单独的鸟笼中，将它们分为三组，用布隔板将它们彼此隔开。第一组的成员属于"示范组"。研究人员会在不透明的树脂玻璃盒中放上一小块食物，教它们打开滑盖。它们很快就掌握了这项技能。紧接着，研究人员让第二组——"观察组"——的成员观看"示范组"的鸟打开紧闭的盒子，取回食物奖励。第三组——"控制组"——的成员被带到紧闭的盒子前，没有提示它们如何打开盒子的任何线索。

观察组的鸟在旁观示范组的鸟进食时变得焦躁不安，也许是因为它们不喜欢被排除在外，于是在笼子里来回踱步，抖动羽毛，放声尖叫。示范组的鸟也会朝着被囚禁的同胞鸣叫。当研究人员允许观察组的鸟亲自探索盒子时，它们几乎全都轻而易举地取出了食物，其中有几只甚至创造了与示范组截然不同的技巧。控制组的鸟在仔细检查完这些紧闭的盒子后，好几只也找到了隐藏的食物，但效仿其他叫隼成功先例的观察组做得更好，成功率达84%。这听上去可能没什么大不了的，但在动物行为的领域，这已经算得上出类拔萃了，属于你以为只有在灵长类动物身上才能看得到的结果。观察组的叫隼通过一次观察，就明白了它们从未见过的某样物体中放有食物，同胞的行动又教会了它们如何取得这些食物。

被囚禁一个月并经历了一系列进一步的实验后，叫隼被放回了当初被捕获的地方。它们虽然没有疲惫不堪，但肯定有些困惑。（我想它们余生都会询问彼此"这是怎么回事啊？"，也会留意不透明的树脂盒子。）比昂迪和她的同事们兴高采烈，他们收集到了叫隼协作学习的证据。这种行为在猛禽的身上实属罕见，实际上对任何动物来说都是如此。如果你知道去哪里寻找他们的论文，就能从结论中读出他们流露的兴奋之情："（叫隼）展现出的群居行为和通过个体学习来获得新行为的能力，很有可能在自然条件下诱发协作学习的机会（比昂迪等，2008年）。这些特征让一些适应性行为通过社交得以传播。"

在科学论文中引用自己的工作成果，意味着你认为自己有所发现，而且这些发现是至关重要的。培养自身的直觉能力，而不是等待自然选择来替你做，会产生我们称之为"意识"的活动，而"在社交中传播适应性行为"（将个体意识的见解结合起来），这一过程的另一个名字就是"文化"。

事实上，叫隼在我们身边似乎处之泰然，仿佛我们已经一起进化了数百万年，就像非洲的野生动物在人类古老的家园就学会了如何与我们相处。但事实并非如此。如今的我们是叫隼世界的一个重要组成部分，但从进化的角度来说，我们才刚刚出现。那它们是如何看待我们的？是把我们当作可靠，有时甚至神秘莫测的食物工厂吗？它们又是如何迅速学会利用我们浪费且变化无常的习性的？

从某种意义上来说，早期科学家得出的结论是正确的，即鸟类的大脑与人类的大脑截然不同。胎儿在母亲的子宫里成长时，会通过脐带吸收营养，前脑的下表面会生出折叠的新皮质。蒂娜的大脑也有对等的结构。它在慢慢吸收硬壳蛋的蛋黄时，前脑的上表面会长出名为大脑皮层的光滑球状物。尽管大脑新皮质和皮层的结构不同，其功能却相似：与哈德逊和波莉一样，杰夫和蒂娜之所以能够理解彼此，是因为他们殊途同归。

杰夫与蒂娜的想法为何会一致，是科学家们几十年来一直在更大的范围内努力解决的问题。如果好奇心、创新能力、协作学习的品质以及文化能够在不同谱系中独立进化，那么它们为什么会出现在某些物种身上，而其他物种却没有呢？换句话说，为什么不是所有事物都像我们这么"聪明"？关于智力是有机体谱系所固有的，还是通过环境所带来的挑战与机遇所产生的，一直存在争论。

答案可能更接近于二者的结合。在我们所谓的智力进化过程中，有一个因素似乎格外重要，那就是栖息地里食物的分布、类型与可获得性，从本质上来说是不可预测的。任何动物处在这种情况下，都无法依赖单纯的常规或机械性行为。它需要足够敏锐的观察力和好奇心去寻找新的食物来源，哪怕自己以前从未见过它们。（比如，查尔斯·巴纳德在福克兰群岛吃图萨克草的嫩茎，设法生存了几个月，而他在新英格兰肯定是从未见过这种植物的。）

这就是协作学习特别有用的地方。如果你能从同龄人的例子中学习，就能在他们的得失中获益终生，不必等待自然选择在你的基因库中缓慢地发挥作用。但是，要记录如此多的细节，比如你所在的社会群体中其他成员的个性和关系、众多不同食物来源的位置、你用来隐藏以后再吃的食物的地点，就需要更大、更灵活的大脑。如你所料，这样的生活偏爱的是通才，而非专家。事实上，被我们认为是聪明的动物（狒狒、乌鸦、浣熊、卡拉鹰），几乎都是拥有大容量大脑的社会通才，能够出色地应对不可预知的环境。

脑容量大的另一个附带作用是寿命更长、压力更小。一项研究表明，脑容量大、寿命长的乌鸦和鹦鹉，比脑容量小、寿命短的鸽子和鹌鹑等鸟类的应激激素背景水平更低。这明显表明，生活在持续的焦虑之中会对身体造成损害。这并不是说鸽子和鹌鹑没有思想，但记忆力和预见力没那么敏锐的鸟类可能更依赖反射性恐惧带来的本能警示来避免威胁，这是说得通的。

你可能会指出，鸽子和鹌鹑都是群居鸟类——这一点没错。但某些群居生物的生活方式并不像其他方式那么需要好奇心与创新能力。举例来说，企鹅肯定是群居动物，但一位企鹅研究人员告诉我，比企鹅还蠢的就只有岩石了（他的语气是客气的）。这话其实不是真的要批评企鹅，他所说的

"蠢"仅表示它们"和你我不同"。企鹅能够表现出惊人的导航能力与耐力，却很少需要解决新的问题。它们的生活包括追逐最喜欢的猎物、跟随其他的企鹅四处游荡、躲避可怕的水生捕食者、在自己繁衍生息的岛屿上晒太阳。

条纹卡拉鹰的问题则正好相反。作为食腐动物和机会主义者，它们需要注意和理解周围的一切——尤其是它们以前没有遇到过的事物。要想验证"不可预知的环境有利于好奇心与智力的进化"这一命题，你可能很难设计出一个比斯蒂普尔贾森岛更好的实验室。在这座偏远的海岛上，获得食物的可能性与种类会随着季节的变化而变化，而且海洋一定会带来奇怪的新生物、新东西。数千年来，福克兰群岛上的条纹卡拉鹰一直是这个自然实验的主体。结果似乎表明，这样的环境更偏爱那些擅长发现和利用新机遇、无所畏惧的个体。

不过，条纹卡拉鹰短暂的飞行距离让我怀疑，它们是否真的具备旺盛的好奇心或勇气。这指向了一个令人不安的结论：被我们称为"智力"的品质可能并不能保证生存。我们为自己大容量的大脑感到骄傲，但它们也有烦人的缺点，比如产生一些攸关存亡的疑问，而且它们会消耗我们身体日常代谢需求的五分之一。如果我们不需要大容量的大脑，可能就会开始失去它们，就像我们很早以前就失去了在水下呼吸的能力，将自己隔绝在地球上四分之三的世界之外。

另一种思考智力消长的方式是去探讨我们最嫉妒鸟的一种能力：飞行。有羽毛的恐龙花了数千万年才进化出飞行的能力，这能帮助它们逃离小行星撞击地球造成的最恶劣后果。但飞行的需求给鸟类的身体造成了严格的限制，尤其是对它们的体型和体重有限制。那些在不飞行的状况下繁衍生息的鸟，已经多次放弃了飞行。某些众所周知不会飞的鸟已经灭绝，比如渡渡鸟（在我们出现之前，渡渡鸟一直活得很好）；其他的仍在我们身边，比如企鹅、鸵鸟和鹬鸵；还有一些不太出名的鸟也不会飞行，包括加拉帕戈斯群岛的鸬鹚、某种看起来像巨型绿色猫头鹰的新西兰夜行鹦鹉，以及福克兰群岛与火地岛上的暴躁海鸭。还有一种体形巨大却不会飞的卡拉鹰，可能曾在冰河时期的寒流中在沿海的草原上追逐猎物。（不会飞的猛禽听上去不太可能，但重要的是记住，许多有羽毛的恐龙也不会飞。）

卡拉鹰与真猎鹰之间的区别可能反映了类似的进化取舍。从二者的行为判断，我猜如果将游隼与条纹卡拉鹰的大脑进行对比，就会发现游隼硕大的眼睛挤掉了它的一部分前脑，尤其是用来记录群居生活细节的那些部分。游隼喜欢独处，渴望依照常规行事，会避免犯错；条纹卡拉鹰喜欢创新，渴望陪伴，讨厌无聊，无时无刻不在冒险，会仔细研究吸引它们好奇目光的一切东西。和我们一样，它们对探索似乎也有无法遏制的渴望。这样的心态能够维持数千年（或许是数百万年），肯定在某些方面对它们是有用的。

斯蒂普尔贾森岛的某个下午，罗宾·伍茨走到一对正在挖掘小毛虫和蛆虫的条纹卡拉鹰面前。两只鸟抬起头看了他一会儿，又回过头继续做自己的事情，直到他把一块老鼠大小、系着绳子的纸板卷筒丢给它们。大部分鸟类都会无视或躲开如此微不足道的礼物，但对条纹卡拉鹰来说，这可是一件大事：为了抓住它，两只鸟停止觅食近十分钟，追在它后面，彼此抢夺，将它撕成了碎片，直到它残存的部分被风吹走。

对罗宾而言，这不出所料。在用对条纹卡拉鹰陌生的物体来吸引它们的注意力方面，他有着十分丰富的经验。1995年，他在西点岛附近的泥炭沼泽中挖掘史前鸟类的骸骨。西点岛是弗里达卡拉鹰的家园，这种卡拉鹰爱吃蛋糕。几只年轻的条纹卡拉鹰飞落在他的挖掘地点附近，走过来仔细打量着他。罗宾担心它们会偷走骨头，却发现朝着它们丢上几块泥炭就能分散它们的注意力。那几只鹰会对泥炭穷追不舍、发起进攻，还戳刺它们，仿佛他丢来的是一只足球。罗宾和英国自然历史博物馆的同事马克·亚当斯后来还吃惊地发现，它们在沼泽中找到的大部分骨头都属于生活在五千年前的条纹卡拉鹰。它们所在的年代和古代苏美尔人发明书面语属于同一时期。

就在罗宾发现史前条纹卡拉鹰遗骸的几年之后，我和他一起去看望了蒂娜的弟弟小天狼星。它住在安多佛的猎鹰保护信托机构。两岁的小天狼星长着一身不成熟的深色羽毛，刚刚被转移到与父母不同的另一间鸟舍中。我们走近时，它目不转睛地盯着我们。罗宾拿了一根带树叶的嫩枝，穿过鸟笼的铁丝网递了进去，就像悄悄递给它一支香烟。小天狼星没有浪费半点儿工夫，猛地从罗宾手中夺过嫩枝，叼着它在笼子里蹦来蹦去，和它的姐姐多年前叼着杰夫的钥匙一样。与这个不能吃的奇怪物品一起嬉戏令它感到既高兴又兴奋，仿佛这根嫩枝能为它搔到脑子里没完没了的痒。

"你看，"罗宾说，"这有什么意义？"

查尔斯·达尔文和巴纳德对条纹卡拉鹰都很好奇，称它们"淘气"——一个很少会被人用在猛禽身上的词。如今，了解条纹卡拉鹰的驯鹰人可能会同意这个说法。这就好像它们喜欢测试我们的极限，看我们能够容忍什么；就像黄石公园的乌鸦偶尔碰到正在吃野牛和驼鹿尸体的狼，便会啃咬它们的尾巴。这种行为是有逻辑的，乌鸦是要谋求一块肉。如果你打算在一个顶级捕食者旁边进食，那么看看你能离它多近是明智的。但谁能说出乌鸦在啃咬狼尾巴时是什么感觉呢？乌鸦是一种情感复杂的动物，会受到经验与本能（我们称之为直觉）的驱使，同时也要受到所谓"乐趣"的感觉的驱使。想想蒂娜：它是不是第一天和杰夫一起玩耍时就夺走了他的钥匙，因为它以为那有可能是食物？它觉得钥匙还有什么别的价值吗？还是说，它只是觉得无聊？

除了卡拉鹰好奇的行为，达尔文还想知道它们为什么是南美洲独有的。这个谜团最终还是难住了他，但他其实在一次漫不经心的观察中差一点就找到了答案——不是观察他见过的某种东西，而是观察他没见过的某种东西。"我们的食腐乌鸦、喜鹊和渡鸦很好地取代了卡拉鹰的地位，"他写道，"这些鸟在世界其他地方都有广泛分布，在南美洲却完全没有。"

两个世纪前，贝尔纳维·科沃也困惑地发现，南美大陆没有乌鸦。他收集了大量的证据，证明诺亚方舟上的动物是由天使负责转移的，同时特别强调了这样一个事实：秘鲁的动物与他在墨西哥看到的大不相同，而且几乎所有的动物都与欧洲的不一样。"是谁分配和挑选了必须迁徙到西印度群岛的野生动物、野兽和鸟类品种，并禁止其他的动物来到这里呢？"他问。

谁会相信动物能凭自己的意志长途跋涉，穿越如此辽阔的区域？何况这些地方的气候差异巨大，许多地方还有悖于它们的本性，拥有数不清的河流，不少地方还有湿地、潮浸区和密不透风的森林与雨林。就算它们是出于自己的意愿穿越了大片土地来到这里定居，为什么没有改变本性，而是在几个世纪以前心生疲惫，停止了流浪呢？

"没有改变本性"可能是这段话的重中之重。科沃和同时代的许多人一样，相信生物和上帝创造它们的那天早上没有发生任何改变。这些所谓"一成不变"的动物在一同坐进方舟后，为何还要坚持生活在不同的地方？在他试图弄清这个问题的过程中，上述思想给他带来了无穷无尽的麻烦。"我不想提起小羊驼。这是秘鲁王国本地的一个动物物种，从来不会离开它们生活的高山和高寒带。"他十分恼火：

我就不提热带奇穆语地区的动物了，比如猴子等从未离开过炎热山区、不曾登上气候寒冷的高山的动物。乌鸦的例子就足够了。尽管乌鸦在北美随处可见，它们却从不会前往南美，也没有人在秘鲁见到过它们的身影。虽然它们最远曾到达尼加拉瓜，却从未越过国境。

看不到乌鸦的踪影也令达尔文感到困扰。尽管他在遇到条纹卡拉鹰及其大陆亲缘动物时，离开英格兰不过几个月的时间，但南美洲对他似乎已经莫名地有些不同了——不仅是与欧洲不同，还和他所知的北美洲不同。就好像世上存在两个而非一个新大陆，尽管二者之间通过巴拿马地峡相连。这两块大陆是不同植物、昆虫、哺乳动物和鸟类的家园——达尔文的旅行为这一叙事增加了出人意料的戏剧性情节。在小猎犬号停靠在阿根廷沿岸时，他发现了一些异常珍贵的骨骼化石。它们不是恐龙的遗骸，反而属于一些没人见过的奇怪的巨型哺乳动物。

达尔文将这些骨骼运回了欧洲。在那里，它们的尺寸和怪异程度引起了轰动。有些似乎属于和灰熊一般大小的树懒，有些则像是长着河马脑袋的犀牛，还有一些像是长着象鼻却没有驼峰的骆驼。令古生物学家羡慕的是，达尔文并没有花费几个星期的时间去寻找这些动物遗骸，或是在堆积如山的沉积物中仔细筛选。它们大部分都完好无损，是他在一片被侵蚀的河岸上找到的。这一发现令他声名大震，让他摆脱了即将成为乡村牧师的人生。

就发现时机而言，达尔文尤其幸运，因为当时的欧洲和美国正掀起一股对灭绝巨兽的狂热。恐龙首次被公开展示时，英国自然历史博物馆的创始人理查德·欧文为达尔文的南美巨兽撰写了官方描述，从这种巨型树懒的牙齿形状推断出了它们神秘的饮食。"欧文教授认为，它们不会爬树，而是会将树枝拉下来。较小的树枝会被它们连根拔起，树叶被当作食物……"达尔文写道，"那种树肯定根深蒂固，才能顶得住这么大的力量！"

但达尔文和欧文都无法彻底弄清这些动物的来源，也无法理解它们为何最近消失了。要是换作贝尔纳维·科沃，他可能会暗示，天使在护送世界上的动物前往诺亚那里时忽略了它们。达尔文也认为它们的死亡与大灾有关：南美洲似乎发生了某种可怕的事情，而且是不久之前发生的。他写道："回顾（南）美洲大陆的变化，人们肯定会倍感惊讶。"

但他只能就此止步。直到二十世纪中期，人们才发现地壳是移动的板块组成的浮动镶嵌构造。没有这一发现，就无法解释生命如何在更大的范围内分布。如果达尔文知道这一点，肯定会立刻明白，这世上真的有两块新大陆，而消失的乌鸦——还有代替它位置的卡拉鹰——暗示着一个更加宏大的叙事。北美和南美也许共享一个半球，但从地质学的角度来看，它们才刚刚相遇。这是一次具有深远影响的相遇。

# 巨兽岛

　　十岁那年的一天晚上，住在北卡罗来纳州的我听到自家的门廊上传来了微弱的抓挠声。我打开灯，以为会看到家里的猫要进门，却被一张幽灵般的脸吓了一跳。那是一种我有所耳闻却从未见过的生物，长着粗糙的灰色皮毛、颤抖的粉红色鼻子、五根指头的双手和一根光秃秃的长尾巴。它是一只负鼠，古怪却令人着迷。和邻居家的松鼠、兔子、臭鼬和浣熊不同，它似乎是按照另一套蓝图被制造出来的。我曾经听说，负鼠是有袋类动物。但有袋类动物不是应该生活在澳大利亚吗？我家的后门为什么会有一只？

许多年过去了，我已经把这些谜团抛在脑后。但当我最终得知它们的答案时，心里却吃了一惊：负鼠的祖先是从南美洲徒步来到我的家乡的。弗吉尼亚的负鼠是唯一一种生活在墨西哥以北地区的有袋类动物。它们在美国的大部分地区繁衍生息，趁着夜色出没于森林、郊区和城市的街道，寻找腐肉、蚯蚓、昆虫和垃圾。它们喜欢打翻垃圾桶的嗜好令郊区的居民厌烦不已，类似巨型老鼠的外貌也不招人喜爱。不过，和令贝尔纳维·科沃感到困惑的秘鲁美洲豹与小羊驼，以及令达尔文感到不解的消失的乌鸦一样，负鼠是活生生的证据，证明了一个事实：被欧洲人归为一片新大陆的两块大陆是最近才匹配成对的，它们其实还在彼此了解的过程中。

地球上所有的陆地曾经连成一片，组成了超级泛大陆，直到一亿八千万年前才开始分裂。那是我们星球历史上一段比较温暖的时期，极地没有冰原，泛大陆的中心绵延着一大片巨大的沙漠，山脉和滨海平原覆盖着针叶林与银杏林。湖泊与河流中充满了乌龟和鱼，有羽毛的恐龙和其他巨型爬行动物在陆地和海洋中四处游荡，天空中随处可见翼龙的半月形轮廓。那是一个既美丽又危险的寂静世界，只有动物的叫声、风声和水声能够打破沉寂。在这里，时间似乎已经停止流动。

但我们的星球永远不会静止。地壳之下，熔岩流正努力将泛大陆扯开，并成功地将它分成了被地质学家称为"劳亚古"的北方大陆和"冈瓦纳"的南方大陆。这两片广袤的土地，之后又会分裂成我们今天所知的大陆，但美洲两块大陆的命运已经南辕北辙：北美属于劳亚古大陆，南美属于冈瓦纳大陆。当一道新的地球裂缝将美洲与如今的欧洲、非洲撕裂开来时，大西洋的涌入填补了空缺。南、北美洲分别占据了西半球的两个板块。三百万年至五百万年前，二者曾再度相遇，但和彼此分离的数亿年时光相比，这段相遇的地质时期非常短暂。

在漫长的分离过程中，这两块新大陆可能几乎属于不同的星球，尤其是因为白垩纪大灭绝发生在二者彼此独立的时期，重新定居下来的幸存者也不尽相同。随着世界的复苏，这些物种发展出了新的形态。当整个美洲终于再度携手时，两块大陆上的生物才第一次相见。一位古生物学家称这个时刻为"整个生命史中最不同寻常的事件之一"。从那时起，两块新大陆的生物就一直在相遇、融合、竞争、学习，且共同生活。这个过程拥有一个冗长的名字：美洲生物大迁徙（the Great American Biotic Interchange）。

参与大迁徙的许多生物至今仍与我们生活在一起。向南方迁徙的北美洲动物大多是人们熟知的，包括猫（大猫和小猫）、狗、水獭、鹿、马、骆驼、熊、乳齿象和老鼠。由于白令海峡的间歇性连接，这些动物多半是北美洲与欧亚大陆共同拥有的。但自从三千万年前，南美洲与南极洲之间的陆桥消失以来，南美洲就一直是一座巨大的岛屿。在与世隔离的漫长岁月中，包括卡拉鹰在内的动物幸存者走上了独一无二的进化旅程。负鼠的奇特性就暗示了它不同寻常的起源。

达尔文之所以会为南北美洲动物区系的不匹配感到困惑，是因为他没有抓住这个谜题中至关重要的一个部分：他知道地质力量可以改变整片大陆，却不知道大陆本身也在移动。板块构造理论揭示了地壳是一组相互衔接的板块，它们总是在形成、分裂、碰撞挤压，就像扭打作一团的摔跤手。该理论直到1912年才提出，当时达尔文已经去世三十年，距离哈德逊去世还有十年。几十年来，它一直被视为一种边缘理论，直到新一代地质学家在二十世纪六十年代对其加以验证，才被广泛接受。在你我成长的过程中，这个观点被视为无可争议的真理，但它其实是一场彻底改变了地质学的科学革命，就像《物种起源》在一个世纪前改变了生物学一样。

生物学家也十分欢迎这场地质革命，尤其是因为它有助于解开驱使贝尔纳维·科沃求助于天使的谜团。在大陆板块穿过地幔时，有些生物也跟着离开了；当两个世界碰撞，以辐射形进化出新的形式时，其他生物漂泊进了新的领域；另一些生物在祖祖辈辈生活的家园里灭绝，却得以在远离自身发源地的地方存活。地球上杂乱的生命分布，部分原因就在于几块大陆的分道扬镳。就像石头工具和骨头碎片揭示了我们祖先的足迹一样，生物今天所在的位置反映了我们这个星球的地质、生态和气候复杂的历史。我家后门门廊上的负鼠也不例外：它与达尔文的巨兽，令哈德逊着迷的冠叫鸭和美洲鸵，在福克兰群岛上激怒查尔斯·巴纳德的条纹卡拉鹰一样，来自相同的故事背景。1986年的那个夏夜，我对这些还一无所知，却感觉到了某种极其特殊的东西的存在。我注视着这位特殊的客人吃完晚餐，擦干净双手和脸颊，不紧不慢地消失在夜色之中。

二十世纪古生物学者乔治·盖洛德·辛普森称，南美洲漫长的与世隔绝是一段"美妙的"时期。如果你喜欢奇怪的哺乳动物，很难不同意他的说法。从南半球白垩纪大灭绝中幸存生物的原始资料显示，南美洲出现了一些我们的星球有史以来最奇怪的动物，包括负鼠的众多有袋类亲戚。事实证明，有袋类动物并非来自澳大利亚，而是一群曾经生活在世界各地的古老哺乳动物。但小行星似乎给它们带来了沉重的打击，害得它们只能生活在南美洲。有些幸存的有袋类动物通过南极洲步行穿越至澳大利亚，在那里繁殖出了著名的袋鼠、考拉和袋獾，有些却从未离开过南美洲。那里至今仍生活着几十种你可能从未听过的有袋类动物，从老鼠大小的侏儒负鼠，到名为蹼足负鼠的水獭状动物。后者是一种有蹼的生物，会在热带的溪流中捕捉鱼类和甲壳类动物。在两块美洲大陆重新相连之前，南美洲是种类更加多样的有袋类动物的家园。其中包括拥有猫一样的容貌，却长着巨大镰刀状牙齿的食肉动物，它们是在北美和亚洲地区跟踪骆驼和野牛的剑齿虎的另一变种。

不过在大迁徙之前，南美洲是没有野牛或骆驼的，有的是达尔文在阿根廷挖掘出的那些野兽。从他挖出的沉积物的骨骼密度来看，这些兽类的数量惊人。如果你在一千万年前到南美洲南部的草原旅行，会惊讶地发现那里有大量长相稀奇古怪的生物在吃草，包括两足地懒、体形与水牛差不多的啮齿类动物、被称为雕齿兽的硬壳食草动物。雕齿兽如同全副武装的割草机，挥舞着棍棒般的尾巴做防御，在平原上缓慢移动。

雕齿兽得到了很好的保护是有原因的。除了食肉的有袋类动物，南美洲体形最大的狩猎者是一群长有羽毛却不会飞的食肉动物，科学家称之为恐鸟。体形最大的恐鸟站起来将近十英尺高。这些可怕的鸟长着长而有力的双腿、斧头般一端带有尖钩的喙。和如今的非洲大型猫科动物（或白垩纪迅猛龙）一样，它们会突然加速俯冲，飞快地对猎物发起刺戳袭击，将其杀死。只要看一眼恐鸟就足以让你相信，远古时代的猎食性恐龙又回来了。从某种程度上来说，它们的确回来了。

和你一样从未想象过恐鸟、雕齿兽或地懒的大有人在。这些动物从未像史前人类所追捕和畏惧的北美、欧亚长毛猛犸象、穴居熊么出名。猛犸象与穴居熊大量幸存下来的亲缘动物——比如灰熊和大象——比较容易让人想象它们已经灭绝的祖先。相反，南美巨兽幸存的后代数量很少，体形又小：现存最大的树懒比狗还小，雕齿兽最近的亲缘动物则是体形相对较小的犰狳。达尔文的许多化石发现，状似犀牛的箭齿兽或与长颈鹿隐约相似的大弓齿兽，根本没有现存的后代。

但卡拉鹰仍与我们同在。化石证据表明，早在三万年前，当人类已经在非洲、欧洲、亚洲和澳大利亚定居时，它们就与南美洲的巨兽为伴（很有可能还以它们的尸体为食）。但人类那时还没有到达这两块新大陆。在南美洲的南部，雕齿兽和地懒仍在一群趁着生物大迁徙来到这里的动物移民中繁衍生息。这就形成了世界上前所未有的野生动物群体。大型猫科动物、狼、猛犸象、骆驼、鹿和体型是现代灰熊两倍的熊，一路来到拉普拉塔地区，和南方的野生动物一起吃草、猎食。而地懒一路向北，前往如今的加利福尼亚。开挖地铁隧道的工人仍旧可以在洛杉矶的地下找到它们巨大的骸骨。在这个肉食丰富的世界里，有些卡拉鹰的身体很大：潘帕斯草原出土的一种鸟类化石就被恰如其分地被命名为大卡拉鹰，是有史以来发现的体形最大的猎鹰。它的尺寸和重量相当于一只秃鹰，翼展为八英尺。

但大卡拉鹰并不是巨兽世界里唯一的有翼食腐动物，也肯定不是其中体形最大的。与大卡拉鹰共享拉普拉塔广袤草原与辽阔天空的，是各种各样的巨型秃鹫，包括如今的土耳其秃鹰和大秃鹰的祖先。而与体形更大的食腐鸟类"畸鸟"相比，它们就相形见绌了。其中一种巨型畸鸟翼展将近二十英尺，多年来一直保持着史上最大飞鸟的记录。和如今的安第斯秃鹫一样，这种雷鸟似的生物在面对一具尸体时，可以毫不费力地征服其他食腐动物，哪怕它来得迟了一些。

巨型的食腐动物需要大量的食物。有那么多畸鸟和秃鹫在身旁，大卡拉鹰可能不仅会依赖庞大的身躯获取自己所需的食物。和它的现代亲戚一样，它也许一直都是好奇的群居动物，会跟踪、模仿自己的邻居和同胞，抓住它们错失的时机（类似于塞伦盖蒂大草原的乌鸦所扮演的角色：既要与体形大得多的非洲秃鹫一起食用斑马、大象的尸体，也要靠小型的哺乳动物、无脊椎动物和水果来完善自己的饮食）。

事实上，要不是一场灾难颠覆了南美巨兽的世界，巨型卡拉鹰可能今天还在狼吞虎咽地吃着被啃食了一半的雕齿兽。当达尔文对南方新大陆的"变化状态"感到疑惑时，他说的是自己发现的化石所引发的最大问题：这些动物去了哪里？它们的尸骨散落在南美洲南方的各个地方，融入了沉积数千年的沉积物中，但它们却莫名地消失了。没有一只大弓齿兽吸着鼻子穿过巴塔哥尼亚的高原，没有一只畸鸟展开翅膀遮天蔽日。遥远的南方景色"只能用消极的文字来描绘"，达尔文写道，"没有栖息地，没有水，没有树，没有山"——也没有曾经聚集在那里的动物。


在达尔文发现巨兽遗骸后的一个半世纪里，它们消失的时间逐渐变得清晰起来。化石证据表明，某些南美体形最大的动物是在大迁徙的初期阶段灭绝的，其中包括大部分恐鸟和长着镰刀状牙齿的有袋类食肉动物，其原因也许是与北方迁徙而来的动物产生了竞争。但许多巨兽幸存了下来，包括地懒和雕齿兽，直到大约一万三千年前的一场灭绝浪潮席卷了美洲。在不到一千年的时间里，这场奇怪的选择性事件几乎杀死了两块大陆上所有最大的哺乳动物，从猛犸象到剑齿虎，再到箭齿兽和大弓齿兽，只留下尸骨供达尔文收集、沉思，并送回英格兰。

为何会有这么多动物在不同的栖息地和气候中繁衍了数百万年后突然消失？有人可能会提到小行星撞击地球，而气候的变化似乎也起到了一定的作用。灭绝发生在全球变暖时期，上升的海平面淹没了曾经盛产巨兽的滨海平原。但地球的冰层在之前的数百万年间也曾有增有减，却并没有彻底消灭美洲体形最大的动物。因此，我们很难忽视一个事实：这一时刻之所以特殊，还有另外一个原因。

在南美洲与北美洲逐渐相遇的过程中，另一群动物正在世界的另一边进化。和卡拉鹰一样，它们也是好奇的群居性杂食动物，其中一个品种还是从遥远的家乡迁徙来的，就像南美洲的有袋类动物迁徙到了澳大利亚。在沿着海岸迁徙或深入内陆草原加入食草动物行列的过程中，这种新的动物培养出了寻找和利用新资源的诀窍。

这种动物你我都很熟悉，它就是智人。和第一批穿越地峡的剑齿虎一样，第一批到达美洲的人类面对的是一个前所未见的生物世界。突如其来的意外，给了第一批美洲人一个稍纵即逝的极好机会。尽管早在大迁徙之前，猴子就已经到达了南美洲（可能是以漂浮植物为船从非洲来到这里的），但在人类步行穿越白令海峡时，美洲还没有类人猿。对于持有火、刀和投掷武器的入侵性原始人捕猎者来说，狩猎可能易如反掌。

在导致美洲最大的哺乳动物灭绝的过程中，人类究竟扮演了什么角色，目前仍存在争议，但只有几种动物在我们出现后还存活了很长时间。考古证据表明，人类只用几千年就完成了从阿拉斯加到火地岛的旅程。美洲丰富的大型原始动物可能为他们的旅途提供了食物。达尔文在火地岛遇到的美洲印第安人在他看来似乎原始得不可思议，但他对他们没有足够的信任——这些人从非洲徒步来到了可以居住的世界的尽头，而达尔文的祖先却不曾离开过北欧。

人类的破坏可能带来了一连串的连锁反应。狩猎造成的突如其来的压力，打破了最大的食草动物和剑齿虎、惧狼等食肉动物间的自然平衡。随着猎物的减少，食肉动物的数量也在逐渐减少。美洲印第安人花了好几个世纪的时间弥补美洲巨兽的消失，驯养美洲驼和豚鼠之类的小型动物，栽培玉米、马铃薯、西红柿、南瓜、木薯和菜豆之类的植物。但剑齿虎无法选择突然改变饮食习惯，以这些肉食动物的尸体为食的食腐动物的生物也捉襟见肘。没有足够的腐肉来填饱肚子，大卡拉鹰随着雕齿兽和猛犸象一同走向了灭绝。

达尔文在南美洲没有见过任何比栗色小羊驼更大的动物，却没料到自己的种族可能正是他要探寻的神秘灾难。还有一点他也没有意识到。他曾看到一些因为进食而得病死去的牲畜，而啃食它们的凤头卡拉鹰和叫隼正是那个令他心驰神往、已经消失的世界的幸存者。卡拉鹰的祖先可能做了自己家族最擅长的事才度过了巨兽灭绝的难关，那就是调动它们的聪明才智、利用手边的一切资源——从其他鸟类的雏鸟和鸟蛋，到人类捕猎者留下的内脏。

这样看来，巴塔哥尼亚凤头卡拉鹰将打量的目光转向达尔文及其同伴，也就不奇怪了。对这些鸟来说，十九世纪是一段意想不到的美好时光。它们度过了一万年没有曾以它们祖先为食的雕齿兽和地懒的日子。突然出现的新动物（欧洲的马、牲畜和羊）让它们的耐心得到了回报。没有什么地方能比布宜诺斯艾利斯臭名昭著的萨拉德罗屠宰场更能体现卡拉鹰命运转变的了。那里的人为了获取兽皮和脂肪，将周边乡村的牲畜悉数赶去宰杀，并将动物的尸体丢在它们惨遭剥皮的地方，任其腐烂。1833年，达尔文到访这家屠宰场时称那里"恐怖且令人作呕"，而且"尸骨遍地，马和骑手都浑身是血"。

十年之后，年轻的威廉·亨利·哈德逊也看到了萨拉德罗屠宰场。这段记忆一直纠缠他直到二十世纪："无数的羊群、野生或半野生的马、看上去很危险的长角牛，都被驱赶到那个地方。"他写道，"成团的烟尘每移动一次，牲畜贩子的吼叫声、抱怨声和疯狂喊叫声也会随之此起彼伏，他们驱赶着那些注定走向毁灭的动物。"

你会看到数百头牛在空地上被宰杀。就像加乌乔人使用的古老野蛮方式，每只动物先是被套索套住，然后被切断腿筋、割喉……伴随屠夫狂野的怒吼和被折磨的野兽可怕的咆哮。动物在被放倒和屠戮的地方惨遭剥皮，尸体被切碎，一部分肉和脂肪被移除，剩下的全都被丢在地上任由流浪狗和食腐猎鹰吞噬，还有一大批尖叫的黑头鸥永远在等待。

屠宰场的围栏覆盖着一层黏糊糊的灰尘和凝结的血液。据哈德逊所说，那里的味道"可能是地球上已知最难闻的气味"。但对凤头卡拉鹰和叫隼等"食腐猎鹰"来说，屠宰场就相当于自助餐厅。一群剑齿虎是无法制造出卡拉鹰在萨拉德罗屠宰场享用的屠杀盛宴的。在附近的种植园中，人们用一种令人毛骨悚然的装饰品宣告自己作为"南美洲最强大猎人"的优势地位：他们用成千上万的牛头骨在场地和道路周围搭起矮墙，有八九层高。这是一幅可怕的景象，但对哈德逊来说，它们也证明了生命的倔强与执着。"有些古老的冗长围墙顶上已经绿草茵茵，"他回忆称，"骨腔中长出了匍匐植物和野花，看上去异常美丽而离奇。"

这幅关于美洲生物大迁徙、人类的到来及其对卡拉鹰世界的影响的素描缺失了很多内容，其中一部分原因在于人们很容易忘记大多数生物都不属于大型动物。巨兽在我们的想象中占据了很重要的位置，就像它们曾在我们史前祖先生活中的地位一样。但只关注它们，将体形较小的动物排除在外（更不用说只字不提无脊椎动物、植物、真菌和微生物），会导致一种带有天命意味的交替叙事：来自北美的高级生物取代了南方的低级生物。按照这种叙事的逻辑，南美洲与世隔绝的漫长岁月使生活在那里的动物没有做好面对更广阔世界的准备。北美洲的动物区系更强壮、更聪明，拥有更丰富的经验和更高超的智力，为征服做好了更加充分的准备。

对于最大的哺乳动物来说，这一点很难反驳。一些南美洲特有的动物的确曾设法北上。雕齿兽、地懒，甚至恐鸟，都曾到达如今美国所在的地方，并在那里繁衍了一段时间。但时至今日，只有三种来自南美洲的小型哺乳动物——九纹犰狳、豪猪和负鼠，还生活在格兰德河以北的地方。南美洲的情况正好相反：那里最大的哺乳动物几乎都来自北美洲，就连曾令贝尔纳维·科沃感到困惑的安第斯小羊驼也是移民，其祖先是在北美洲家乡灭绝的。

不过，在某个范围内属实的事情在另一个范围内不一定成立。遍览整个南美洲，包括灵长类动物和有袋类动物在内的许多小动物都曾反抗北方移民，或是让自己适应为它们腾出空间的生活。尽管人们很容易痴迷于达尔文笔下那些消失的巨兽，但许多南美洲最奇特的动物都活得很好，而且轻易就能见到。

最容易找到它们的地方是天空。和北方的邻居相比，南美洲可能引入了更多的哺乳动物，但输出了更多的鸟类。如今，北美洲栖息着世界上近三分之一的鸟类品种，比其他任何一块大陆都多。许多为人熟知的北美鸟类都是南方移民的后代，包括翔食雀、啄木鸟、蜂鸟和猎鹰。但也有很多南美洲的鸟类仍旧生活在自己的老家，包括喜欢在沼泽地里昂首阔步的长腿叫鹤，以及威廉·亨利·哈德逊最喜欢的笨拙冠叫鸭。哈德逊确信，他的家乡丰富的鸟类资源说明了这片大陆曾经发生过一些重要的事情，但错综复杂的真相可能让他感到困惑：南美洲鸟类的历史比哺乳动物的历史更加繁复。某些最著名的鸟类在大迁徙之前就已经到达南美洲，还有一些则是后来被风从遥远的欧洲和非洲吹到这里的。鹦鹉等早期到达的鸟类，可能是在大冰封之前采取与有袋类动物相反的路线，从澳大利亚途经被森林覆盖的南极洲海岸来到这里的。

卡拉鹰是南美洲最古老的有羽毛的居民之一。和白垩纪大灭绝以来将这片土地当作家园的所有动物一样，它们面临着两种基本栖息地的选择：南部圆锥形地区的开阔平原，或广阔的北部地区温暖湿润的森林。二者各有优势，但卡拉鹰通常会被开阔的地方吸引。这可能是因为封闭的森林里没有那么多食腐的机会。你可能很容易想象亚马孙的森林中聚集着神秘莫测的野兽，但在热带雨林复杂且高效的生态系统中，几乎没有大型食草动物或食肉动物繁衍生息。雨林中大部分的动物都生活在顶篷似的树冠中，而树冠并不适合数千磅重的庞然大物。相反，草原和稀树草原更适合不需要爬树的大型食草动物。达尔文的化石巨兽长着磨牙，说明其饮食主要为素食。

奇怪的是，我们是在森林里找到条纹卡拉鹰的基因踪迹的。所有现存卡拉鹰的最后一个共同祖先生活在大约一千二百万年至一千四百万年前。在那之后，该谱系出现了严重的分化。其中一个分支演变成了达尔文在潘帕斯草原和巴塔哥尼亚遇到的凤头卡拉鹰。由于条纹卡拉鹰如今生活在更加遥远的南方，你可能会以为它们就是这一分支的后代。但它们的基因讲述了不同的故事：条纹卡拉鹰的祖先属于另一个基因分支，表明其祖先曾经生活在森林之中。

我们可能永远无法确切得知卡拉鹰和条纹卡拉鹰的祖先为何会分道扬镳。但二者分化时，地球正处在漫长而缓慢的冷却期，森林面积缩减，草原逐渐扩张。在南美洲的南部，隆起的安第斯山脉投下的阴影区令巴塔哥尼亚平原逐渐干涸。可能有一群卡拉鹰的祖先更倾向于草原，另一群则向更远的地方迁徙。但二者也有可能是被内陆海隔开的。因为地球时冷时热，极地冰原时增时减，而南美洲的大部分地区地势很低，即便是短暂的变暖也能让海水漫过大陆的边缘，形成又长又浅，向内陆延伸数百英里的海道。

内陆海的完整范围尚不清晰，但其影响是巨大的：它们在安第斯山脉的东坡上留下了扇贝的贝壳和鲨鱼的牙齿，造就了如今属于亚马孙西部，面积和堪萨斯州相当的咸水沼泽地，还为热带河流与湿地带来了一直存活至今的黄貂鱼、粉海豚等海洋物种。其中一条最大的史前海道穿过了如今奥里诺科河所在的盆地，与亚马孙大部分流域相融。另一条长手指形状的咸水河从拉普拉塔河口，也就是布宜诺斯艾利斯所在的地方，向北涌出。这两条河道甚至可能曾经相连过一段时间，将大陆从南向北分割开来，切割出一系列巨大的岛屿。

内陆海的出现正是那种能将一个谱系一分为二的事件。拉普拉塔海道的出现，可能就是卡拉鹰分化的确切时机。如果我们对卡拉鹰DNA的解读没错，那么今天的条纹卡拉鹰和凤头卡拉鹰的祖先似乎是在海洋上升了几百英尺时分化的。海道西侧的卡拉鹰留在了更加干燥、凉爽的南方，被一个盖子似的东西封住了。东岸的卡拉鹰面临着截然不同的命运。除非它们选择飞行很远的距离，跨越开阔的海面，否则就要被迫北上前往热带地区。在那里，它们的后代将在一个迥异的世界里找到新的机会，并作出令人惊讶的选择。

# 第三部分

# 绿　厦

我不知该如何形容眼前这些以往闻所未闻、见所未见，甚至连做梦都没有想到过的东西。

——贝尔纳·迪亚兹·德尔·卡斯蒂洛

灭绝的不仅仅是动物的物种，还有整个物种的感情。

——约翰·福尔斯

# 荒野娘娘腔

　　雷瓦河河畔，圭亚那南方的深林中，三个美洲印第安男子——布莱恩·邓肯、何塞·乔治和拉姆纳尔·罗伯茨（外号"兰博"）——头上顶着一圈灯光坐在折叠椅上。太阳落山已经许久，四周充斥着热带夜晚的声响：闪着微光的穴居蟾异口同声的合唱，昆虫的单调虫鸣，还有眼睛硕大、捕捉昆虫的欧夜鹰牢骚般的鸣啭。头顶的灯光来自挂在一根树杈上的灯泡，灯泡接着小船的十二伏电池。我躺在蚊帐背后的一张吊床上。从这里望去，那三个男人坐着的沙洲就像舞台的地板。他们就如同聚集在一团鬼火旁，头顶是挂在空荡剧院中抵挡恶灵的灯。每过几秒钟，就会有一只蝙蝠从灯光中一闪而过。

我来圭亚那有两个原因。第一个原因是追随条纹卡拉鹰惊人的迂回路线进入热带地区，寻找它们如今生活在这里的亲戚——尤其是红喉卡拉鹰，因为它们与其他猎鹰都不一样，已经变得几乎无法辨认。第二个原因与哈德逊有关：我很想看看他最受欢迎的小说《绿厦：热带森林的罗曼史》一书的背景。《绿厦》中充满了哈德逊对自己从未见过的某个地方的细节描述。我不知道他的想象是如何与现实世界相符的。布莱恩、何塞和兰博同意带我去雷瓦待上一个月，进入南美洲最荒凉的地区之一。至少一万五千年前他们的祖先第一次发现这里。在雷瓦河的上游，比人类提早数百万年踏上这片大陆的卡拉鹰曾发现一座森林，我们也将向那座森林靠近。

布莱恩与何塞是瓦皮沙那人，是哥伦布遇到过的阿拉瓦克人的后代。兰博属于规模更大的马库西部落，一个被欧洲人归入了加勒比人的群体。阿拉瓦克人与加勒比人几代前曾是死敌，如今却能共同生活与工作。尽管彼此语言不通，但布莱恩、何塞和兰博都会说圭亚那的官方语言——英语。这是英国殖民者留下的遗产，其中掺杂着类似"vex"（愤怒）和"cutslass"（砍刀）之类的古语。圭亚那英语接近富于表现力的特立尼达或者牙买加那种加勒比式英语，但在人口稀少的南部习得了一种温和、独特的语调。在那里，圭亚那英语被巴西的葡萄牙语、委内瑞拉的西班牙语和苏里南的荷兰语包围，为南美洲的第一批定居者轻柔的口语所调和。鬼火下，布莱恩、何塞和兰博的对话简单而轻柔，河流的低语伴随左右。早在两块美洲大陆相遇之前，这条河流就已经蜿蜒着穿过了盆地。

更远的岸边，另外一道亮光从森林里钻出来，摇摇晃晃地朝着我的吊床走来。那是肖恩·麦卡恩的头灯。留着红色胡子的麦卡恩是一位年轻的加拿大生物学家，刚刚通过研究红喉卡拉鹰取得了博士学位。红喉卡拉鹰吸引他的原因是一个令人难以抗拒的生物学谜团：这种鸟是如何以具有攻击性的有毒黄蜂为食，却能生存下来的？

我第一次认识肖恩是通过一场名为"红喉卡拉鹰最酷，因为它们是雨林中谋杀黄蜂的超级英雄"的网络讲座。看完他的摄影博客，我对他有了更好的了解。博客中收集了一系列鸟类、昆虫和蜘蛛精巧的特写照片，并认真配上了图片说明和拉丁语名称。他本人的性格和在网上的形象很契合：风趣幽默、精力充沛，非常乐意事无巨细地解释自己的工作、手里的相机或其他任何我愿意听的话题。我带他来是为了给对当地认知根深蒂固的向导们进行知识补充。利用晚上散步的时间，肖恩沿着河岸缓慢行走，为食鱼蛛、蟾蜍和其他夜行生物拍摄照片，似乎并没有为围绕在头灯周围的那团刺螫蝇感到心烦。

雷瓦河很小，但水流湍急，河道会被一系列陡峭的瀑布截断。一千平方英里的原始森林流出的水分，都要通过这些瀑布排泄出去。与南美洲热带地区的大多数溪流不同，雷瓦河的河水并不会流向亚马孙河，它是比它大一些的鲁普努尼河的支流。鲁普努尼河发源于圭亚那地盾的古老花岗岩高地，向北流往加勒比地区。圭亚那地盾自委内瑞拉南部向东，涵盖圭亚那、苏里南和法属圭亚那。委内瑞拉和圭亚那分别是英国与荷兰的殖民地；法属圭亚那仍是法国的一个省。在关于南美洲的概述中，这些地方往往会被一带而过，因为其人口加起来还不到两百万，而且既不说西班牙语，也不说葡萄牙语，不完全符合人们对拉丁美洲的普遍印象。

今天早些时候，在从圭亚那首都乔治敦南下的航班上，肖恩和我看到的风景似乎是在时光中倒流。在我们脚下，埃塞奎博河三角洲的甘蔗田和稻田被次生的棕榈树林与竹林所代替。沥青路变成了土路和用木头在泥地上铺出来的小道，金矿可怕的裂痕和树木被砍光的皆伐区，最终让步于成熟热带森林的深绿。一对满脸通红的荷兰游客隔着飞机单引擎的轰隆声对彼此喊着话，让我想到了荷兰语和英语之间藕断丝连的关系。二者曾经归属于同一种语言，如今却疏远到已经截然不同。同一个物种也会在选择或意外的作用下一分为二。飞机来到森林南缘的辽阔热带稀树草原。降落的过程中，肖恩笑了。远处的野火升起缕缕青烟，飘向晴朗的天空。

飞机在一座名为安纳伊的小村庄里降落，跑道上绿草茵茵。我们排着队迈上接驳卡车，前往鲁普努尼河。要不是一队队穿着白蓝校服的美洲印第安儿童正在步行上学，途中引人注目的开阔风景几乎让人以为自己身在东非。来到河边，我们见到了布莱恩、何塞和兰博。三人害羞地与我们握了握手，将我们的行李装上了两条满载食物的铝制小船。这两条平底船比独木舟稍大一些——你可以乘着它在宁静的湖泊上钓上一下午的鱼。晒得浑身黝黑的南非人阿什利·霍兰德骑着摩托车来为我们送行，他已经在圭亚那居住了数十年，此次旅程就是他组织的。他还为我们提供了几条建议，说今年的旱季很长，河水的水位异常得低，这意味着黄貂鱼会比往常更加集中在河道里。他还告诉我们，要小心小而致命的具窍蝮蛇。这种蛇会紧紧盘绕身体，等待对毫无防备的、路过的啮齿类动物发起进攻。他说，森林里通常是安全的，最大的危险可能就是踩到具窍蝮蛇。

阿什利祝我们好运，然后就疾驰着离开了。我和肖恩摇摇晃晃地并排坐上了第一条船。身材矮胖、长着一张娃娃脸的兰博戴着棒球帽和墨镜，坐在我们身后的舷外发动机上。穿着开襟军用衬衫的何塞挤在船头的防水袋和厨房用品间，拿着用一片木头刻出来的短桨板。我回头看了看，朝着兰博竖起大拇指。他一脸严肃地回应了我。布莱恩带着和蔼可亲却又十分权威的神气，握住了第二条船的船舵。那条船上载着一桶柴油、一缸丙烷、几袋木薯粉和一堆柏油防水布。发动机轰鸣着启动，肖恩凑到我的耳边。"我们要去一座非常精彩的森林，"他大声喊道，"它是其他森林都想成为的样子。"

来到鲁普努尼河的第一个下午，炎热的气温和灼热的阳光令人震惊。但我一直沉浸在新鲜的风景中，脑袋里嗡嗡作响，发现自己的手臂和脖子都被太阳晒伤时已经太晚了。傍晚，色彩暗淡的河流看上去如同奶茶，而且浅得像是被人拔掉了塞子，放干了大部分的河水。橙白色的沙土堤岸高高耸立在两旁，上面那些被鱼虾在雨季挖出来的洞，如今成了鸟类和蝙蝠的庇护所。陡峭的岩壁把河流变成了一条蜿蜒绵长的峡谷，阻碍了我们眺望身后经过的热带稀树草原。和我们的小船一样长的黑色凯门鳄浮出水面，昂着头朝河岸游去，看上去十分从容。站在沙洲上的贾比鲁鹳如同可怕的卫兵，微微张开凶恶的嘴巴，猩红色的喉囊被鱼撑得鼓鼓囊囊的。每次兰博发现一只新的动物，都会叫出它的名字，像是在点名。

　　在卫星地图上，圭亚那地盾的森林看上去几乎和亚马孙盆地一模一样，但在更精细的尺度上，二者有着显著的不同。从岩石中露出的发紫的花岗岩圆顶就像正在吃草的恐龙的后背，是地球上最古老的裸露岩石。地盾是南部盆地所没有的一些特殊动植物的家园。每个地区都会出现许多亲缘配对的相似物种，表明它们曾被浅海或草原之类的自然屏障隔开，直到最近才重新团聚。

　　地盾内部也是地球上为数不多的几个几乎无人居住的热带地区之一。其中的几处瀑布是任何尺寸的船都无法轻松到达的。要想前往地盾的最远端，唯一的方法是步行或乘坐直升机。这一点与亚马孙蜿蜒密集的河流网络形成了鲜明对比，后者早就成了人与动物的天然公路系统。亚马孙的第一批欧洲来客曾认为那里极其不宜居，以为那里很少有人居住。后来他们才看清，在旧大陆的第一批移民带来致命的流行病——天花和其他疾病时，亚马孙盆地已经是成千上万人，也许是数百万人的家园。整个亚马孙盆地遍布美洲印第安文明的遗迹。那里有大片肥沃的土壤、大量的土方工程与运河，还有证明了人类居住活动的数千年前的精致陶器碎片。

不过，从某种意义上来说，欧洲人是正确的：森林不欢迎新来者，因此他们不得不挤占数百万年间一直在改善自身生活方式的"当地居民"的空间。这些经验丰富的森林生物饮食特殊，生活在贫瘠的栖息地中，通过细致调整过的化学、声音和视觉通道交流。它们也是欺骗、伏击和自我防卫方面的大师：有伪装成蚂蚁的蜘蛛，有伪装成昆虫的鲜花，有伪装成鲜花的昆虫，还有会扼杀和致残其他树木的树。动植物的身上都长满了刺，还含有不易察觉的毒素。最高大的树又硬又密，才能抵御不眠不休的白蚁大军——森林的成长速度有多快，白蚁摧毁它的速度就有多快。由于森林中的营养物质可以被昆虫、微生物和真菌高效地循环利用，所以森林的土壤又薄又贫瘠，薄薄的一层落叶下只有几英寸厚的土壤。

为了在这个华丽的世界里寻找一席之地，热带卡拉鹰的祖先面临着来自各地的移民的挑战，它们必须寻找和抓住一个没有其他动物抓住过的机会。在向北进入森林的途中，它们遇到了自己的神秘远亲森林猎鹰。作为潜行的捕猎者，森林猎鹰早在数百万年前就在树冠下找到了自己的生态位，不过它们不用担心竞争，大部分热带卡拉鹰只会在河流与溪流的岸边活动，并避开丛林深处。无论河流的路径如何随时间的推移而变化，河边总有东西（从死鱼到成群的蝴蝶）能够吸引食腐杂食动物。守在河边有助于黑卡拉鹰和黄头卡拉鹰两个热带品种避开在森林里生活往往需要的特长。

黑卡拉鹰更喜欢热带河流较为荒凉的河段，远离大部分人类。但体形小、长着白色胸脯的鸥状黄头卡拉鹰面对人类似乎从容不迫，很像潘帕斯草原上的叫隼。它们经常出现在偏远地区的公路旁，沿路寻找被撞身亡的动物。大部分热带村庄至少都会住着一对黄头卡拉鹰，确保还能食用的废弃物不会被白白丢掉。但它们早在人类到来之前就在南美洲的热带地区住了下来。《猛禽研究杂志》曾经登载过一篇有趣的文章，让我们得以一窥它们在人类出现之前，甚至是生物大迁徙之前的生活。

文章的作者是正在委内瑞拉加拉加斯某大学访学的美国鸟类学家。在校园里，他们惊讶地看到两只黄头卡拉鹰紧紧贴在树上的一只三趾树懒背上。当卡拉鹰在树懒的身上从头到脚搜寻无脊椎动物的过程中，树懒"没有对卡拉鹰表现出任何防御或进攻的姿态"，似乎还很欢迎卡拉鹰的光顾——它"摆出一种放松的样子，斜倚在树枝上，把前腿伸到脑袋后面"。黄头卡拉鹰的巴西语名字"garrapateiro"，意为"吃蜱虫的动物"，它经常被拍到在牲畜的后背上觅食。另外两位生物学家最近还描述了一只黄头卡拉鹰在巴拿马城的公园里为一只白尾鹿梳理毛发。他们写道，"无论是鹿还是卡拉鹰，似乎都没有对任何潜在的危险感到特别警惕，也没有对我们毫不掩饰的存在或附近的车流表示担忧"。

红喉卡拉鹰是热带卡拉鹰中最奇特的一种，也喜欢富含无脊椎动物的饮食。不过，它们在栖息地和猎物方面作出了更加大胆的选择。它们不是城市里的鸟类，更喜欢生活在森林内部，以幼虫密集的群居黄蜂蜂巢为食。很少有其他的动物会对这种食物感兴趣。和大部分卡拉鹰一样，红喉卡拉鹰看起来有点儿像乌鸦，但颜色十分鲜艳，有些类似犀鸟（如果把犀鸟巨大的嘴巴缩小来看）。红喉卡拉鹰脸部与喉部裸露的皮肤都是鲜红色的，眼睛是更深的红色，发蓝的鸟喙尖端呈亮黄色，一身黑羽，只有红色的双腿上方带有一丛白色的羽毛。这样的外形既引人注目，也有点儿可笑，看上去像全副武装的鸡。没有人会圈养红喉卡拉鹰。尽管它们生活在圭亚那地盾的森林和亚马孙盆地四处，却惊人地难找。它们似乎偏爱大片成熟的、未被破坏的森林。我希望有可能在雷瓦河上游的荒野中见到它们。

在被何塞称为克拉什沃特的一座小村庄附近，我们和一个乘坐独木舟出行的年轻家庭擦肩而过。船头的女子怀抱着一个婴儿，船尾的男人拿着宽柄的船桨。他身后的塑料桶中装着一束粗杆箭，箭的尾翼上装饰着凤冠鸟的黑色尾羽。出于尊重，兰博停止了划桨。他们也害羞地回敬了我的挥手示意。他们的小船将是我们在接下来的一个月里唯一见到的另外一艘船。几个小时之后，我们把船拖到一处沙洲上休息。何塞递给我们每人一碗淋着黄辣椒酱的咖喱鸡肉。我在自己的碗里找到了一整只鸡腿，心想：炖恐龙肉。我满怀感激地吃完饭，在河里洗碗时听到了某种意想不到却又十分熟悉的声音：一种嘹亮却不连贯的呱呱声，像是有人将一根棍子拖过尖桩篱栅的顶端。

那是一只北美凤头卡拉鹰的叫声。它和曾因"喜好食尸"吓坏过达尔文的黑头黄脸凤头卡拉鹰是表亲，长相几乎一模一样。它正站在河的对岸，僵硬地迈开长长的黄色双腿来回踱步。凤头卡拉鹰的脸上总是带着一种威严肃穆、神秘莫测的表情，被一本老的旅行指南形容为"慈祥"。这只凤头卡拉鹰又发出了"卡拉——卡拉——卡拉拉卡"的叫声，看上去很不高兴，还摆出了曾让达尔文难以置信的向后甩头的姿势（"这一事实虽然遭到了质疑，却是千真万确，"他写道，"我好几次都看到它们的脑袋完全向后仰着"）。这一次，卡拉鹰得到了回应：一群南方田凫以进攻的队形向它逼近，嘴里发出凄厉的尖叫。尽管田凫家族的大多数鸟都胆小而轻浮，但南方田凫都是短小精悍的战士，长着红色的眼睛、红棕色的肩膀，还有一对紫色的刺状利爪。它们还是恐龙时，拇指就长在利爪上。这群田凫两次佯装攻击卡拉鹰，卡拉鹰低下头躲避，展开长长的翅膀退到了河岸边缘。

科学家们将南美和北美凤头卡拉鹰视为不同的品种，但它们如此相似，几乎无法区分。二者共同的活动范围是所有卡拉鹰谱系中最大的，从火地岛南部一直延伸至北美洲南部。不过，凤头卡拉鹰一直属于在原野中生活的鸟类，所以我不曾料到竟能在如此靠近森林的地方看到一只——或者说，是《拉普拉塔的鸟类》这本书中的某个场景在我眼前重现。那天下午，威廉·亨利·哈德逊正骑马穿越潘帕斯草原，一只南美凤头卡拉鹰飞过，身后跟着大约三十只尖叫的田凫。当其中一只田凫跟得太近时，卡拉鹰原路折返，过去追逐它。"田凫虚张声势的愤怒叫声一下子变成了刺耳的恐惧尖叫，"哈德逊回忆称，"在很短的时间内召来了两三百只鸟前来救援。"

但卡拉鹰是不会动摇的，它和自己的猎物之间一直保持着不到一码远的距离。我离得很近，足以在一片骚乱中分辨出被追逐的田凫可怜的尖叫，仿佛它已经被抓住。大约过了一分钟，那只田凫就落入了卡拉鹰的魔爪，带着用力的尖叫被带走了。那群田凫跟了一段距离，但现在已经悉数回到这场致命竞赛发生的地方。一个小时之后，它们又分成几拨继续展翅高飞。尖叫声不绝于耳，其中却多了几分不同寻常的恐惧或哀悼意味。它们在地面上不安地开着秘密会议，看来是深感焦虑，和高度情绪化的人类在遇到类似的灾难时一样。

"我的曾祖母过去常给我讲卡拉鹰的故事，"何塞把锅碗放进船头下方，说道，"都是些小故事，只为了哄我们睡觉。"我问那些故事都讲了什么，他笑了笑，说以后再告诉我。他反而给我讲了自己认识的一只凤头卡拉鹰的故事，那只卡拉鹰喜欢和谷仓院子里的一群母鸡为伴。何塞说，卡拉鹰大部分时间里都会和那些鸡相安无事地在地里扒土、寻找食物，但有一天却抓住自己的邻居，把它的眼睛啄了出来。

日落之前，我们来到了雷瓦河的河口，停靠在守护在河流附近的瓦皮沙那人居住的村庄。如果没有事先告知他们并获得他们的允许，谁也不能在雷瓦河出没。在从平台通往河岸的木头楼梯的顶端，我们见到了小巧可爱的鲁道夫·爱德华兹，这个满脸微笑的男人在村里经营着一间游客小屋。小屋的稻草房顶上挂着一块手写的标语，上面写着"欢笑巨骨舌鱼酒吧"，不过现在没有游客。游钓的季节已经结束了，还有几个星期，这里将笼罩在连绵的雨季降水之中。

"从这里开始就再也没有人类社会了。"他说道，并亲切地为我们递上一杯啤酒。我们礼貌地拒绝了——考虑到我们将有好几个星期再也看不到啤酒，这真是个愚蠢的举动。他还说，我们能找到红喉卡拉鹰，这让我们心中燃起了希望。他最近刚刚在河流的上游遇到过一群红喉卡拉鹰，就在被称为昆塔罗脊梁的地方背后的高大森林里。"那里就像是一座卡拉鹰工厂。"他说。

鲁道夫一次能够见到好几只红喉卡拉鹰，这并不奇怪，因为这种卡拉鹰追求的生活方式远离典型的猛禽路线，就连条纹卡拉鹰都不敢认同。红喉卡拉鹰不会成对出没，而是喜欢成群结队——少则三只，多则十二只，大家一起在共有的领地上巡逻。看到任何入侵者，包括其他的红喉卡拉鹰、猴子和人，它们就会一起放声尖叫。这样的警惕性与激进性格曾让英国殖民者直呼它们为"恶犬"。在法属圭亚那，它们曾被称为"capitaines de gros-becs（犀鸟队长）"，因为它们经常带着其他嗓门聒噪、颜色显眼的鸟一同随行，比如金刚鹦鹉、犀鸟和拟椋鸟。

布莱恩、何塞和兰博给它们取了另一个名字：荒原娘娘腔。不夸张地说，这是个奇怪的外号，因为"娘娘腔"是泛加勒比地区用来取笑同性恋男子的词。卡拉鹰到底是怎么获得这样一个名号的，尚不清楚。可能与它们不招猎人喜欢的警惕叫声有关。大部分历经千辛万苦来到雷瓦河的外国人都一心想要钓上一条大鱼，或是看看美洲豹和角雕之类的象征性动物。和这些令人惊异的物种相比，我们的向导似乎认为"荒野娘娘腔"是个非常奇怪的关注对象。我不知道肖恩和我看上去是否像是千里迢迢赶往中央公园要求看鸽子的游客。

不过，在布莱恩、兰博与何塞从未见过的地方，红喉卡拉鹰正在悄然消失。虽然圭亚那地盾和亚马孙盆地的雨林面积与美国西部相当，却也正在遭到伐木、采矿和农业产业化的侵蚀，卡拉鹰的活动范围也随之缩小。按照目前的毁林速度，亚马孙的森林在一个世纪之内就会消失。但圭亚那的原始林地还没有遭到同样速度的砍伐，直到二十世纪五十年代还能完好无损地延伸至加勒比海地区。如今，它们只覆盖了这个国家的西部和南部高地。自从挪威开始付钱给圭亚那，让其不要砍伐森林以来，那里的砍伐速度已经放缓。

所有这些担忧似乎都离我们在雷瓦的宁静营地十分遥远。鬼火终于暗了下去。我听到何塞用很小的声音在说："是的，我的吊床说它准备好了。"我躺在那里，想着未来几周我们可能会看到什么。肖恩用水瓶压住自己的蚊帐，发出嘘声驱赶着钻进他背包的两只巨大的掠食蛛。对他来说，这是一趟难得的奢侈旅行：他不必担心收集数据或是反驳什么假说，唯一的工作就是和我说话，还可以仔细欣赏他感兴趣的任何东西，好好享受拍照的乐趣。这可能也是他最后一次有机会看到野生的红喉卡拉鹰，因为科学事业的需要正把他带离它们的世界。

"晚安，"他关掉头灯，"希望你能梦见荒野娘娘腔。"

我问他自己有没有梦到过它。他梦到过，但只有一次，就在他刚开始进行野外调查研究的时候。梦中，一群红喉卡拉鹰降落在温哥华，栖息在市属公园的枫树和冷杉树上，嘴里还说着流利的英语。这些鸟向路人讲述着自己生活与梦想的故事。肖恩冲到市中心去看它们，既兴奋又宽慰，以至于有些头晕眼花。多年来，他一直在雨林中追逐它们。这次，它们终于要把他想知道的事情告诉他了。

# 膜翅目的梦

2006年，肖恩还是佛罗里达大学医学昆虫学的研究生，不是一个特别快乐的人。他上大学时曾希望自己能够成为两栖爬行动物学者，一个专门研究爬行动物和两栖动物的生物学家。但他转到了昆虫专业，因为这个专业可能更容易就业——也因为在研究了几个学期的昆虫社会后，他觉得它们遭到了不公平的诽谤。

在盖恩斯维尔没待几个月，他就觉得自己严重失策。医学昆虫学家研究的是携带了人类疾病的昆虫。尽管蚊子是进化的楷模，但它们太受本能制约，看起来几乎是机械式的。如果它们对人类没有影响，研究人员可能不会过于关注它们。课余时间，肖恩作为一个小人物参与了导师的研究，对携带西尼罗河病毒和日本脑炎的蚊子进行试验，最终的目标是尽可能多地消灭它们。

这和他想象中的生活相差甚远。于是他决定，如果要取得博士学位，就得研究一种大脑更大的动物。他一直在谋划着逃离医学昆虫学，于是开始阅读新兴的化学生态学内容。该学科研究的是生物如何感知它们看不到或听不到的分子世界，以及如何利用它来诱惑、警告和吸引彼此。尽管名字听上去只有内行才懂，但化学生态学对所有人来说都十分熟悉：你的鼻子和飞蛾的触角一样，是一种复杂的化学探测器。被称为气味的感觉是我们的大脑对化学世界的理解，就像颜色是我们对特定波长光的理解一样。气味有种不可言喻的力量：它们是即时的、富于表现力的，无法被忽视。有些气味是对危险的警示，其他的则代表食物的味道。其中许多还隐约具有吸引力，或是能够唤起人的回忆，比如旧书散发的霉味或情人的汗味。

虽然气味在维多利亚时代的英国几乎属于禁忌话题，但威廉·亨利·哈德逊也为气味的因果关系而着迷。在他的第二故乡，人们对各种气味（尤其是男人身上的气味）都抱着怀疑的态度，令他感到愤怒和困惑。因为他从未在南美洲遇到过这种偏见。"第一次来到英国时，"他写道，我很快就发现，男性身上的所有气味，不管是自然的还是人工的，都会令人讨厌甚至反感。我受到了新结识的朋友体贴的照料。他们渴望把我培养成一个英国人——一个受人尊敬的人。他们让我戴上丝绸的帽子，穿上礼服大衣，换上棕褐色的手套，手里拿把折得整整齐齐的雨伞……我什么事都服从他们。但他们不让我在手绢上喷些古龙香水或薰衣草香水，被我拒绝了。他们说我来自一个半开化的国度，完全不知道这意味着什么——一个身上带着香味的英国绅士会引起别人的强烈敌意。他们认为这是低俗的，说明这个人娘娘腔、思想下流。

　　这种憎恶使哈德逊产生了兴趣。"我可没有任何下流的想法。"他表示，心知令人不适的话题下面往往隐藏着妙趣横生的故事。"在智力方面，气味没那么重要……"他写道，"但另一方面，它比视觉和听觉更具感染力，更能深深地打动人的心灵。"与他同时代的马塞尔·普鲁斯特可能也会这么说。哈德逊甚至进一步列出了他最喜欢的气味——浓缩了他在英国生活时空气中的化学物质。

　　比如绵羊身上浓重的油脂气味，羊圈的味道，牲口、牛棚和马厩的味道，窗帘店、杂货店、奶酪店、药材店、皮革店、铁器店、木材店堆满货物的仓库的气味，锯木坑和木匠工坊的气味。木头味其实几乎和芳香的气味一样沁人心脾。许多其他气味——来自皮革厂、啤酒厂和包括煤气厂在内的所有工厂。不过，在干燥炎热的天气过后，从大型制造业中心来到乡间，闻闻雨水溅起的灰尘味，总是令人感到愉悦。被雨水打湿的松林气味、燃烧的杂草和泥炭气味，最重要的是刚翻过的泥土的气味——农业劳动者相信，这种气味能够带给他健康和长寿。

哈德逊坦然接受自己"对气味的渴望"。他表示，"只要不是警告或令人恶心的气味，就算是辛辣、酸臭或刺鼻的气味，对我来说也是宜人的。"他会在沼泽和湿地里散步，就为了它们的气味，他尤其喜欢湿地中成片的黄金柳或香杨梅。"我可以站在这些齐膝深的茂密灌木中，"他写道，"用压碎的树叶搓手、擦脸，把它们装满我的口袋，让自己沉浸在怡人的芬芳中。"对他来说，假装气味的世界并不重要似乎是道德懦弱的行为。他认为这种偏见也给科学带来了不当影响。"在图书馆里试图'查阅'气味的话题是没有用的，"他写道，"我参考过的那些（书籍）说，这是一门晦涩难懂的学科。仔细研究你就会发现，自己掌握了一门相当低级的学科，最好还是放弃。"他觉得这非常遗憾，因为气味显然对其他生物的世界至关重要。

他照例是通过自己的童年回忆来说明这个观点的。欧洲殖民者在阿根廷潘帕斯草原上的牧场都是开放式的，数量众多的牛群形成了一道令人难以置信的景观：目之所及除了"牛群和天空"，别无他物。不过，这样的画面有时也会被惊慌逃离美洲印第安袭击者的动物们疯狂的踩踏声搅乱。这种声音可能会向前延伸五六十英里，往往在有人亲眼看到袭击者之前数个小时或数天就神秘地响起。哈德逊写道，这是因为动物能够闻到即将到来的袭击。美洲印第安人不会从下风向靠近，以隐藏自己的气味，而是会将它当作有利因素加以利用：他们在身上涂抹腐臭的马脂，让风将自己的气味吹向前方，吓唬阿根廷边境要塞守卫士兵的马。"身下骑着一匹吓得发狂的马时，谁也没法使用卡宾枪。"他写道。尽管美洲印第安人只装备了竹子做的长矛，却"常常得胜"。这是对"化学武器"的巧妙运用，令哈德逊十分钦佩。在他看来，美洲印第安人明智地利用自己对气味的理解，克服了军事上的劣势。

哈德逊承认，有的科学家对某些哺乳动物的嗅觉器官结构进行过研究，并建议读者，"只要你满足于研究器官，而对其功能一无所知"，这个课题就有很多作品可读。不过他确信，气味的世界还有很多亟待了解的地方，并质疑哺乳动物能否和"不完全为人所知的迷人昆虫王国"中的昆虫那数千年的嗅觉感官相媲美，因为昆虫世界的成员在组织自己的生活时对嗅觉的依赖是远远高于一切的。

哈德逊再一次走在了时代前沿。1959年，"信息素"一词首次被用来形容生物与彼此交流时所使用的化学物质。几乎所有的动物（包括你和我）都会接收和释放这些物质。但昆虫对信息素的利用已经细化到了令人惊叹的程度，其精妙程度可以与口语媲美。肖恩对膜翅目昆虫（蚂蚁、蜜蜂和黄蜂）的复杂化学语言尤其感兴趣，这类昆虫还有形成复杂群落的奇怪倾向。

任何一个曾与虫害做过斗争的人都知道，蚂蚁是群居动物。它们的聚居地经常被比作单一聚合有机体。但这些聚居地更像是人类社会，里面有成千上万个不同个体，受共同的语言约束，追求同样的目标。用信息素来标记食物来源的路径是它们宝库中最著名的招数（这也是你的蜂蜜罐一旦被它们发现，可能就得扔掉的原因）。但这只是冰山一角。仔细观察蚂蚁社会，可能会引发一种认知眩晕，也有可能是一场全面的身份认同危机，因为你很难找到哪种复杂的人类行为是蚂蚁不会用同等或更大的热情去追求的——包括建筑、农业、劳动分工和战争。无论你如何看待它们的繁殖策略（即少数有生育能力的雌性，生育出成千上万不育的女儿来服从自己的命令），这无疑比我们人类的繁殖策略要复杂得多。没有人在群居膜翅目昆虫的身上找到过艺术、音乐或哲学的范例，但也没有人真正去寻找过——就算我们看到、听到或闻到了，我们会知道吗？如果你询问大多数科学家，昆虫有没有复杂的感情生活或审美意识，你可能会被他们笑着赶出房间。但在仅仅几十年前，关于乌鸦和鹦鹉，你如果说出同样的话，也会得到一样的待遇。

肖恩的膜翅目昆虫梦并没有持续多久，但他最初的好奇心给他带来了越来越多的机会。虽然几十年来进化生物学家一直在研究蚂蚁社会，但肖恩感兴趣的是鲜为人知的群居黄蜂的世界。它们的生活一直在自主与集体行动间保持着优雅的平衡。黄蜂会协调数千只工蜂的行为，就像飞行速度更快的蚂蚁。在昆虫世界中，它们还拥有相对于其身形而言体积最大的大脑。每一个群居黄蜂的品种都拥有自己的文化。例如，其中一类严格在夜间活动的黄蜂会在脑海中绘制觅食地图，并与同伴保持复杂的关系。还有至少一个品种的黄蜂能够通过彼此的脸来辨认自己的姐妹。

　　但研究没有多少人在乎的动物是很难得到资金支持的。与蜜蜂不同，群居黄蜂无法生产任何可供我们消费或出售的东西。与蚊子不同，它们不会传播疾病。敢于研究它们的科学家面对的都是很难在野外或实验室里进行的课题，因为某些黄蜂飞行时速可达二十五英里。如果你被守护家园的工蜂蜇了太多次，最后还有可能会住院，或者更糟。

　　群居黄蜂还有一项几乎超越地球上所有哺乳动物的能力：它们都是建筑大师。蜂群会按照年龄来划分不同的"社会地位"，为蜂王和幼虫建造巢穴、提供食物和保卫家园。蜂巢中层层叠叠的孵化巢室堪称工艺与设计的奇观。与会从腹部渗出建筑级蜂蜡的蜜蜂不同，大部分群居黄蜂是用咀嚼过的木头混合自己的唾液来修建家园的，而且每个品种都有自己的建筑风格。有些会编织轻薄如宣纸的薄膜，将它藏在叶子的背面；另外一些则会用石头般坚硬的层层泥巴或毡子状的纸壳，来建起雄伟的堡垒；还有一些黄蜂为了不去冒险，会在地下挖掘洞穴安家。

与这些社会组织和建筑方面的壮举相比，肖恩在佛罗里达实验室里的蚊子就显得毫无创意。2007年，他告别了蚊子，前往温哥华的西蒙弗雷泽大学，在化学生态学家格哈德·格里斯的指导下攻读博士学位。格里斯的学生研究的大多是地蜈蚣、家蝇及蟑螂之类的家庭和农业害虫——这些都是资助他实验室研究的公司感兴趣的物种，所以肖恩以为他必须强调黄蜂对人类健康的威胁，以作为自己研究它的理由。但格里斯在两人第一次谈话时问肖恩最喜欢什么动物，这让他吃了一惊。

肖恩犹豫了片刻，不知道是否应该向一位昆虫学家坦白自己对爬行动物的热爱。他最终还是实话实说了，并补充称自己也很喜欢猛禽。令他感到惊讶的是，这引起了格里斯的注意。格里斯告诉肖恩，他心中有个计划已经酝酿了一段时间，涉及黄蜂和猛禽，很有可能会有具备新闻价值的发现。但这个计划既危险又困难，很可能走入死胡同。

这样一段话对肖恩来说充满了诱惑。格里斯告诉他，一直有传言称红喉卡拉鹰的羽毛或皮肤中含有一种能够驱赶黄蜂的化学物质，肖恩越听越兴奋。如果此言不假，那么这种物质将不同于科学已知任何的东西。要是肖恩能够找到并将它分离出来，就能掀起一场科学剧变。一种天然的黄蜂驱虫剂可能是值得在《科学》或《自然》之类的顶级期刊上发表的内容，还有可能让格里斯的实验室获得一项利润丰厚的专利。它还能拯救生命，因为全世界每年都有数百人死于黄蜂和蜜蜂的叮咬。

肖恩告诉格里斯，他会好好考虑。要寻找能够驱赶黄蜂的鸟，他可以在野外与自己感兴趣的动物共处好几个月，而且鸟的羽毛中含有保护性化学物质的说法并不完全牵强：新几内亚就有一种叫作林鵙鹟的类似黄鹂的鸣禽，它分泌的毒素和南美洲青蛙通过皮肤分泌的毒素化学成分一模一样。不过，这种复杂的物质并不是林鵙鹟和青蛙自己产生的，而是它们以某种方式从富含昆虫的饮食中获取的。对肖恩来说，这暗示了卡拉鹰体内驱虫化学物质的一种可能来源：也许鸟类进化出了一种方式，能用黄蜂的化学语言来对付它们。

但一切都是推测。红喉卡拉鹰看上去并没有做好抵御黄蜂的准备。它们脸部、喉部裸露的皮肤就是明显的弱点。更让人着急的是，有关它们生活的大多数细节其实都是未知的，或者至少是尚未发表过的。没有人描述过它们的巢穴，或是它们是如何喂养雏鸟的，也没有人计算过它们某个群体中的雌雄比例（这是个特别有趣的问题，因为从严格遵从一夫一妻制的信天翁，到极度滥交的细尾鹩莺，几乎所有可以想象的交配体系都存在于鸟类之中）。肖恩搜索了追溯至十八世纪的科学文献，十分确信自己已经找到了有关红喉卡拉鹰的所有文字记录——其中既有科学家的创作，也有业余爱好者的描述。这些内容加起来一个下午就能读完。

关于红喉卡拉鹰的行为，最生动的描述来自美国植物学家亚历山大·斯库奇。二十世纪三十年代，他曾就职于以对员工不友好而闻名的牙买加联合水果公司，并爱上了热带鸟类。于是他搬去哥斯达黎加，展开了研究工作。斯库奇特别喜欢记录那些不知名物种的生活。看到一只红喉卡拉鹰正在摧毁他家附近一根高高的树枝上挂着的黄蜂蜂巢，他仔细记下了它有条不紊的持续攻击过程。

　　大鸟弯下身子、伸长脖子去啄那根粗壮树枝上的黄蜂蜂巢。在这个过程中，它会滑倒，然后艰难地找回平衡。但它最终成功地啄出了几个足够大的洞，达到了它的目的。它倒吊在蜂巢下面，脚趾穿过自己凿出的孔，开始撕扯蜂巢瓦楞纸似的外壳，从它的上部扯下大片的纸屑。很快，它就把头埋了进去。我看不见它，但毫不怀疑它正在享用一顿满是白色幼虫和蛹的盛宴。这只卡拉鹰向上翻着白色的肚皮，尾巴和翅膀微微展开，姿态随意地吊在那里，让我想起了被猎场看守挂起来吓唬其他猎鹰的死鹰……我很吃惊，这么薄的硬纸盒在这种形状下竟然还能撑得住如此沉重的一只大鸟。卡拉鹰还会不时地挪动位置，扯掉更多的巢盖，而且一直倒吊着，然后再次把头埋进蜂巢里，继续享用大餐。通过望远镜，我能清楚地看到巨大的黄蜂盘旋在自己家园的掠夺者头顶，却和它保持着一小段距离，谁也没有落在它光滑的蓝黑色羽毛上。

翅膀微张？肚皮朝上？斯库奇家后院的这只红喉卡拉鹰听上去并不担心自己会被黄蜂蜇咬，甚至把不加防御的喉咙也伸进了蜂巢。最后一句话——黄蜂没有落在卡拉鹰身上——格外奇怪。它们为什么不去攻击这个袭击者呢？肖恩继续读了下去：

> 当卡拉鹰以这种方式吃到蜂巢的底部时，遇到了更大的麻烦。它的立足点塌了，于是它扇动着翅膀落在了脚下的灌木丛中……然后又飞到旁边牧场的一棵树上。休息片刻后，它卷土重来，再度展开了袭击，嘴里发出刺耳的战斗呐喊……这只卡拉鹰先后七次试图抓住蜂巢，但它立足的地方马上就会坍塌。最终，这只聒噪的鸟灰心丧气地飞到了河边高耸的树林中休息，消化着肚子里的食物。就为了让一只卡拉鹰吃上一顿饭，黄蜂的整座城都被摧毁了。

三十年后，另外一位鸟类学家接过了接力棒。猛禽专家让-马克·西奥雷在法属圭亚那中部的努里格森林研究站工作。他注意到，自己的研究站属于某群红喉卡拉鹰的领地范围。他是不可能忽视这些卡拉鹰的：它们吵吵嚷嚷、忙得不可开交，彼此呼喊着飞过森林，去执行未知的任务。西奥雷决定跟随它们几年，就像人类学家跟踪一群黑猩猩一样。事实证明，这是一项艰巨的任务：白天，这些鸟每隔十五分钟就要移动一次，移动的距离通常是一英里多。为了每天跟踪它们的行径，西奥雷把自己累得筋疲力尽。当他看到这些鸟时，它们通常都盘踞在高高的树冠上，或是停下手头的事朝他尖叫。这样是无法了解它们的生活的。于是他花了近五年的时间才学会预测它们的行动，并且让自己几乎隐形。

他发现，这是一种和其他猛禽截然不同的鸟类。红喉卡拉鹰极其团结，似乎一心一意要保护自己队伍的安全。当一只鸟离队去地上觅食时，其他鸟便会留在树上，一旦发觉事态不对就发出警报。它们还异常"健谈"。某段描述曾将它们洪亮的尖叫声形容为"一连串越来越快的咯咯声……变成咔咔的声响……很像母鸡的叫声，达到高潮时还会化作一声响亮的'咔鸣'，音色很像鹦鹉，甚至是金刚鹦鹉。鸟群里的其他鸟也会重复这种叫声，就连在飞行的途中也一样。"西奥雷听到过所有这些声音，但也听到过它们一起觅食时轻柔呼唤彼此的声音。那是一连串温柔且不规律的咯咯声，像是一段私密的对话。大多数掠食性鸟类都有少数几种固定的叫声，但卡拉鹰能对彼此发出咯咯声、尖叫声和咕咕声，仿佛发明了属于自己的语言。

还有它们的饮食问题。和几乎所有其他猛禽不同，西奥雷在努里格追踪的红喉卡拉鹰似乎已经放弃了追逐从它们身边逃走的东西。他目睹它们抓过毛毛虫、千足虫和又小又圆的水果，"都是这些鸟费力搜刮来的"。但黄蜂显然是它们的最爱。西奥雷见到它们吃过的东西里，近乎一半都是蜂巢里的居民，从"小型的无刺蜜蜂，到极具攻击性、蜇起人来特别痛（个人体验）的中大型黑色或黄色黄蜂"。它们会飞到栖木上，一只脚像鹦鹉一样抓住蜂巢，用嘴巴优雅地啄出幼虫，然后小心翼翼地舔舐蜂巢的外壳，就像在清理搅拌碗上的糖霜。

肖恩心想，这对卡拉鹰来说是好事，但对黄蜂呢？和斯库奇一样，西奥雷也为黄蜂面对鸟类袭击时消极的反应感到困惑。"一旦有只鸟飞到巢穴上，昆虫就会弃巢逃跑，绝不会攻击入侵者，也不会跟着巢穴被鸟带走。"西奥雷也怀疑这些鸟的身上会分泌一种驱虫剂，但他知道这有多不寻常。"据我所知，"他大胆地表示，"从未有人报告过其他任何脊椎动物出现过类似的适应性。"

读到这段话时，肖恩的脑海中闪过了一个念头：西奥雷可能对这种鸟了如指掌，却显然对黄蜂知之甚少。如果黄蜂的家园受到攻击，所有的群居黄蜂都会释放出一种化学信号，触发大规模的防御行动。被称为蜂群建造者的大型黄蜂群体还保留了另一种信息素，以备蜂巢已经无法防御的可怕时刻。如果蜂巢被掉落的树枝砸成两半，或是摔落在地，抑或是被捕食者带走，黄蜂就会发出最后的化学警告，抛弃蜂巢，颤抖着重新聚集到蜂后身边。它们会派出一小群侦察兵四散开来，寻找可能的筑巢地点。侦察兵相互协商，商定最佳的候选地点，再返回蜂群，带领自己的母亲和姐妹，循着气味留下的化学路径前往新的家园。

抛弃家园和孩子，好让家族得以生存——如此巨大的牺牲令肖恩着迷。他怀疑红喉卡拉鹰已经学会了利用这一点。如果是这样的话，卡拉鹰可能只需要将蜂巢搅乱到足以让它的住户放弃家园就好了。这似乎比化学战更有可能成为一种策略。但即便西奥雷的研究是错的，也是上天的恩赐：他为肖恩提供了一种可供检验的假设、一条诱人的线索和一个现成的研究场所。在那里，他可以在西奥雷工作的基础上寻找黄蜂驱虫剂。即便这个工作不会让他出名，也能让他在一个遥远的地区探索某种鲜为人知的动物的日常生活，而这种研究通常是得不到资助的。如果他的直觉错了，黄蜂驱虫剂真的存在，那就更好了。

肖恩按捺住心中的疑问，回到格里斯那里，同意接下探寻红喉卡拉鹰秘密的任务。六个月后，他打包好了第一个野外考察季所需的设备，其中包括一张精心编织的名为"雾网"的捕鸟网、他用泡沫聚苯乙烯雕出来的卡拉鹰诱饵，还有养蜂人的头罩和手套。在准备工作完成之前，他还需要一台气相色谱分析机、一把十字弩、一台吉他扩音器、一根登山吊索和一股纯粹的毅力与勇气。他还将失去三十五磅的体重。

# 失落的世界

　　午夜过后的某个时候，一场风暴席卷了雷瓦河沿岸的森林，把我们吊床上方的防水布吹得咔哒直响，也将我从熟睡中惊醒。我从未听过这样的风：一连串清晰可辨的声浪，开始时是低沉的沙沙声，然后愈演愈烈，逐渐变成了风的怒吼。我们头顶的大树也颤抖着发出了嘎吱声。我想起哈德逊描述过伦敦附近一片名为赛夫纳克的私人森林。他喜欢坐在高大的紫叶山毛榉间，聆听风吹过树枝的声音。他写道，这种体验"值得远道而来去寻找"。

这是森林发出的一种神秘声响：它在和我说话，不知何故，它所表达的生命似乎比海洋生命更近、更亲密。毫无疑问，因为我们本身就起源于陆地和林地，也因为声音无疑具有更加多样性、人性化的特征。有叹息，有呻吟，有哀嚎，有尖叫，还有风吹来的低语，就像一大群人在远处七嘴八舌地说话。

哈德逊第一次见到森林是在英格兰，因为他唯一的一次南美洲旅行仅限于潘帕斯草原至火地岛的平原。他从未步行穿越过安第斯山脉南部的南极山毛榉林和智利的南美杉树林，也不曾见过北部的热带地区林地——那片和欧洲面积一样大的原始森林，但他知道它就在那里。每次看到空中有迁徙的鸟群飞过拉普拉塔，他都会想象森林的样子。英国最后的原始森林早已消失，在他到来前一千年就已被砍伐殆尽，林间的史前狮子、熊、鬣狗和长毛犀牛也随之消失。但零星的几片再生森林（其中一些也有几个世纪的历史）成了哈德逊在第二故乡最喜欢的地方，令他对自己从未见过的南美森林充满了想象。潘帕斯草原的风有种孤独的气息，但在赛夫纳克，他丝毫不会感到孤独。"这里的风总能让人想起一座巨大的广场，想起人群和会众。"他写道，"不管他们是吵闹还是有序，都为一股引人入胜的冲动、庄严或激情所左右……无数的声音合成一个声响，表达着我们不知道且完全陌生的感情——恸哭、恳求和谴责。"

雷瓦河这里的情况也是如此。我在暴风雨中辗转反侧，既敬畏又焦虑。当风暴终于停歇，留下了彻底的宁静，就连最微小的声音都会被放大。青蛙和蟋蟀的声响缓缓地再度响起，还有一只花头鸺鹠小心翼翼地嘶叫起来。我听到肖恩打开头灯，然后又关上，又打开。紧接着，我听到他翻开了一本书的书页。我问他觉得我们多久能够穿过数百英里没有道路的森林，到达他在法属圭亚那的研究地点。

肖恩想了想。"我们可能会在几周内饿死。"他回答，"但如果不出差错，我猜需要六个月的时间。"

2008年，肖恩从卡宴坐了五个小时的船，到达努里格站。他在那里找到了一群荒野娘娘腔——就在二十年前让-马克·西奥雷见到它们的同一个地方。这令他感到如释重负。了解完保护区的路径网，肖恩就用上了带来的网和诱饵，很快成了第一个捕捉到红喉卡拉鹰并从它们身上采集化验样本的科学家。他惊讶地发现，红喉卡拉鹰竟然又小又轻。在他的手中，它们还没有一只美国乌鸦大，但飞在空中时，它们嘹亮刺耳的叫声和显眼的毛色让它们看上去大了一倍。它们用鲜红色的双眼愤怒地瞪着这个肤色苍白、满脸胡子，显然打算杀了它们却又莫名地将它们放生的粗笨大汉。

肖恩将样本带回加拿大，在那里分析了其化学成分，并在第二年把它们带回努里格，涂抹在黄蜂的蜂巢上进行测试。然而这些化学成分没有一个能比给蜂巢喷水对黄蜂的影响更大。根据在实验室和森林里几个月的密集研究，我们只能得出一个结论：如果卡拉鹰能够分泌某种化学驱虫剂，那么它真的把它隐藏得很好。要想结束这个论证，他要做的就是录下这种鸟袭击蜂巢的过程，表明黄蜂是在明智地逃离难以防守的局面，而不是在逃离一只浑身恶臭的鸟。

这竟然出奇困难。卡拉鹰每天都要袭击数十个蜂巢，但猜测它们会在何时何地发起进攻，是不可能的。筋疲力尽地在森林里追了它们一季之后，肖恩决定把这些鸟召唤到他的身边。他在研究站附近的树上钉了两块四英寸宽、两英寸厚的木板，在上面安了两台监控摄像机，用自己收集来的黄蜂蜂巢作为诱饵吸引它们。这些蜂巢都是他晚上趁着里面的住户都睡着了才弄到手的。（不过以防万一，他还是戴上了防蜂头罩。）他把蜂巢夹在独特的喂鸟器旁边，并录下红喉卡拉鹰的叫声，用靠电池供电的吉他扬声器播放，希望能够吸引它们过来。

不过到目前为止，卡拉鹰已经对肖恩和他的设备产生了警惕。过了好几天，它们才肯靠近喂鸟器。当它们终于靠近蜂巢时，采取的进攻方式正是他所预料的：它们用嘴巴和爪子边戳边抠蜂巢，直到里面的黄蜂纷纷逃走，才把蜂巢叼走，留到有空时再吃。对于黄蜂来说，逃离是个合理的选择。最小的蜂巢抵抗力也最小，里面的住户在卡拉鹰到达后就四散而逃。但为了那些体形较大，在建造过程中投入了更多心血的蜂巢，黄蜂会投入更多的精力进行防御。卡拉鹰的脸部遭到了黄蜂的袭击，畏缩着抓挠起来，但还是没有善罢甘休。

其中一只卡拉鹰被驱离了最大的蜂巢，没过几分钟它就带着一个同伴飞了回来。两只鸟同时对蜂巢发起了进攻，直到其中一只用力俯冲下来，将蜂巢踹倒在地。视频回放显示，一群黄蜂从蜂巢里一拥而出，虽然注定要失败，却还是在半空中英勇地抵御着入侵者。正如肖恩所想的那样，红喉卡拉鹰并非是对黄蜂的防御无动于衷，而是学会了用毅力和压倒性的力量去克服困难。

证明了自己的想法是对的，那种感觉苦乐参半。肖恩想要靠找到黄蜂驱虫剂而一举成名的希望破灭了。他没有论文可以发表在《自然》杂志，也拿不到重点大学的终身教职了。但是能够看到自己的预感得到证实，他还是心满意足，何况他为了进一步了解红喉卡拉鹰的生活所作的努力也得到了丰厚的回报。第一个野外研究季刚开始时，他就在离地两百码的地方找到过一个鸟巢。它隐藏在某种树栖的凤梨科植物搭出的宽阔带刺平台上。这是个惊喜：凤梨科植物坚硬的轮生叶片能够储存少量的水，为青蛙和昆虫提供居住和繁衍的地方。但人们从未在这种地方找到过鸟类的巢穴。研究站的技术总监菲利普·戈谢用十字弩在树冠上挂了一根绳子，帮助肖恩顺着绳子爬了上去。肖恩清理好凤梨科植物的边缘，发现自己正和一只受惊的红喉卡拉鹰幼鸟对视。它坐在凤梨科植物中心的一小片空地上，满身柔软的黑色绒毛。与成年卡拉鹰不同，这只雏鸟裸露的脸部和喉部都是灰色的，眼睛是柔和的淡褐色，但脸上的表情和它颜色较为鲜艳的父母一样严肃。它朝着他张开嘴，仿佛是在期待什么美餐。

　　肖恩欣喜若狂。观察红喉卡拉鹰巢穴的好机会不容错过（何况这是科学史上的第一次）。在戈谢的帮助下，他在凤梨科植物上方架起了一台相机，将它与森林地面上的一台录像机相连。为了给录像机供电，肖恩不得不赶在每天日出前，拖着一块三十磅的电池，在陡坡上步行将近一英里，天黑后再把它背回来充电。在接下来的几个星期里，他又好几次爬上鸟巢，调整相机的镜头，戴着头盔抵御愤怒地尖叫着朝他扑来的卡拉鹰的爪子。尽管如此，还是有只卡拉鹰设法刮得他的耳朵流了血。

　　所有这些努力的结果是得到了从未有人见过的照片——红喉卡拉鹰全家照顾成长中的幼崽时的亲密肖像。尽管肖恩努力保持专业的客观性，却还是忍不住为那只长着大眼睛、胃口极大的毛茸雏鸟加油打气。它似乎有六对父母。它们晚上会在鸟巢里或鸟巢的附近休息，白天每三十分钟为雏鸟送一次食物。有时会有多达三只卡拉鹰同时挤在窝里，为雏鸟梳理羽毛，给它喂食富含蛋白质的黄蜂幼虫蜂巢。它们还带来过黄色的小果、一只蜗牛和几十只千足虫，千足虫蜷曲的身体被散乱地丢弃在鸟巢里。

　　对于化学生态学家来说，最后一样东西尤为有趣，因为千足虫感到不安时会分泌一种有毒的粘稠物质，而且几乎没有天敌。成年卡拉鹰把千足虫叼到雏鸟面前，好像这就是食物，但雏鸟并没有表现出太大的兴趣。肖恩不知道卡拉鹰对待这种多足的节肢动物，是否还有其他的用途。尽管千足虫气味强烈的分泌物对黄蜂没有明显的影响（他检验过了），但有人见过一些猴子和狐猴将千足虫抹在自己的身上，可能是为了驱赶或杀死皮肤上的寄生虫。看来红喉卡拉鹰可能是要用它们保护脆弱的雏鸟免受壁虱和蚊子的困扰。这不是一种黄蜂驱虫剂，也无法让任何人致富，但如果事实真是如此，那么卡拉鹰对森林资源的利用，已经近乎是在开发一项技术了。

但肖恩已经没时间展开有可能证明这一点的实验了。他的实地研究工作已经接近尾声，心中既宽慰又遗憾。他驳斥了黄蜂驱虫剂的假设，但对红喉卡拉鹰，他还有许多需要了解的地方。他的工作解答了不少疑问，但也提出了同样多的问题。后来的DNA分析证实，这个群体中有多个雄性和多个雌性。这样的群居组合对于任何猛禽或鸟类来说都很奇怪。肖恩想知道，红喉卡拉鹰不同寻常的饮食是否导致了它们独特的家庭结构。如果一只成年卡拉鹰一顿饭能吃掉一整个蜂巢，那么抚养一只雏鸟就需要额外展开数百次的袭击。这种有组织的活动可能更适合一个团队，而不是典型的一对父母。更大的群体也许意味着控制更大的领土，获得更多的食物，但也意味着同一组成员可能要放弃繁殖的机会，去照顾别人的孩子。这种牺牲在自然界中非同寻常，并指向了这其中最大的谜团：这些鸟对彼此而言是谁？它们是一个核心家庭，还是某天也会单独成家的子女在帮助自己年长的父母？难道它们是几对共同分担育儿责任的夫妇？或者说，这个群体中是否存在任何传统意义上的"夫妇"？

肖恩只能极不情愿地放过这些问题。他追逐红喉卡拉鹰已有四个夏天，本以为自己还能愉快地回来，但他已经收集到了足够的数据来完成学位，资金也已消耗殆尽。至少就目前而言，红喉卡拉鹰能够保住自己群居生活的深层秘密了。肖恩很感激能与它们共度这么多的时光，也很感激自己身边都是他从未想象过能够与之为邻的生物。凤冠鸟和与狗一般大小的啮齿类动物，经常在保护区的小路上与他擦身而过，就像城市街道上的行人。身处研究站，与那些享有特权的欧洲学生和科学家为伍，他很容易感觉自己的团队是在探索另一个星球——这样的幻觉时不时就会被来自上游的淘金者打破。那些满脸憔悴的人总是毫无征兆地出现在小路上，前来询问离开森林的路。他们是在食物耗尽或与其他淘金的矿工闹翻后走投无路才选择走进荒野的，似乎对自己还能活着感到非常惊讶。

在紧急情况下，如果我和肖恩从雷瓦河一路向西，应该会比迷路的努里格淘金者拥有更大的机会。那里有一条低矮的山脉，将我们与鲁普努尼的热带稀树草原分隔开来，也就是我们赶往雷瓦河途中穿过的那片开阔的金色岛屿。和亚马孙公路旁涌现的皆伐区不同，热带稀树草原是地质的产物：那里含有金属的贫瘠土壤以及古代河床的残迹十分坚硬，只能供草原植被生长，上面绵延起伏的山丘是畜牧场、美洲印第安人的村庄和那些丛林深处稀有或缺失的生物的家园。巨型食蚁兽、黄腿象龟、家猫大小的蜥蜴在暮色中的田野上漫步。如同静脉般蜿蜒绕过山丘的季节性溪流旁，顶着羽毛状树叶的棕榈树是地球上其他任何地方都无法得见的。

和哈德逊年轻时的潘帕斯草原一样，鲁普努尼一年四季都有不同的面孔。旱季的最后几个月，也就是北方世界的秋冬季节，野火燃起的烟雾召唤着凤头卡拉鹰、美洲黑鹫和草原猎鹰，来享用烤熟的昆虫和啮齿类动物。但四月到九月，由于雨水泛滥，鲁普努尼河的河岸会被淹没，形成一片闪闪发光的湿地，将亚马孙与埃塞奎博流域短暂连接起来。数百万年来，水生的旅行者一直利用这种短暂的联系在两个流域间穿行——它们中就包括被称为巨骨舌鱼的庞然大物，一种重达三百磅、长着扁平口鼻部和闪亮红色鱼鳞的鱼，以及肺鱼、电鳗和巨型水獭之类不寻常的动物。

最近才来到鲁普努尼的重要旅行者是人类。布莱恩、何塞和兰博的祖先在至少一万年前来到了这里——和苏美尔人在中东驯养牲畜属于同一个时期。许多从热带稀树草原的低矮山丘上崩落的巨石和小山一般大，上面刻着一组组风格狂野而抽象的神秘岩画。他们的后代仍旧住在这里，捕猎野猪和刺豚鼠，种植木薯，在河里捕鱼。虽说森林拥有更多可供有心人使用的资源，但热带稀树大草原较为温和的景观更适合居住。数千年来，草原上的居民一直享受着这里的资源和景观，白天待在树下，夜晚坐在星空下。欧洲人在哥伦布的地理大发现后一个多世纪才知道鲁普努尼河的存在，但它很快就征服了他们的想象力。从那时起，英国的作家和探险家就被它吸引了。

沃尔特·罗利最先感受到了这条河的魅力。这位诗人、海军指挥官一度是伊丽莎白一世女王的最爱。他相信圭亚那地盾的森林高地上隐藏着一个美洲印第安人的帝国，和西班牙在秘鲁、墨西哥掠夺过的那种帝国一样。他提议探险队沿奥里诺科河逆流而上，为英格兰夺取领土。奥里诺科河在如今的圭亚那和委内瑞拉边境处汇入加勒比海。根据罗利迫切想要相信的一个可疑说法，这条河源自一座名为帕里马的神秘高原湖泊。

罗利的故事继续发展。湖岸边坐落着一座名叫马诺阿的城市，这个地方盛产贵金属，其统治者每天早上都会用动物脂肪和金粉涂抹自己的身体。罗利坚信这位"镀金"的国王也被称为埃尔多拉多，是被弗朗西斯科·皮萨罗在秘鲁废黜的印加国王的亲戚。他辩称，洗劫马诺阿也许能为英格兰带来一笔意外之财，就像西班牙对待库斯科一样。罗利说服自己富有的赞助人出资组建了一支武装队伍，启航前往新大陆，尝试展开他提议的征服。回想起来，这是一个近乎疯狂、缺乏根据的计划。但在南美洲的问题上，你很难知道什么是可以相信的。从西班牙令人难以置信的成功来看，这里似乎遍地黄金，很容易就能从毫无防备的当地人手中将其夺走。

罗利的这趟远征路途遥远、花销高昂且毫无结果。为了寻找马诺阿，罗利及其手下顺着奥里诺科河及其支流航行了四百英里，竭尽全力，还要应付河里常见的鳄鱼。要是没有沿河居住的阿拉瓦克人为这群被蒙骗的英国人提供食物和房屋，让他们喝着卡萨瓦酒狂欢，这些人肯定会丧命。听说罗利和他们一样鄙视西班牙，阿拉瓦克人松了一口气。不过他们对神秘的湖泊一无所知。罗利最终在地盾西缘的一连串激流处停了下来。这里呈现一派如梦似幻的景象，细长的瀑布从平顶的山上喷涌而出，形成长长的水雾。他相信一座金色的城市就耸立在这里的山顶上，但他的船再也走不远了。于是他返回英格兰，只给那些债主带回一袋满是云母的岩石和一堆华丽的描述。但那些人不为所动。面对他们，他一如既往地毫不屈服，坚称自己的发现与皮萨罗不相上下。旱季的河岸上堆满了闪闪发亮的金片。他表示，只是因为天气不好，他才没能把它们带回来作为证据。"圭亚那这个国家还是一片处女地，"他写道，"从未遭到过洗劫、开发和改变。"

　　地表还没有遭到破坏，土壤的养分和盐分也没有被肥料破坏。山谷没有被淘金者挖掘，矿产没有遭到开采，神庙里的神像也没有被摘下。没有任何一支强大的军队曾经进入过这里，也没有哪位基督教的君主曾经征服或拥有过这里。

　　不仅如此，他还指出，圭亚那惊人的野生动物将使其成为所有皇家公园的终结者。英格兰贵族对狩猎的喜爱胜过一切，罗利显然认为他可以利用"狩猎者的天堂"来吸引他们。

"没有哪个国家能比圭亚那给自己的居民带来的欢乐更多，"他声称，"无论是狩猎、带鹰出猎、垂钓、捕猎野禽的乐趣，还是其他的消遣……这里拥有众多的平原、清澈的河流，以及丰富的野鸡、鸥鸪、鹌鹑、美洲鸵、鹤、苍鹭和其他各种飞禽……既可以猎捕，也可以喂养。"当地飞禽多彩的色泽尤其令他眼花缭乱，"有些是粉红色的，有些是深红色的，还有橙茶色的、紫色的、绿色的、沃切特蓝的，还有其他各种各样的颜色，有单色的，也有混色的……对我们来说，观赏这些鸟是打发时光的一种好方法。"

黄金是一个传说，但野生动物不是。圭亚那令罗利余生都格外难以忘怀。在他首次探险结束二十年后，罗利将回到奥里诺科河，并再次败兴而归。旅行途中，罗利在委内瑞拉对一支西班牙卫戍部队发起了一次拙劣的突袭，被伊丽莎白的继任者詹姆斯一世判处了死刑，因为他怀疑罗利参与了一场意图篡位的阴谋。不过，黄金城市和神秘湖泊的传说很难被抹杀。继罗利之后，欧洲探险者们又对它进行了近两百年的搜寻。过了一段时间，屡屡失败的结果几乎赋予了这个传说反常的可信度：为什么会有这么多人如此费尽心力，不惜付出巨额代价寻找一个不存在的地方呢？

最终，为帕里马湖书写墓志铭的责任落在了德国博学大师亚历山大·冯·洪堡的身上。他曾启发过达尔文和其他具有科学头脑的旅行者。在人们证明帕里马湖并不存在之后，它仍然继续在地图上留存了很长一段时间，直到1844年还会偶尔出现——这个湖泊的影响力有着超越土地考察的趋势。洪堡辩称，有关它的传闻之所以经久不衰，仅仅是因为人们不乐意放弃。他把这视为人类渴望抵抗一切理性力量的丰碑。马诺阿和"镀金"国王"就像一个从西班牙人面前逃跑的幽灵，不断地呼唤着他们"。

他还指出："所有的传说，都存在一些真实的基础。"他怀疑，这个传说的来源可能就在鲁普努尼的热带稀树草原上。这片草原位于罗利试图前往的地方——奥里诺科河以东，亚马孙河以北。夏天雨水泛滥时，这里看上去就像是一个湖泊，而且很有可能就是传说中的那个湖泊。"周游世界、想象自己能在已知的区域以外获得幸福，是人类的本性。"洪堡沉思道。理想中的黄金国"逐渐从地理范畴中消失，进入了神话故事的范畴"。

不过，神话故事也有自己的用途。即便是在洪堡将马诺阿和理想中的黄金国逐出现实世界之后，对下一代的英国作家而言，圭亚那南部的森林和热带稀树草原仍旧具有一股特殊的吸引力。这些地方都是完美的背景：偏远，鲜为人知，充满美丽且致命的生物。在这座舞台上，阿瑟·柯南·道尔描绘出了一个由会飞的恐龙和巨型的类人猿组成的失落世界；伊夫林·沃能够想象出一个和约瑟夫·康拉德笔下的刚果相媲美的南美国家。伊夫林·沃的黑暗讽刺作品《一撮尘土》就发生在一片与鲁普努尼十分相似的偏远热带草原上。在那里，一个富有却愚蠢的英国年轻男子循着埃塞奎博河旅行，成了被流放的邪恶男子陶德先生的俘虏。陶德把这个年轻人从死亡中解救出来，带回自家的院子，将自己塑造成了《黑暗之心》中库尔茨那样的人——自称是马库西人和瓦皮沙那人的领主。起初，陶德还是一个仁慈热情的主人，但他慢慢收紧了控制，害得这个年轻的探险家余生都要被迫大声朗读查尔斯·狄更斯的文集。

威廉·亨利·哈德逊的最后一部小说《绿厦》介于伊夫林·沃令人沮丧的寓言和柯南·道尔的幻想作品之间。故事的叙述者是一个自负的委内瑞拉年轻人，名叫阿贝尔。他爱上了某起源未知的部落里最后一个幸存者——鸟女莉玛。哈德逊将莉玛描绘成了某种陆地上的美人鱼：她与所有的丛林生物都心有灵犀，穿着蜘蛛丝制成的翩然长裙。虽然她会说西班牙语，但更喜欢一种掺杂着啁啾声和口哨声的悦耳语言。阿贝尔从听到她歌声的那一刻起就迷上了她，决心娶她为妻，这却导致了她的厄运。

没有哪本书能与《绿厦》相提并论，但称之为"失落的经典"未免让人觉得有些虚伪。阿贝尔就像《海角一乐园》中的鲁滨逊一样，足智多谋，令人难以置信，有一次竟然凭空做出了一把吉他。莉玛可以是贪玩的、逢场作戏的、粗鲁的、爱生闷气的、勇敢坚定的、无可奈何的，这取决于剧情的需要。但本书真正的浪漫之处在于哈德逊和他从未见过的森林之间，单相思的氛围更是赋予了它一种不可思议的力量。1904年，《绿厦》在英国出版，得到的评价不好不坏。读者们不知该如何理解这部作品。然而十二年后，小说却在美国一举成名，也许是因为北美读者所处的大陆在时间和空间上更接近那片荒野风景。这本书迟到的成功让哈德逊在晚年获得了源源不断的版税收入。在写给美国出版商的感谢信中，他将这比作"看到一个东西起死回生"。

在创作这本书时，哈德逊的心境比较黑暗。他的第一部小说《紫色大地》曾遭到猛烈抨击，被人称为"令人反感的废话的庸俗大杂烩"。在《绿厦》中，他将自己的耿直写进了阿贝尔的身上，让他梦想通过创作回忆录、利用自己的不幸大赚一笔。和哈德逊一样，阿贝尔生活在自我流放的途中。他的故事是从他逃离加拉加斯开始的。在那里，他加入了一场推翻政府的计划，但这样的企图注定要失败。阿贝尔沿着奥里诺科河逆流而上，逃往"地图上没有标注的无数河流和没有路的森林"，躲在一个蚊虫滋生的商栈里写作。商栈的老板唐·潘塔是个毫无道德原则的人，一夫多妻，做着向美洲印第安人卖酒的红火生意。阿贝尔的手稿创作进展稳定，直到雨季将它变成了一团湿透的纸浆。唐·潘塔发现他坐在漏雨的小屋地板上，深陷忧郁的情绪之中。

在他焦急地询问时，我指了指地板上那团纸浆。他用脚把它翻过来，然后突然大笑着把它踢开，说自己错把它当成了从雨中爬进来的未知的爬行动物。他假装对我竟会为失去这种东西而懊悔感到吃惊。他说这些都是真实的故事，如果我想写一本书给那些待在家里的人看，应该很容易编造出一千个比任何真实经历更有趣的谎言。

唐·潘塔暗示阿贝尔，如果他希望继续活下去，就应该逆流而上，前往南方的高地。在那里，他可以在一个没有政治和疟疾的地方暗自神伤。"如果你在那里的时候想要金鸡纳碱，就闻闻从西南方吹来的风，"潘塔说，"这样就能把刚从森林里吹出来的金鸡纳碱吸进体内了。"阿贝尔采纳了他的建议。在热带稀树草原里待了几个星期之后，他感觉内心的情绪已经平复，足以长途跋涉穿越"干枯如发丝的图萨克草丛"，去看看远处名为伍泰奥的山峰。在一座被石头覆盖的山脊上，他有了惊人的发现：这片大草原就在另一个世界的门槛上。

在山的另一边，这片贫瘠的土地只延伸了大约一又四分之一英里，后面是一片森林……从北边的伍泰奥山脚向南边的岩石丘陵延伸。狭长的森林从树木繁茂的盆地伸向四面八方，如同章鱼的手臂，其中两座森林环抱着伍泰奥的山坡，还有另外一条较宽的林带沿着南边呈直角穿过山脊的峡谷，消失在视线之外。遥远的西部、南部和北部出现了远山，不是整齐排列的那种山脉，而是或成群结队或单独出现的，像在地平线上堆积起来的云朵。

哈德逊无疑就是在描述鲁普努尼。伍泰奥和现实中一座名叫玛咖拉潘的山脉几乎一模一样,在热带草原的每一个地方都可以被望见。虽然距离哈德逊创作《绿厦》已经过去了一个多世纪,但鲁普努尼依旧是他想象中的样子,是在如大海一般辽阔的森林的簇拥下一片亮眼的草原。阿贝尔就是在那里遇到了莉玛。我和肖恩、何塞、兰博、布莱恩也即将进入这片森林,希望能够遇到"荒野娘娘腔"。

# 甜美的鱼肉

"你看他。"布莱恩说。现在是中午，我们站在一个粘鞋、发臭、大概二十英尺宽的深黄色池塘边。旱季结束时，雷瓦河以前的一条曲流所剩的就是这些了。布莱恩用手中的弯刀指向池塘的中央———一团令人毛骨悚然的黄色浮渣正在剧烈翻腾、冒着泡泡，这表明水下有什么庞然大物，也许是一只巨型的凯门鳄，也许是别的东西。

这个逗号形状的森林池塘其余的部分已经干涸成了皲裂的泥地，边缘是高草和林鹬的足迹。不断缩小的池塘中，当其他住户愈发缺氧时，林鹳一直在严阵以待。看到我们从树林中钻出来，林鹳纷纷张开翼展八英尺的翅膀，气宇轩昂地转着圈飞走了。我数了数，二十二只，不禁觉得我们赶到时一场盛大而庄严的演出已经结束了。它们就像踩着高跷、戴着面具、披着羽毛的人，身上吊着看不见的绳子，干瘪的秃头看上去和人类相差无几。

　　就算没有安静的食腐动物围观，池塘也是一片死寂，闻上去都是腐败的味道。四周的森林里鸦雀无声，只有一群看似毫不在意的水雉（一种优雅苗条的长趾涉水飞禽）在池塘的远端尖叫着相互追逐。布莱恩若有所思地用一根棍子在泥地中探查起来。一群蓝金色的金刚鹦鹉排成方阵，尖叫着从我们头顶飞过。就在这时，一张巨大的绿色大嘴从池塘的水面下钻了出来，翻滚着消失在一片巨大的水花中，身后拖着长长的、长满红色鳞片的龙一样的身体。这看上去既不真实，却又让人无法否认——一条巨骨舌鱼，地球上体形最大的有鳞淡水鱼，就躺在我们面前的大水坑里。浮渣淹没了它的尾迹，布莱恩恋恋不舍地盯着它离去的身影。

　　"哦，这条鱼吃起来肯定非常甜美。"他说。

　　说来也怪，这里正是你可以找到巨骨舌鱼的地方。雨季期间，涨水的雷瓦河会调整河道，在泥沙间寻找能够穿过移动的河岸最快捷的路径，并一路冲垮树木，直到它们发出吱嘎声并倒下。雷瓦河的早期痕迹与它现在的路线平行，已经被断断续续地分解成几座牛轭湖，其中最古老的距离现在的河岸有几英里的距离，里面满是黑色的凯门鳄，还开放着巨型的百合花。比较新的牛轭湖会在雨季与河流重新相连，巨骨舌鱼把这些季节性的池塘当成了育幼院，它能够保护鱼苗不受河流主干道中潜伏的捕食者伤害。一条十二英尺长的鱼能在不流动的池塘里生活数个星期，这听上去似乎是件不太可能的事情，但巨骨舌鱼能够通过鱼鳔上的肺状组织呼吸空气。随着这只巨兽溅起的水花逐渐平息，两只绿色的小嘴巴钻出水面，呼吸着空气，然后同样转着圈消失了，它们将是今年存活的最后一批鱼苗。这些鱼苗对鹳来说也许太大，但如果池塘进一步缩水，就有风险引来更可怕的捕食者——凯门鳄、美洲豹和人类——的关注。

雷瓦河曾经拥有大量的巨骨舌鱼，直到几十年前，一群来自巴西的捕猎者对它们展开了屠杀。除了这些鱼长长的、被剥了皮的尸体，雷瓦地区的村民还看到那群陌生人拉走了成对的金刚鹦鹉、成堆的河龟，以及和真人差不多大的巨型水獭皮毛。他们就像十八世纪出现在北美的欧洲皮毛商人，或是一个世纪之后的亚南极捕鲸人和海豹猎人。圭亚那政府禁止在雷瓦地区进行商业捕鱼，并对捕杀行为处以高额罚款，但损失已经造成：巨骨舌鱼是一种谨慎的，很有领地意识的生物，回归速度非常缓慢。近几十年来，在亚马孙和埃塞奎博盆地流域——这些巨骨舌鱼曾经的栖息地，它们的数量变得非常稀少。一方面，人类喜欢食用它们多汁的鱼肉；另一方面，随着其数量逐渐减少，黑市的鱼肉价格在不断攀升。

对生活在日渐缩水的牛轭湖中的巨骨舌鱼来说，今年的赌博已经几近尾声，胜算似乎不太乐观：如果池塘里的水再干涸下去，它的背部和胁腹就会露出来，捕食者也会靠近。

肖恩喜欢这里。"如果你晚上到这个地方来放哨，就会看到很多动物。"他说。旱季时，凯门鳄和水蟒会从河流游到牛轭湖里觅食。美洲豹也一样。它们看上去像是矮脚的豹子，狩猎时却像老虎，会一路尾随猎物——有时在热带河流中也会这样。美洲豹的体重可达三百磅。虽然它们特别喜欢吃和猪一样大小的水豚等啮齿类动物，但也很乐意吃上一条搁浅的巨骨舌鱼。随着水塘逐渐平静，我意识到森林的边缘很有可能就有一只美洲豹在注视我们。在步行返回船上的途中，我一直紧跟在兰博身后。他心不在焉地在高高的草丛中挥舞着手中的弯刀，齿间还吹起了口哨。

这是我们在雷瓦地区停留的第二个星期，却依旧没有看到红喉卡拉鹰的身影。有那么一两次，肖恩以为自己听到了它们的叫声，但又不太确定。不过即使没有卡拉鹰，也有足够的东西可供我们观察。从成群的黑色食人鲳，到在高枝上嬉闹尖叫着试图将对方撞下来的金刚鹦鹉，在河流的每一处转弯都会出现一些新的东西。在我们路过燕鸥筑巢的沙洲时，这种长着巨大黄色鸟喙、体形和鸥一样大的鸟，朝我们俯冲下来，嘴里重复着刺耳的双音节尖叫，仿佛在说："走开，走开，走开。"

我不怪它们。我们呼啸而过的小船打破了河水的平静。每次兰博切断马达，我的耳朵都会在一片宁静中隐隐地嗡嗡作响。兰博在舷外发动机旁一站就是连续几个小时，紧靠着蜿蜒的水道，而何塞在船头为我们指出隐藏的障碍物。太阳如同钟摆，在地平线上划过，仿佛我们不是在逆流而上，而是在向内旋转。在一些地方，我们不得不跳下去，将船推过沉没的树木。有一次，我在爬回船里时，低头看到一条黄貂鱼苍白的圆盘状身体透过水面隐约露了出来，就像死人的脑袋。

我们还没有步行进入森林，但仅仅就我从河面上看到的景物判断，这里并不是哈德逊想象中那种宏伟、开阔的画面。高墙般的河岸上，树林几乎被成片的攀缘植物和藤本植物掩盖。就算是在能够分辨出个别树木的地方，我也认不出它是什么——那里没有松树，没有橡树，也没有雪松。夏天，会被河水淹没的沙洲上长着低矮的灌木丛。成排纤细且布满荆棘的树木出现在它们身后。这种树被称为"长衬裤"，向上翘起的树枝上坠着花哨的拟椋鸟篮子状的鸟巢。这种鸟有时会跟在成群的荒野娘娘腔身后。

肖恩指给我看，河上的一个突出物上停着一只笑隼，还有一只看似小型游隼的蝙蝠隼正在捕捉蜻蜓，它白色的颈部色圈在夕阳中闪闪发光。不过，雷瓦河上最显眼的鸟类居民还要属捕鱼鸟：翠鸟、苍鹭、鸥翼鱼鹰、黑剪嘴鸥和燕尾鸢……燕尾鸢抛物线般飞翔的身姿优雅得出奇。在这些鸟中，最奇怪的是美洲蛇鸟或蛇鹈。它们是鸬鹚的亲戚，动作十分灵活，会沿着河底踱步，用针状的喙来叉鱼。我们一靠近，它们就会从低矮的树枝跃入河中，张开翅膀潜入水里，消失得无影无踪，仿佛从未存在过。但我也见过它们在我们头顶盘旋，如同长着细长脖子的渡鸦。我很嫉妒它们能够在几个世界中无缝穿行的能力。

哺乳动物就是另外一回事了。起初，它们不过是远处晃动的树叶，或是沙洲上一连串新留下的脚印。但在我们逆流而上的途中，它们也变得不那么警惕了。就在巨骨舌鱼所在的池塘上游，我们看到一只巨型水獭正用前爪抓着一只鲶鱼，像吃墨西哥卷饼一样狼吞虎咽。一个小时之后，我们吃惊地发现一只美洲狮正懒洋洋地躺在沙洲上，抬起头冷漠地看着我们。何塞笑眯眯地转头看了看我。前一天晚上，他曾告诉我，有只美洲狮差点儿要了他祖父的命。

那天下午，我们在昆塔罗脊梁把船拽上了岸。那里有一片沙洲，能够居高临下地眺望河流的一处大弯。布莱恩说，他曾在这里看到一支钓鱼的队伍。他们来自所谓的"南方腹地"，八艘独木舟上载着为期一个月的旅行所需的一切，包括狗和孩子——一幅既古老却又属于现在的画面。"六十英里，"他说，话音中流露出一丝骄傲，"没有马达。"

弯曲的鳍形板状根支撑起了高耸的树林，我们在林间搭营支帐。布莱恩开着其中一条船去了河流上游，执行一项秘密任务，惊起对岸的一群燕子在河上盘旋着横冲直撞。何塞搭起了临时厨房，用一块防水布遮住一桶桶补给和便携式炉灶，把自己的吊床拴在了一棵芒果树低矮的树枝上。不到一个小时，这里就有了能让他舒舒服服住上几个星期的样子。他在吊床上躺下，一条腿晃来晃去，轻轻打起了呼噜。布莱恩回来了，把一个颜色惨白、垒球大小的东西放在了桌子上。那是一只巨型河龟的头骨。

"有人抓住它，把它吃掉了。"他说。

何塞惊醒。"是森蚺吗，布莱恩叔叔？"他问。

"是森蚺，孩子。"布莱恩回答说。他在一张折叠椅上坐下来，摘掉帽子，用两只手揉了揉脸。"这里有条水蟒，"他解释道，"很大的水蟒，有十五六英尺长。但我听说有人用箭射中了它。"他不安地停顿了一下，仿佛是在判断是否要说下去。我想起自己曾在森林里发现一支带着黑色尾翼的断箭，很像我们在克拉什沃特堤岸下的独木舟上看到的那些。

"也许它正在休息。"何塞暗示说。

"我不这么觉得。"布莱恩回答道。

我弯腰去系鞋带，看到一只大个儿的黑色蚂蚁正在我的鞋上艰难地爬行。六只体形较小的蚂蚁紧紧抱着它的腿，在这个大块头受害者动来动去时咬住了它的关节。我用一根嫩枝将它们掸了下去，这才发现眼前正在上演一场规模更大的混战：在河岸的另一边，数百只步履艰难的蚂蚁正被同一种小型的攻击者袭击。

"切叶蚁，"肖恩拿着背包走了过来说，"也叫龟蚁。就是体形大的那几只。体型小的那些可能正在它们身上喷洒可怕的化学物质。"他用手捧起一只蚂蚁，放在手掌中闻了闻。

"没有卡拉鹰吗，肖恩？"何塞问。

"没有，"肖恩说道，并在我身旁的椅子上坐了下来，"但这是一片健康的森林，里面应该有些大型的蜘蛛。"

我可不喜欢听到这个消息，但肖恩坚称自己可以教我爱上它们。前一天晚上，他给我看过一只红趾塔兰托毒蛛。它藏在一棵无花果树的树皮里，就像螃蟹藏在岩石的裂缝中。"关于塔兰托毒蛛，我们还有许多不知道的东西。"他说道，并用一片草叶挠了挠它的脚趾，"这甚至有可能是一个新的品种。"红趾毒蛛一动不动，但我在树根处找到了它蜕掉的皮——轻如空气，色彩惊人的丰富，带有一种彩虹般的铜绿色光泽，它弯曲的尖牙根部还有一抹红晕。我心想，将身体的外皮像痂一样蜕下来，该是一种多么痛苦的折磨，又能带来多么大的宽慰。蜕皮后的第一个晚上，当新的皮肤在清凉的空气中变硬，是种什么感觉？

一提到蜘蛛，布莱恩就兴奋起来。"要是你看到一只食鸟蛛，那可是一种非常美丽的蜘蛛。"他说道，脸上绽放出灿烂的笑容。

"美丽"可不是我会选择的词。亚马孙巨人食鸟蛛，地球上最大的蜘蛛，也是圭亚那地盾的特产。它的身上没有任何条纹和斑点，也没有彩虹般的颜色，但它硕大的体形弥补了装饰的不足：雌性食鸟蛛的体重可达半磅，腿长超过十一英寸。和大部分塔兰托毒蛛一样，食鸟蛛过着平淡无奇的生活。

它们多数时间都躲在洞穴里伏击昆虫、蜥蜴、啮齿类动物和（很少）前来搅乱蛛丝绊网的鸟类。雌性食鸟蛛很少到处走动，但雄性食鸟蛛会随季节四处寻找配偶，雌性食鸟蛛经常在交配后吃掉对方。我有点儿想找一只来观察，和哈德逊渴望一睹凤头卡拉鹰巢穴的心态一样，但心里又有些不乐意这么做。

"你会看到它的，"布莱恩说，"从这里开始，再过几天。"

看到我脸上的表情，肖恩跳出来为蜘蛛辩护，敦促我记住塔兰托毒蛛几乎什么都怕，因为它们是哺乳类动物和鸟类喜爱的美食。他开始讲起一个故事——他曾在法属圭亚那的一棵空心树里发现一只食鸟蛛，但说到一半就停住了，竖着耳朵聆听起来。

"你这么远就能听到它们的声音？"何塞问。

"不，"肖恩说道，一把抓过自己的背包，"已经很近了！"

他冲上河岸，来到一片能够俯瞰河流全景的高地。过了一会儿，我发现他开始摆弄一只由电池供电的小喇叭。他举起扬声器，让它远离身体，开始播放他在努里格录制的红喉卡拉鹰的叫声：一种尖细、低沉、异口同声的警笛声，逐渐增强为爆发性的"咔——咔——咔呜呜呜"。扬声器的音量太小了，但青蛙和昆虫的夜间合唱还没有开始，所以肖恩希望竞争对手的尖叫能把卡拉鹰吸引过来。他紧盯着河流的另一边，仿佛是在期待它们出现。一只蝉的哀鸣响起又渐弱。什么也没有。他又放了一遍。

"我听到它们了，"他有点儿不好意思地说，"我听到了。"

一只状似乌鸦的黑鸟出现在对岸的树林上方，在我们头顶盘旋。它长着裸露的黄色脸颊和黄色双腿，从主翼羽下的纤长脚趾到飞行时发出的微弱愤慨叫声，一切都表明它就是一只卡拉鹰。但它不是"荒野娘娘腔"，而是一只黑卡拉鹰——黄头卡拉鹰的亲戚，性格害羞，通常会避开人类。它俯冲到离我很近的地方，直勾勾地盯着我，让我看到了它脸上的皮肤是朝着它眼周的方向逐渐变成深橘色的，我觉得它是第一个靠近我们而没有跑开或飞走的动物。这只卡拉鹰腾空而起，飞到何塞的厨房上空，朝着河岸猛冲过去，尾巴根部露出了一道宽宽的白色条纹。不一会儿，它又领着另外两只黑卡拉鹰回来了。其中一只脸上的颜色较浅，羽毛上带有棕灰色的条纹——一只刚会飞的幼鸟。它们是一家人吗？三只鸟在我们的营地上空盘旋，一边扇动翅膀，一边尖叫，我明显感觉到它们是在探路。肖恩放下扬声器，举起相机，趁这三只鹰还没有消失在河流另一边成片的树林中，按下快门，拍到了几张照片。

　　"真是太棒了。"他感叹道。他以前从未见过黑卡拉鹰。人们认为黑卡拉鹰的数量很多，但和红喉卡拉鹰相比，它们并没有引起科学家太多的关注。我们知道它们的存在，仅此而已。人们经常看到黑卡拉鹰循着热带河流的边缘仔细搜寻可吃的零碎杂物，和福克兰群岛海滩上的条纹卡拉鹰一样。但除了对一只鸟巢的描述和关于其饮食的少量笔记之外，几乎就没有和它们有关的书面材料了。除了腐肉，人们还曾看到黑卡拉鹰以白蚁、鱼、棕榈果、鸟蛋和海龟蛋为食。德国鸟类学家赫尔穆特·西克曾在报告中提到过黑卡拉鹰与貘的奇特联盟。貘是一种体型矮胖，像猪一样的丛林动物，抽动的鼻子如同发育不良的象鼻。西克写道，貘发出的高频叫声似乎能够吸引卡拉鹰，然后貘像狗一样翻开又圆又结实的肚皮，让卡拉鹰帮忙摘掉上面的壁虱。这是一个不同寻常的组合，但符合一个熟悉的模式：从在潘帕斯草原上跟随加乌乔人的凤头卡拉鹰，到委内瑞拉与树懒为伴的黄头卡拉鹰，这种鸟擅长在寻找食物的过程中与同伴合作。我告诉肖恩，我很吃惊没有人继续跟进这个问题。他苦笑了一下。

"你应该试试昆虫，"他回答，"它们会做各种了不起的事情，但没人在乎。"

我们站在那里聆听，看着河对岸高大的树影逐渐拉长，夕阳的颜色慢慢变黄。一对红绿相间的金刚鹦鹉疯狂地拍打翅膀，尖叫着将一只黑色的秃鹫从高高的树枝上赶走，然后落下来，用巨大的喙梳理着对方脖子上的羽毛，以平常一半的音量轻柔地叫着。我想起了莱恩·希尔在科茨沃尔德四处追逐鸟岛的金刚鹦鹉。和雷瓦河相比，那里的景色似乎枯燥乏味、平平无奇。我不知道，和在莱恩的手掌上快乐蹦跳、睡在庄园里的朱诺相比，这些鸟的生活是否更加生动有趣。我们所说的野外生活可能看上去是自由的，但也有其限制；如果这些限制被移除，谁能说动物的欲望会把它们引向何方呢？

即便如此，人们还是很难不去嫉妒金刚鹦鹉。它们会向对待真心的朋友那样对待彼此。在一个以激烈、致命的竞争为规则的地方，这似乎弥足珍贵。这两只金刚鹦鹉也许已经相伴了几十年。休息片刻之后，它们双双飞往了夜晚的栖息地。随着它们的离开，一些体形较小的鹦鹉发出的啁啾声和口哨声逐渐响亮起来。肖恩轻轻拍拍我的肩头，指了指一只瘦长的蜘蛛猴。它正在足有熨斗大楼一半高的树冠间穿行，边走边轻声叫着，仿佛是在自顾自地哼着曲子，嘴里还塞满了鲜花。

就在我们注视它时，丛林里响起了一种奇特的声音：那是一种深沉而响亮的咆哮，很像中国西藏僧侣在用喉音歌唱。它忽高忽低，不时稍微调整音调，让人联想到人类生活范围之外的景象：山脉沉入大海，地球在空中旋转。我无法想象这是一个动物能够发出的声音，当然也不会是风声。

"吼猴，"肖恩说道，并把包甩到肩头，"等你靠近它们，就能从它们的叫声中听出各种奇怪的细节。"


吼猴的吟唱是威廉·亨利·哈德逊渴望听到的声音。他还在《绿厦》中让它扮演了一个重要角色。阿贝尔第一次进入莉玛的森林时，曾在开阔的下层植被间穿行了几个小时，还仰面躺下凝视着头顶的树枝，就像作者在萨弗纳克喜欢做的那样。哈德逊还允许自己在这份幻想中加入一点英国大教堂的影子。"我头顶的屋顶是多么大啊！"阿贝尔欢呼雀跃。


在这里，大自然的绿意、轻盈的华盖、浸透着阳光的云朵——云朵之上的云朵，都是难以触及的。尽管最上面的景象也许是眼睛看不到的，但光线能够透进来，照亮下面的广阔空间——一片接一片，每一处都有自己独特的光影。

但森林里最至高无上的荣光属于莉玛。令阿贝尔沉迷的不仅是她的容颜，还有她的声音。在亲眼见到她之前，她的声音已经在他的耳边回响了好几天——"一种精致的鸟鸣，纯净至极，又富于表现力"。 在现身之前，她曾指引他在森林里踏上了一段奇妙的声音之旅，聆听树蛙（阿贝尔将它们比作一群像小精灵一样的吟游猴子）悦耳的唧唧声，还有哈德逊从未听过的鸟叫声："伞鸟短促的鸣啭，还有奇怪的跳动和颤抖的声音，仿佛是侏儒在敲打金属的鼓，又像是潜行的八色鸫发出的声响。"哈德逊的大部分读者在他提到伞鸟或八色鸫时，脑中应该都是一片空白，但它们的名字拥有魔咒般的力量，它们悦耳的声音对他而言，就像森林树冠遮天蔽日的穹顶一样，是一种生动的幻想。

作为大结局，莉玛将阿贝尔引诱到了一个地方。在那里，成百上千只吼猴异口同声地放声大叫，吓得他摔倒在地，以为自己要被"一群脚步敏捷，可怕得无法形容的猎豹"吞噬，"森林中所有的生物都会从它们面前惊慌失措地逃走，否则就会瘫倒在它们逃走的路上。"当阿贝尔发现叫声是猴子的合唱时，他尽可能挽回自尊，抗议说那些吼猴"比能在非洲荒野中唤起回声的强大狮子叫得还要大声"。

为了能让自己的声音被听到，红喉卡拉鹰也不遗余力。肖恩在法属圭亚那抓住它们并为它们绑上记号时，就曾被它们的尖叫刺激到耳鸣。红喉卡拉鹰的学名"Ibycter americanus"也是对其叫声的一种认可。"Ibycter"是克里特语，指的是领唱战歌的士兵。但即便是在吼猴的合唱声渐渐远去之后，我们在昆塔罗脊梁也没有听到过它们的尖叫声。肖恩无助地耸了耸肩。

午后的深绿渐渐褪色成傍晚的青紫。我们发现何塞正在厨房里烤南瓜。他刚刚洗完今天的第三个澡，穿着印有"奥普拉秀"字样的运动衫。他在炉子上放了一锅米，兰博坐在露营椅上凝望着天空。布莱恩宣布，现在是时候出去捕猎我们的晚餐了。于是大家登上小船，去雷瓦河上尝试钓鱼。

"第一条鱼，无论好坏，都会是食人鲳。"在布莱恩划动船桨将我们送入水中时，兰博警告道。他不屑于使用钓鱼竿。看着他把一根线绕在头上，将鱼钩抛向自己想丢的地方，很有乐趣。然后就轮到我们了。肖恩的第一杆划出了一道漂亮的弧线。我的第一杆并不优美，却也令人满意。鱼钩刚刚入水，我就感觉到有什么东西正在用力地咬钩。我顶住那股坚实而稳定的压力，开始怀疑自己是否勾到了一根树枝。就在这时，一条闪亮的黑色食人鲳扑通一声落在了我的大腿上。

它比我想象中还要大，身体呈菱形，长度和宽度大约都有一英尺。而且它非常漂亮，完全不是黑色的，而是呈深蓝灰色，银色的肚皮上透着森林的绿色，眼睛和荒野娘娘腔的一样红。我托住它的身体，好让兰博能够拔出它嘴里的鱼钩。它嘴里的一排排三角形牙齿令人印象深刻，却并不邪恶。轻微的反颌让它看上去像个噘着嘴的拳击手。尽管它显然不是在开玩笑，你却很难认真地把它看作一条食人鱼。

布莱恩表示赞同。“大多数被食人鲳咬到的人都是在船上受伤的。”他说。我把它丢下船，为自己打扰了它感到抱歉。几秒钟后，肖恩感觉有鱼上钩，比我拉得还要用力，脸涨得通红。当他把鱼线卷到头时，发现与自己四目相对的是一条闪闪发光、长着腮须，几乎和他的手臂一样长的鱼。

“虎鲶！”兰博说。

它紫铜色的皮肤上有着迷宫般的黑白条纹，倾斜的脑袋几乎占了身长的三分之一，嘴巴如同一只真空吸嘴，还长着六英寸长的触须。布莱恩解开肖恩的鱼钩，将鲶鱼丢到船上，让它悲哀地躺在那里嘟嘟囔囔，然后用弯刀钝的那一头重重地击打它。几分钟之后，兰博钓上了一条似鲭水狼牙鱼，又称“吸血鬼鱼”。这条鱼跃出水面，像是迫不及待地想要打上一架。它光滑的身体上布满了银蓝色的鳞片，脑袋上顶着一对瞪大的眼睛，满嘴都是长长的牙齿，下颚还探出两颗狗牙般的利齿。它身上的一切都表明，这是一条身手敏捷，会发起无情攻击的鱼。兰博举了它一会儿，一只手抓住它的尾巴，另一只手撑开它的嘴巴。我意识到，这才是钓鱼应有的样子——易如反掌。在十五分钟的时间里，我们就钓到了足够自己吃上两天的食物。布莱恩将船划回岸边，让兰博把鱼递给何塞。吃完鱼，他把吸血鬼鱼的脑袋挂在了河边的一根木桩上。它眼睛上的反光涂层在我们头灯的照射下闪闪发亮。

"这是给卡拉鹰的。"何塞说。

第二天，我们终于进入了森林。早晨天气阴冷，空气中弥漫着浓重的水汽。醒来时，我呼出的气就像云朵一样，笼罩在我的上空。我走进厨房，发现肖恩正在仔细观察手腕上一只一英寸长的黑蚂蚁。

"恐猛蚁，"他将它轻轻放在沙地上，说道，"雌性。蛰起人来可能很痛。"何塞天还没亮就醒了，做了油条让我们沾着杀人蜂的蜂蜜吃。我在手指上滴了一滴蜂蜜，看着三只没有刺的矮壮蜜蜂飞下来畅饮。肖恩饶有兴趣地注视着我。

"这些蜜蜂是吃肉的。"他说。

离开营地之前，兰博又钓了一条吸血鬼鱼，把它留在船上作诱饵。在我仔细端详它那张仿佛是在奸笑的脸时，小船逆流而上，来到了一棵倒伏的大树构成的斜坡。这里就是森林的入口。

"这就是通往卡拉鹰工厂的路了。"布莱恩用弯刀把一片藤蔓植物推到一边。我们跟在他的身后钻进阴暗的树丛，却遍寻不到《绿厦》中那片空气流通的乐土。昨夜的雨水让每一处平面都变得十分光滑，一层及踝深的腐烂树叶散发着秋天的气味。何塞落在了我们后面，兰博和布莱恩在我们前面循着一条"路线"稳步前进——路上仿佛散落着被砍断的树枝和残缺不全的树皮，说明有人曾经从这里走过。这条穿越森林的路线十分曲折，频繁的兜转令布莱恩都两次迷路。我开始感到不安。我们既没有指南针，也没有地图，而且我是听着有人会在阿巴拉契亚山道上迷路丧命的故事长大的。

"这条路线的开拓者是一个真正的丛林印第安人，"在我们第三次折返时，布莱恩说，"他是用全球定位系统来开路的。"他用食指敲了敲自己的太阳穴。"不过他的全球定位系统在这里。"

不管有没有路线，布莱恩看上去都从容不迫。看着他迈开大步在丛林中穿行，我对致命毒蛇和巨型蜘蛛的恐惧有所缓解。他看似随意却十分精准地劈砍着灌木丛，削掉树苗的树冠，指出有用的植物：这种藤蔓植物的汁液能够将鱼迷昏，那种树薄薄的树皮非常适合做卷烟纸。在分辨较为高大的树木时，他会用弯刀削下一片树皮闻一闻，有一次还给过我一片新月形的浅绿色木头。这块木头带有浓烈的香气，让我想起了某一任前女友。听到我这么说，布莱恩第一次也是唯一一次笑了。

宁静的空气中还汇聚着植物呼出的气体或动物留下的其他气味。我希望哈德逊能来这里，满足他"对气味的渴望"。某些气味熟悉得难以形容——海鸟粪、木兰，甚至是槭糖浆的气味，但我不知道自己错过了什么，因为和大多数哺乳动物相比，我们的嗅觉很弱。许多森林动物更多地要依赖鼻子而非眼睛，这是有原因的：化学的世界永不休眠，但视觉的世界变化无常。到了中午，一棵棵树苗和低矮的棕榈树就会萎蔫，形成一片华丽而神秘的平面，就像亨利·卢梭笔下扭曲的棕榈树和躲藏着的豹子。我们沉默不语地走在有节奏地甩动着弯刀的布莱恩身后。这条路线带我们经过了一个很圆的坑，一棵棕榈树正在里面腐烂。我们还噗嗤噗嗤地踩过了一片山谷，里面睡着一群领西猯。这种猪一样的毛茸生物整天都在用鼻子拱土觅食，寻找真菌类植物、块茎、蠕虫和青蛙。它们的身体压出的椭圆坑里，铺满了由蝙蝠授粉的植物卷曲的绿色花瓣。由于遍寻不到卡拉鹰的踪影，我正要建议大家掉头，突然头顶响起了响亮粗暴的咯咯声，紧接着是一连串夹着嗓子的约德尔腔，仿佛一扇生锈的门正在风中摇摆。透过起雾的镜片，我看到一只黑色的大鸟盘踞在高枝上的剪影。它转过头时，我在它的喉咙上看到了一抹红色。

"斯比克斯冠雉！"兰博喊道。

我大失所望，不过他是对的。冠雉是一种罕见的南美洲飞禽，长着出奇花哨的脑袋——其中一个罕见品种甚至长着一只红色的独角，像是大鹅与独角兽的杂交。这只冠雉想让我们知道它的家不欢迎我们，于是它不断发出刺耳的警报，直到我们远离它的视线。

肖恩起初非常安静，但森林似乎为他注入了活力。一个小时之后，我们愉快地展开了一场单方面的深入谈话。他提到自己曾把一对没了父母的乌鸦带去海上（它们很喜欢），提到蜜蜂蜂毒的化学成分与性能（大多数人被蜇上一百五十次就会没命），还提到散落在森林地面上的粉色无花果含有一种强力的迷幻剂。但最令他感到兴奋的，是在路上碰到一队突袭行军蚁。它们看上去密密麻麻，如同一条不断抖动的橙红色溪流。这些蚂蚁就像是摄入了过量的咖啡因，急切地跟随着领队的姐妹们留下的气味踪迹。

"钩齿游蚁，"肖恩俯下身仔细观察并说道，"如果你是一只黄蜂，这些家伙会给你的生存造成很大的困扰。"蚂蚁有序的队列令人着迷。在我们的注视下，它们击垮了一群体形较小、在地面筑巢的蚂蚁，得意洋洋地抓走了它们的幼虫。在大部队向前推进的同时，与之齐头并进的工蚁们将战利品背回了它们的营地——一座用它们自己活生生的身体搭建起来的堡垒。蚁后和成千上万只饥饿的幼虫正在那里等待喂食。在队伍两边巡逻的兵蚁，体形是其他姐妹的两倍，长着出奇肿胀的脑袋和长长的上颚。但肖恩表示，大部分侦查、觅食和保卫工作都是体形较小的工蚁完成的。在我学习的过程中，几只工蚁爬进我的鞋里咬了我。那种感觉与其说是疼痛，不如说是惊讶，但它们是故意要咬我的，于是我退了回去。

很少有动物愿意费心抵御蚂蚁大军，它们也就不会成为任何动物的盘中餐。和黄蜂一样，每一个军蚁品种都拥有自己的文化和偏爱的饮食。自从侏罗纪时期以来，它们就一直威胁着热带森林的居民。在现实生活中，它们就像哈德逊虚构的"猎豹"一样令人恐惧。不管什么体形的动物看到（或闻到）它们的到来，都会丢下手中的一切，逃之夭夭。惊慌失措地逃避蚂蚁的蜘蛛、蝎子、蟑螂、蜈蚣和蜥蜴，反而为专门捕食这些难民的食肉鸣禽提供了一场盛宴。这和哈德逊在潘帕斯草原上看到叫隼在野火中追捕被烧得半焦的啮齿类难民，是一样的场景。

又过了一个小时，我们停下来休息，等待何塞。不过毫无疑问，这里根本就找不到一处平地能够让人舒服地靠着，像阿贝尔那样仰面躺下凝望天空。兰博懒洋洋地用弯刀修整着我们身边的树林，肖恩则在仔细观察一只近三英尺宽、坚韧如皮革的蘑菇。我的耳朵里充满了蚊子的哀鸣和远处的三色伞鸟刺耳的低吼。三色伞鸟是世界上最奇怪的鸟类之一，没有羽毛的蓝色脑袋周围环绕着一圈橙色的颈毛。听到它们的叫声就像是在海上听到鲸的声音：光是知道它们在那儿，就已经令人激动不已了。

我们正准备重新出发时，何塞一脸沉思地迈着步子出现了。他停下来用一块树皮给自己的背包做了一条新的背带。我们的头顶上又响起了另外一只冠雉的叫声。前方某个地方传来了尖细的齐声回应，紧接着越来越弱。我过了一会儿才意识到，那个声音和我们昨天在肖恩的喇叭里听到的一样。

"快走。"他边说边拉开背包的拉链。

这次跑起来的是布莱恩。他像只潜入河中的美洲蛇鸟，消失在灌木丛中。我与何塞、兰博还在犹豫不前，肖恩则在以最大的音量播放着他的录音。那只卡拉鹰又叫了一声，但声音来自更远的地方。肖恩看上去有些泄气。"如果它们发出两组叫声，之后就不会有下文了，"他说，"它们可能就是坐在那里整理羽毛。"在我们等待布莱恩回来的过程中，他仔细扫视着树冠。漫长的几分钟过后，我们放弃了那条路线，由兰博带路。彼此纠缠的藤蔓植物和小树苗越来越密。一群尖叫的伞鸟出现在我们头顶，小小的身体与嘹亮有力的叫声相比，简直是相形见绌。离开它们，我们再度听到了卡拉鹰的叫声，这次更近了，然后是三声刺耳的轰鸣。

"搞什么鬼？"肖恩低声问道。

我也有同样的想法：那是霰弹枪的声音。我们在河边没有看到其他任何人，但我们在这里遇到的任何人看到我们可能都不会高兴。对于那些从巴西北部向加勒比海偷运违禁品的人来说，雷瓦地区是一条艰难却貌似可行的路线。看到何塞与兰博的样子，我十分不安。他们僵住了，眯起眼睛凝视着声音传来的方向。但另外三声轰响让他们放松了下来：那是布莱恩在敲击树根。几分钟之后，我们在一棵巨大的无花果树下找到了看上去泰然自若的他。他表示，卡拉鹰就在这里，但看到他就尖叫着飞走了。

"荒野娘娘腔逃跑了。"他声称。

一个小时之后，我们钻出树林，沐浴在河岸边温暖的阳光里，身边是一棵三叶橡胶树。树上还留着一个世纪前的橡胶贸易时代留下的划痕。能够看到辽阔的天空是个可喜的变化，但我还是无法摆脱有人在跟踪我们的感觉。兰博放在船上的吸血鬼鱼不见了。那个潜在的小偷一直在昆塔罗脊梁等待着我们。何塞的预言应验了：一只黑卡拉鹰正落在吸血鬼鱼惨白的鱼头上，大口撕扯着鱼肉。我们靠近时，它抬起头紧盯着我们，脸上带着地球上所有的卡拉鹰都会有的质疑却又饶有兴致的表情，然后它继续享用晚餐，还不时抬起头看着我们尖叫。

"有些人高兴的时候就会这样尖叫，"何塞表示，"有些人则是在哭泣的时候。"

我不禁喜欢上了这只大胆的小食腐动物。它"V"形的发尖上长着黑色的羽毛，看上去很像"亚当斯一家"会养的那种宠物。一对燕子朝它的脑袋扑来，逼迫它摇摇晃晃地躲开了。我几乎为它感到难过。要是换作其他情况，卡拉鹰可能会反过来夺取它们的鸟蛋或雏鸟。但今天，它的注意力完全被脚下的长牙怪物吸引了。它晃晃悠悠地坐下来，怒视着欺负它的家伙，然后带着愤怒的叫声飞走了。

兰博把船拖上了岸。我们爬上河岸，发现何塞的厨房已经被秃鹫洗劫一空。它们吃掉了剩下的粥，将几袋茶叶打翻在地，还踢翻了椅子。我并不感到惊讶。和受到威胁的非洲秃鹫不同，黑秃鹫已经将自己的命运和人类的命运联系在了一起。美国各地的路边、农场和垃圾场里越来越常见到它们的身影。尽管我们远离垃圾填埋场，但道理是一样的：有人的地方就有食物。

黑卡拉鹰对我们似乎就没有那么笃定了。它没有秃鹫的体型和力量，但自有它的魅力。第二天一早，我们拔营时，它又来看我们了，用尖细刺耳的叫声宣布着自己的到来。

"我猜它想要更多的鱼。"肖恩说。何塞迎合它，用鱼头和罐装玉米在岸边为它摆上了一份自助大餐。卡拉鹰落下来，啄了几口就飞走了，回来时身后还跟着几个同伴。在我们的船离开时，三只鸟还在大餐周围踱步，不时偷偷摸摸地尖叫着吃上几口，兴奋之情和艾薇塔玩绳子时一样。吸血鬼鱼的头骨就像战利品，在它们头上荡来荡去。

在昆塔罗脊梁的上方，雷瓦河变得越来越窄、越来越黑，周围的动物也变得更加多样。金刚鹦鹉和凯门鳄的数量有所增加，沙地上的脚印也多了起来，甚至还有美洲豹留下的深深的圆形足迹。一只挺着亮红色胸脯的长尾蜂鸟，在我们附近的一处野生番石榴灌木丛中嗡嗡直叫。兰博松开油门，惊得一只水豚从河里爬了出来。它站在河岸上，用水汪汪的大眼睛注视着我们经过，平和的表情却被颤抖的后腿出卖了。

靠近标志着雷瓦河下游终点的瀑布时，我们停了下来，欣赏我见过最令人难以置信的动物建筑奇观：红腰酋长鹂在树上编织的垂挂形鸟巢。我们以前也见过酋长鹂的"空中村庄"，但这些鸟巢聚集在一个大约五英尺长的奇特圆柱体周围，如同粮仓四周的茅草屋。圆柱体呈红褐色，看上去非常圆，像是人造的。

肖恩警告兰博不要靠得太近。"那是一种非常好斗的群居黄蜂。"他说道。趁他拍照的工夫，我欣赏着黄蜂城堡纸一般的墙壁，上面有着肉桂色、红褐色和栗褐色的交替条纹，布满了成千上万只黑色的小黄蜂——这是一支随时准备迎击一切敌人的大军。你很难相信如此娇小的生物竟能建造出此等规模的完美建筑，也很难相信这样的建筑能够支撑自身的重量，不掉进河里。

"看看左边的树干，"肖恩说，"看到那个看起来像钟乳石一样的东西了吗？"黄蜂和酋长鹂的巢穴下是一块肿瘤一样的肿块，和树皮一样呈灰色，约两英尺长。"那是阿兹特克蚁的巢穴，"他接着说，"里面有数百万只蚂蚁。黄蜂可能是故意和它们混住在一起的。"

我们漂到了距离这座"空中城市"很近的地方，近到足以引起黄蜂的注意。它们紧紧抱住自己的巢穴，仿佛感觉到我们不是什么威胁。毫无疑问，我们并不是它们最害怕的敌人。军蚁会以黄蜂的幼虫为食。因此，黄蜂总是生活在对军蚁的恐惧中，以至于一只军蚁中的工蚁的气味就能让它们弃巢而逃。将堡垒修筑在树上比修建在地下更安全，因为军蚁在地下更容易闻到它们的气味。不过军蚁也会爬树，我们在森林里见到的钩齿游蚁就经常掠夺树冠中的黄蜂蜂巢。

肖恩解释称，这个时候阿兹特克蚁就派上用场了。它们只有军蚁体形的十分之一，但在战斗中可以派出一波波敢死队击败军蚁，压制对方，将腹部肛门排出的腐蚀性化学物质喷洒在它们身上。军蚁也可以通过持久战的方式战胜聚居的阿兹特克蚁，但它们很少会去打扰需要花费过多精力才能征服的猎物，毕竟比较容易得手的受害者还有很多。因此军蚁通常不会去侵犯阿兹特克蚁的巢穴。对黄蜂来说，生活在这种凶悍小蚂蚁上方的好处显而易见：它们能保护自己不受来自地面的攻击。反过来，黄蜂会以空中掩护作为回报，驱赶食蚁兽和啄木鸟之类会把阿兹特克蚁的巢穴当作美味点心的捕食者。它们还会为酋长鹂工作，抵御蛇和会把食肉幼虫放入鸟巢的寄生蝇。

不过，黄蜂能否从鸟类的身上获得任何好处还是个谜。但肖恩有个理论：酋长鹂也许能够抵挡荒野娘娘腔。大部分热带黄蜂都能巧妙地隐藏巢穴，躲避窥视的眼睛。它们这么做肯定不是为了避开军蚁，因为后者几乎是看不见的。根据肖恩的计算，他在努里格跟踪的那群红喉卡拉鹰每天至少要吃掉七十五个黄蜂蜂巢，比一个军蚁群一天内能吃的多得多。黄蜂很有可能是在隐藏自己的巢穴，瞒骗雨林中这些"超级英雄"，让自己免遭谋杀。

生活在这些显眼的吊筒仓里的群居黄蜂，似乎选择了一项共同防御协议。如果你想让一只鸟保护自己免受卡拉鹰的伤害，酋长鹂是个不错的选择，它们可以联手赶走其他鸟类，它们的存在也许能够保护黄蜂免受空袭。在这座由蚂蚁、黄蜂和鸟类组成的"空中城市"里，我们很容易推断出宽容的价值、合作的需要，甚至是文明的起源等。不过，这一切背后最重要的事情非常简单：对看似不可能的盟友来说，和平共处胜过了其他的选择。肖恩凑到我的耳边。

"卡拉鹰可能知道这个巢穴就在这里，"他说，"我不认为它们错过了什么。"恰好在这个时候，船行驶到了河流的下一个转弯处，一只卡拉鹰从它栖息的木头上飞到了我们的头顶上空。

"是荒野娘娘腔！"肖恩大吼了一声。

兰博关掉马达，由何塞划动船桨，将我们送至岸边。我看到一对宽阔的翅膀和长尾的形状，在蓝天的映衬下呈现一片漆黑。它落在一个凸出的物体上，朝着我们转过头，用一双红色的眼睛凶悍地盯着我们。又有四只红喉卡拉鹰从森林里跳出来，与它会合了。五只卡拉鹰开始放声大叫，异口同声地发出单调的咔咔声和尖利的咔鸣声，紧接着还跳起舞来——举起一只翅膀，然后是另一只翅膀，还抬起头展示着自己深红色的喉咙和白色的肚皮，同时伸长了脖子。这是一种令人望而生畏的武力展示，就像波利尼西亚的战舞，展现了自豪、力量和对敌人的极端蔑视。

肖恩掏出扬声器，开始播放录音。"让我们看看它们会怎么想。"他说道。听到努里格卡拉鹰的叫声，这几只卡拉鹰停止表演，陷入了沉默，带着明显的恶意怒视着我们——"再说一遍，我打赌你不敢。"但它们似乎并不确定该如何回应。我不知道自己是否应该准备躲避。

"这里有水蟒吗？"肖恩问。

"我觉得没有。"何塞说。

"那好。"肖恩说罢就从船上跳了下去，把相机举过头顶。

那些还在踌躇的红喉卡拉鹰吓了一跳，开始齐声大喊，发出了我们曾在森林里听过的那种松鸡般的遥远呼号。"这是宣誓领土的叫声！"肖恩站在齐腰深的水里吼道。三只猩红色的金刚鹦鹉加入了红喉卡拉鹰的合唱，发出比较嘶哑的尖叫。我可能永远都不会把如此混乱的场面称为"鸟鸣"。肖恩也加入其中，痛苦地尖叫起来：蜇人的蚂蚁从头顶悬着的树枝上跳上了他的后背。

"该死的牛角刺槐蚁！"他发出嘘声，拍打着后脖颈，却依旧努力摆弄着长焦镜头，"别咬我了，我命令你！"一只看不见的鱼也咬了他一口，疼得他再次大叫起来。何塞回头看了看我，兴高采烈地咬了咬食指。

"肖恩，"他喊道，"小心，不然食人鲳会咬掉你的生殖器！"

第三轮合唱过后，卡拉鹰似乎确定了行动路线。其中四只一起飞落下来，另一只跟在后面，像是在盯着我们。肖恩把相机递给我，爬回船上检查胳膊和腿上是否还有迷路的蚂蚁，他的脸上因为日晒、内啡肽和喜悦，透着一抹粉红。

"这就是你想要的吗？"他问。

我告诉他，自己从没被动物如此彻底地嘲笑过。红喉卡拉鹰的表现和条纹卡拉鹰一样强烈，却没有蒂娜或艾薇塔那种坦率的好奇心。相反，它们似乎多了怀疑、好斗和团队凝聚力，显然想让我们知道，这里是它们的地盘。远处的河流上游又传来了宣誓领土的合唱——也许来自我们刚刚见过的同一群鸟，但也有可能是竞争对手在警告它们不要进入自己的地盘。

何塞对这个看法表示了赞同。"在日落之前，我们即将开战！"他宣布，并把我们的船从浅滩推进了河里。兰博将船头转向了雷瓦河上游的瀑布，还有卡拉鹰世界更深层的秘密。

"你们正在收听的是荒野娘娘腔的频道，"肖恩压低嗓门说道，"尽享尖叫，一刻不停。"

# 瀑布之上

    一只一岁的黑卡拉鹰幼鸟，长着暗淡的羽毛和浅黄色的脸，躲在成排的树枝背后偷偷看着何塞。他正将一条条剥好皮的鲶鱼挂在熊熊的篝火飘散的青烟中。那只卡拉鹰站在栖木上向前探着身子，摇晃着脑袋，重心在两脚之间来回移动。我不知道它如何理解这些色彩鲜艳的吊床、蓝色的炊具桶，还有我们没有尾巴、只能在陆地上移动的身体。和两百年前在福克兰群岛上看到查尔斯·巴纳德及其同伴涉水上岸的条纹卡拉鹰一样，这只黑卡拉鹰似乎也陷入了同样的疑问：这些生物是什么？他们能给我什么？

正午的天空晴朗无云，清晨的金刚鹦鹉与犀鸟大合唱，已被昆虫的低语和雷瓦河上游的呼啸风声所代替。我们扎营的地方位于河流急转弯内的一片狭长半岛。布莱恩把这里称为"荆棘岛"，因为他曾在这里从一个朋友的脚上拔出过一根棕榈树的刺毛。我一直在和肖恩谈论他对红喉卡拉鹰的研究，何塞偶尔还会插上几句题外话。肖恩总是很乐意放任思绪天马行空，从进化论的细节，到学术就业市场的（严峻）形势，再到地球是否还有第二个小卫星（有可能）。有一次，他滔滔不绝地讲起了自己在努里格被蚂蚁咬到感染，然后突然问我喜不喜欢"橡树岭男孩"组合，紧接着高声唱起了《宝贝当你心碎时》。此时此刻，他正穿着短裤和T恤衫站在河岸上，硬着头皮走进那条充满令人不安的生物的河流，准备洗澡。

"卡拉鹰能这样攻击黄蜂，它们都是战士，"何塞用一根棍子挑了挑篝火，若有所思地说，"这可不简单。它的皮肤里肯定有什么臭烘烘的东西。"

"证据证明你是错的。"河水已经浸没了肖恩的胸口。

"是的，"何塞表示赞同，"但我还是不相信。"

"这样的话，"肖恩表示，"就要靠你来证明了。"他把头埋进水里，用洗碗皂在头皮上蹭了蹭，然后脱下T恤衫拧了拧。"滚开，食人鲳，"他嘟囔着，"滚开。"

何塞似乎陷入了沉思。"我觉得你必须杀掉一只卡拉鹰，"他说，"然后拿它的皮在你身上抹一抹，再试着抓几只黄蜂。

但我是不会自告奋勇这么做的。"

肖恩毫发无伤地从河里爬了出来。布莱恩走上去，手里拿着一根钓线和一勺鱼饵。不到一分钟的工夫，他就钓上来一条肥大的黑色食人鲳，操起弯刀，两刀就砍掉了它的脑袋。"有时候它的头还是会咬人。"他提醒我们。这话说完没多久，一只凯门鳄就从肖恩刚刚洗澡的地方浮出了水面。

"上帝啊。"肖恩低声说了一句。

"我们以前常在这个地方的下游喂养一条凯门鳄，"何塞说，"我们给他起名叫米奇。这只也许就是米奇。"

何塞喜欢取笑肖恩对昆虫的喜爱，但他自己对森林里的生物同样充满了兴趣。布莱恩和兰博似乎对最大、最美味或最有用的动物更有兴趣。但何塞好像对什么动物都充满喜爱之情，不管它们是大是小，而且喜欢的就是它们的存在。他很喜欢讲曾有六只凯门鳄幼崽像小鸭子一样跟着他回家的故事。不管是盘踞在树枝上的鲜绿色蟒蛇，还是河流转弯处的芦苇里一窝朝着他张开特大号嘴巴的毛茸燕鸥雏鸟，都能让他兴高采烈。

下午洗澡前，何塞喜欢躺在吊床上写写日志，或是翻阅我那本《拉普拉塔的博物学家》。厚边的眼镜让他看上去很像一位教授——要是换作另一个世界，他说不定就是一位教授了。他经常在岩石和木头下面窥探，希望能够找到一条蛇，但他知道天黑后在森林里四处摸索是非常危险的。一天晚上，肖恩装好相机设备，准备去寻找夜间出没的蜘蛛。何塞意味深长地看了我一眼。"他最好小心，别让蜘蛛爷爷掉下来把他织进网里。"他说。我问他蜘蛛爷爷是什么。

"就是大个的蜘蛛。"他回答。

自从我们离开鲁普努尼河前往雷瓦河，已经过去了三个星期。我们对彼此的害羞也已几乎荡然无存。何塞仍旧睡在自己的临时厨房里。布莱恩和兰博还是会把吊床拴在距离我和肖恩不远的地方。但在围绕着鬼火展开的对话中，我感觉自己已经不再是一个不速之客了。我们会坐下来慢条斯理地聊天，中间时不时穿插一段长时间的沉默。布莱恩、何塞和兰博似乎不愿向我没完没了地提问，我也有同感。但我们都对彼此的生活充满好奇。从我生活了大半生的那片遥远国度传来的消息，只能通过动作电影和道听途说，零星传到他们这里。最近，在村镇图书馆的帮助下，当地人还用上了电子邮件。布莱恩想知道西尔维斯特·史泰龙和罗纳德·里根是否还活着，欧元这种货币还存不存在。他隐约记得自己在圭亚那参军时参加过福克兰群岛战争，却不记得结果如何了。（"我们都凑到地图前问，那个地方在哪儿？"他回忆道。）

何塞的问题通常多与宇宙或地理有关：还有没有其他的星球可供人类居住，或是土壤下面有没有水，抑或是马萨诸塞州的波士顿有多冷，他能不能去那里探望自己的孙女。我有时会怀疑他是不是在跟我开玩笑。这些都是合理的问题，却往往惊人地难回答。当肖恩只理解了问题的表面意思时，何塞也不会流露出忍俊不禁或恼怒的表情。在加入我们的旅途之前，肖恩是教生物学基础的老师。他有时在向我们解释紫外线的性质、蜂毒的化学成分和俄罗斯生物武器的活性成分时，似乎会忘记这里并不是下午的实验室课堂。何塞似乎很喜欢进一步鼓励他，想要看看这个不知疲倦的男人还能透露什么新的信息。

兰博静静地坐在折叠椅上，一言不发地听着我们的对话。当我们把话题转向大型动物，特别是在我兴奋地谈起消失的更新世巨兽时，他会向前探出身子，有些不可思议地看着我。听到肖恩提起海牛和科莫多巨蜥之类仍旧存活的巨兽，他的眼睛亮了，就像布莱恩听到肖恩说自己在努里格有天晚上遇到过一只巨型犰狳时的表情一样。巨型犰狳是南美洲最神秘的动物之一，就连住在那里的人都很少见过它。当时肖恩正在沉思，一只身披装甲、体型近似德国牧羊犬的生物出现在了他头灯的灯光下。它身上的皮肤仿佛一层略带粉色的灰色砾石。他惊奇地注视着它转动有鳞的长脑袋，在空气中嗅了嗅，然后迈开笨拙的脚步钻进了树林，看上去十分坚定，动作不紧不慢。

"我也见过它。"布莱恩表示，而且其实就在附近的一条季节性小溪干涸的河道里。一看到布莱恩，犰狳就使出了它最好的，也是唯一的招数，用巨大的爪子在河岸上挖洞。布莱恩抓住它的尾巴，用力地拖拽。但犰狳一头扎进洞里，踢出了一股泥沙。布莱恩只得放手。"它太强壮了。"他惊叹着摇了摇头，"简直能把我也一起拉进去。"他说，如果我们愿意，他可以带我们去那里看看。如果我们晚上去，也许还能再次看到狍獾。

"它走起路来动静可不小，"何塞补充道，"你们会听到它的声音的。"我忍不住告诉他们，威廉·亨利·哈德逊小时候也曾试图用同样的方法去抓一只毛茸茸的狍獾，在它挖洞逃跑时拽住它的尾巴。一想到"一只比猫大不了多少的动物居然在力量的对决中打败了我"，他写道，他就感觉自己"男孩的自尊心"受到了伤害。但它的确打败了他，消失在了地下，刨出来的土块还溅了他一身。

"是啊，"布莱恩点了点头，"就是这样。"


我们来到雷瓦河上游，向瀑布攀爬已经有一个星期的时间了。这是漫长而疲惫的一天。我们拖着设备，拽着其中一艘船，爬了三座布满车辙印的陡峭斜坡，穿越了两条河流渡口。我帮助布莱恩、何塞和兰博抬着船舷的上缘，肖恩牵着船头，像头公牛一样拉着它前进。虽然我也会用尽力气去推，但作出的贡献顶多是精神上的支持。第二段运输旅程结束后，我瘫坐在一摞防水布上，感觉既尴尬又燥热。休息了一个小时后，布莱恩给了我一个赞许的眼神，然后递给我一杯水。我系好背包，跟跟跄跄地踏上了第三段，也是通往上游瀑布的最后一段旅程。在那里，一片片白色的水花倾泻在闪闪发光的巨型玄武岩上，看起来的确像是通往另一个世界的大门，旁边还配备了守门人：两只苍白、纤长，看起来很原始的鸟。它们正栖息在最高的那块巨石顶部，我从不知道还有这种鸟存在。

"蓝嘴黑顶鹭！"兰博喊道。

透过瀑布下腾起的水雾，这种蓝脸的鹭鸟看上去就像用其他高大鸟类的零部件组装出来的原型，既有牛背鹭的奶白色身体，又有夜鹭的长羽冠。它们沿着蜿蜒的河岸悄悄护送我们逆流而上已经接近一个小时。黄昏时分，我们在一片宽阔的白色沙滩上扎了营。何塞和我把T恤衫挂在月光下。今天是耶稣受难日，月亮在薄云的掩盖下若隐若现，仿佛我们是在混浊的水中抬头瞭望它。有那么一阵子，月亮挣脱了束缚，在沙地上照出了我们的影子，还映出一只张着僵硬翅膀的新月形夜鹰。它正在河上捕捉昆虫。

"记住，伙计，'你本是尘土，仍要归于尘土'。"何塞引用道，"你知道这句话吗？"

我知道，但我已经累得说不出话来，没吃晚饭就走向了吊床。肖恩已经躺下了，正在阅读《委内瑞拉的鸟类》。我听到何塞在收拾锅盘，布莱恩和兰博坐在月光照耀下的沙地里消磨时光。两人有说有笑，一会儿轻声细语，一会儿提高嗓门，天南海北地聊着天。我听着他们的声音，迷迷糊糊地睡着了。

第二天一早，万里无云，四下无声。河上蒙着一层薄雾。我的双腿和后背都酸痛无比，但一想起自己身在何处，和谁在一起，我就感觉肾上腺素激增。这是我最想看的一段河流。早餐过后，我们踏上了一段接下来要走两个星期的旅程：先靠引擎驾驶船只逆流而上几个小时，然后关掉引擎，在只有布莱恩船桨的沙沙声和动物的尖叫声可以打破的宁静中往回漂流。傍晚时分，我们在暮色中顺流而下，在夜色中打开引擎返航。每隔一天，我们就会转移一次营地，慢慢地向雷瓦河的源头推进。

来到瀑布的上方，我们一下子明显感觉自己进入了另一个版本的河流和森林。这里的树比较矮小，又比较紧凑，水位几乎与河岸持平。野生动物也更大胆、品类更丰富。一群巨型水獭目光凶残地从河里探出头，大群的金刚鹦鹉发出刺耳的咯咯叫声。每过几个小时，我们就能听到红喉卡拉鹰尖叫着向对手发出警告，对一窝窝的黄蜂发起围攻。吼猴从最高的树冠上向下张望。成群的松鼠猴争先恐后地抓着较低的树枝和藤蔓飞奔，背上还背着小猴。兰博指了指高处某个突出的东西上吊着的树懒，它始终带着微笑的脸庞面向着太阳。

"陆龟都比它跑得快！"布莱恩肯定地说。

很难相信一条看上去中规中矩的河流，竟能供养这么多的动物。但我必须提醒自己，是我想反了。真正的问题应该是，河流下游的居民为什么看上去没有这么稠密。这与狩猎存在一定关系，但天真的无畏与此也有关联：与斯蒂普尔贾森岛的海象和企鹅一样，雷瓦河上游的动物没有理由躲避我们。我们只不过是另一种动物，碰巧出现在了正有许多事情发生的地方。

人类无法舒舒服服地坐在食物链顶端，这一情形为这里增添了原始的感觉。我们还没有看到过蟒蛇，但它们肯定存在。第一次在河中央看到一个冒着泡的深色物体时，我还以为自己看到了它。但那是一只貘从水里探出头来，仿佛是从史前时期浮出水面一样。它刷子般的鬃毛、紫黑色的皮肤和短短的鼻子，既优雅又怪异。只有当它笨拙地走上河岸，歪向其中一条腿时，我们才看到它的胁腹上有一道长长的白色伤口——伤口非常新鲜，以至于我几乎能够感觉到美洲豹的爪子插了进去。何塞说，那只美洲豹可能就在附近，等待天黑后再次对它发起进攻。想到这两种动物都是从我出生的那片大陆迁来的移民，我感到十分困惑。它们的祖先很早以前就在那里灭绝了。

在两次漂流之间的漫长时光里，我开始明白布莱恩与何塞为何总是看上去有事要做：若是无事可做，森林会让人感到压抑。我们孤独地身处一片偏僻的荒野，却被困在了森林与河流之间的狭长边界上。一种幽居病的感觉悄然而至。我在黎明前醒来，除了抓挠蚊子包和等待天亮之外无所事事。这让我很不耐烦，而这种不耐烦又会让人恼火。令我沮丧的是，我竟然期待世界是一个能让我随意与远方的朋友交谈，从早到晚关注耸人听闻的头条新闻和紧急消息的地方。

世界正随着小船在河上漂过的每一英里距离，在不断后退。我试图接受这段被迫静谧的时光本来的模样：它让我有机会沉浸在动物的交响乐中，听它们向朋友和敌人宣布自己又熬过了一夜。随着纯粹的黑暗逐渐被蓝色和灰色取代，猫头鹰与夜鹰颤抖的口哨声化作了画眉鸟和鹟鹩的歌声、鹦鹉的尖叫声，以及铃鸟、果鸦之类南美特有的物种发出的沙哑口哨声和撞击声。没有哪两次的表演是相同的。一天早上，我花了半个小时聆听一对日鸦的叫喊。这种矮胖却精致的鸟，很像苍鹭与母鸡的杂交品种。它在岸边踱步时步伐丝滑得令人昏昏欲睡，飞翔时则会旋转带有条纹的身体，展开金色的翅羽。它们的歌声既优美又奇特。那是一连串空洞的音符，以四分之一个音调上升，轻快而分散，仿佛是从四面八方传来的。在阳光穿透树冠时，一只我叫不出名字的鸟加入了它们的行列，在同一个八度里唱着渐低的旋律。还有鹟鹩的歌声——悠扬的七音符曲调就像一排小巧的铃铛在奏乐。哈德逊曾把鹟鹩形容为"音乐家"，把它的歌声拿来与莉玛的声音相提并论。和这种相互交织的鸣啭相比，人类的音乐就显得十分原始了。

它们让我想起了哈德逊所有的作品中我最喜欢的场景。那是他早期到访布宜诺斯艾利斯时的一段回忆，和鸟类没有任何关系。对一个在潘帕斯草原上长大的男孩来说，城市令他不知所措。但也有一些美丽的瞬间，深深镌刻在他的脑海中——没有什么能比城市守夜人的合唱更令人着迷的了。"夜幕降临的时候，"他写道，"配着剑，系着黄铜纽扣，一脸凶巴巴的警察，似乎就不再需要保护百姓了。他们在街道上的位置会被一群奇特有趣、浑身恶臭的男人取代。他们大部分都很年迈，多半已是老朽，穿着大大的披风，拄着手杖，手里拿着里面点着油脂蜡烛的沉重铁灯笼。"凌晨时分，哈德逊清醒地躺在床上辗转反侧，聆听着这些老态龙钟的守夜人发出的呼喊。约翰·凯奇要是读到这个段落，应该会非常高兴：

> 叫喊声会从十一点开始。从那时起，窗户下就会传来美妙、冗长、拉长了声调的喊声"Las on—ce han da—do y se—re—no"，意思是"十一点了，平安无事"。但如果乌云密布，那么结束词就会是"nu—bla—do"之类的，视天气而定。大小街道，镇上各处，拉长音调的叫喊声都能飘进我的耳朵，声音千变万化——高亢的，尖锐的，假声的，刺耳的，音色沙哑得如同食腐乌鸦的叫声——既有庄严洪亮的低音，也有凌驾于其他所有声音之上，朝着天空翱翔的一种美妙、圆润且纯净的声音，像管风琴的音色。"

二十年之后，哈德逊唯一一次进入南美荒野时，也被迫在一条小河旁静静地躺了很长一段时间，不过是在与我截然不同的情况之下。虽然他从未见过《绿厦》里的热带森林，但在永远离开阿根廷之前，他雄心勃勃地踏上了一段旅程，打算用一年的时间在巴塔哥尼亚的沙漠中旅居，还打算在那里做一名鸟类收藏家。从潘帕斯草原到火地岛，巴塔哥尼亚寒冷的灌木丛林地和沙石峡谷，沿着南美洲的东海岸向南延伸了大约一千英里。欧洲人认为那里是一个贫瘠荒凉、令人生畏，几乎毫无用处的地方。但对哈德逊这个顶着满头黑色卷发，渴望冒险的年轻男子来说，它们承载着在荒野中独自长途骑行的希望。他写道："生活中没有什么东西能比在博大的寂寥中体验到的解脱、避世和绝对自由更令人愉快的了。这里可能从来没有人来过，至少是没有留下任何人来过的痕迹。"

他一开始以为，给博物馆输送鸟皮也许可以让他维持生计。成年后，他把兴趣都集中在了鸟类身上，会把来自拉普拉塔的鸟皮出售给大英博物馆和美国新成立的史密森学会。这些博物馆几乎没有来自南美洲南部的标本，因为那些地方对鸟类收藏家而言，远不如鸟类资源丰富的热带森林。哈德逊据此推断，这就是他的机遇所在。巴塔哥尼亚可能不适宜居住，但有可能还存在科学上未知的鸟类。他梦想着成为一名博物学家，能够第一个遇到"某种——比如说——和歪脖鸟或穗鹏一样富有魅力，和地球的历史一样悠久，却从未被人命名的鸟类"。

除了这种诱人的可能性之外，他还把目光投向了一种吠兽——达尔文最先描述过的一种美洲鸵。这个品种的鸟比加乌乔人在潘帕斯草原上追逐的"鸵鸟"体型更小，颜色更深。达尔文的美洲鸵很难找到，但如果哈德逊能够弄到一只，他"鸟类收藏家"的名号就有可能一炮而红，从而有可能把这件事当成一份职业。

不过，他的巴塔哥尼亚之旅几乎没有什么事情是按计划进行的。从布宜诺斯艾利斯登上那艘载他南下的老汽船起，他的心中就充满了怀疑。出海的第二天晚上，船就搁浅了，证实了他的怀疑。在惊心动魄的几个小时中，就连八十岁的船长都以为一切已经彻底完蛋，太阳的升起却让他们发现自己搁浅的位置正是巴塔哥尼亚的海岸。救援可能要等待数日或是好几个礼拜才能到来。哈德逊和另外三人不愿坐以待毙，决定涉水上岸，步行前往最近的聚居地。船长向他们保证，聚居地已经近在咫尺。几人顺着一条模糊的小路，在干草和荆棘丛中走了两天，除了两只烤犰狳和一把鸟蛋之外，没有任何食物。

就在哈德逊开始以为他们迷路了时，地平线上出现了一团"尘卷风"。原来是一个人赶着一群马经过。他略感惊讶地与哈德逊及其同伴打了招呼，并主动提出带他们去附近一座名为拉梅尔塞的镇子。众人骑上没有马鞍的马，跟着他走完了最后一英里的路，途中穿过了一片长着羽毛状树叶的金合欢树林，在一座峭壁上停了下来。从那里俯瞰过去，眼前豁然出现了一片令人惊讶的景观——被称为内格罗河的大漠长河。

"从来没有哪条河能比它看上去更美。"哈德逊回忆说，"比威斯敏斯特的泰晤士河还宽，向两边蔓延开来，直到消失在蓝色的地平线上，低矮的河岸围绕在树丛、果园、葡萄园和成片熟了的玉米地周围，为它们披上光晕。"


遥远的地方，在湍急的蓝色水流中，漂浮着一群黑颈天鹅，白色的羽毛如同阳光下的泡沫在闪闪发光；与此同时，就在我们脚下……是我们的向导用茅草盖起来的农舍。炊烟平静地从厨房的烟囱里袅袅升起。

农舍四周的樱桃果园里硕果累累，"如同深绿色的树叶中有燃烧的煤块在闪闪发亮"。那一晚，哈德逊饱餐一顿，为自己的大冒险终于要拉开帷幕感到高兴。两个星期后，他出发前往荒野，和一个想去河流上游探望朋友的年轻英国男子一起朝着西北方骑行。几天的时间里，他们一直沿着闪闪发光的内格罗河前进。滚滚的河水来自遥远的安第斯山脉降雪。哈德逊惊讶地发现，这条河的名字不准确，因为它不是黑色的，而是浓重的蓝绿色——与沙漠的暗棕色、黄色和灰色形成了鲜明的对比。

半路上，他们在一间小屋停了下来，那是英国人在一片毫无希望的土地上修建的住宅。与其说它是住所，不如说它是一座菜园：一间天花板很低的屋子里，装满了足以"让一小群人与荒野对抗，建造一座未来城市"的农具。哈德逊注意到，他的同伴对屋里储存的这些工具，而不是可以用它们去耕种的这片土地更感兴趣，因而对这位朋友的喜好有些担心。"要想让他高兴，你就告诉他，你弄坏了什么用铁或铜做成的东西——扳机、手表或者任何复杂的东西都行。"他写道。

他的眼睛亮了，摩拳擦掌、迫不及待想在新病人的身上试试自己的手术技巧。他准备给自己的这些木头、金属朋友两三天的时间，磨磨凿子、让锯子扮演牙医。

他还会将它们一一摊开，清点一遍，亲切地抚摸它们，就像饲养员抚摸他养的野兽，还要给它们喂食、涂油，让它们闪闪发光，看上去令人心情愉悦。

在英国人摆弄凿子和锯子时，哈德逊就会去外面寻找鸟类，却只看到一幅晒焦了的荒凉景象。清凉的绿色河水仿佛是在嘲笑周围贫瘠的山谷。河岸边的黄色芦苇已经枯死。"枯死的还有粗糙的淡黄色草丛，"哈德逊回忆称，"下面的泥土如同灰烬般惨白，到处都是裂缝。"看到同伴终于开始打包离开的行李，他松了一口气。就在两人坐在小屋的地板上，聊着旅程结束时他们能够享用的美餐时，哈德逊捡起英国人的左轮手枪仔细观察起来。

他刚开始告诉我，这把左轮手枪有着自己独有的特征和特性，其中之一就是，只要扣上扳机，哪怕是最轻的触碰甚至是空气的振动，都有可能导致它射出子弹——他刚把这件事情告诉我，这把枪就发出了恐怖的巨响，将一颗圆锥形的子弹射入了我的左膝，就在膝盖骨下一英寸左右的地方。

刚开始，他还不觉得很痛，就像是"膝盖上挨了一拳"，但伤口已经开始流血。哈德逊很快发现，自己已经无法站立或行走了。现在的问题是，他能否活过今晚。他躺在地板上，盖着雨披，一条腿缠着沾满鲜血的手帕。英国人出去求救了。在这间无声又无窗的小屋，哈德逊感觉自己仿佛已经被埋进了土里，无法思考也无法入睡。起初他只能听到血涌上脑门时的微弱嘶嘶声，但接近午夜时，另一个声音让他怀疑自己并不是孤身一人。"它就在小屋里，离我很近。"他写道，"起初，我觉得那很像是一根绳子被慢慢拖过黏土地面发出的声音。我点燃一根蜡火柴，但那个声音戛然而止。我什么也没有看见。"

一切又归于宁静。几个小时过去了，哈德逊终于听到了自己熟悉的声响：一只捕蝇鸟栖息在柳树上时发出的尖细且单调的吱吱声；然后是燕子"梦幻的、轻柔起伏的、带着喉音的啁啾"；紧接着是芦苇丛中的红嘴雀和麻雀喋喋不休，大发牢骚的叫声；最后是叫隼每日巡逻，搜索弱者和伤者时发出的"悠长、从容如歌唱般的呼喊"。他知道，叫隼的声音意味着"东方的早晨是美丽的"。渐渐地，房间里恢复了一丝光亮。英国人也回来了，他找来一个农夫，准备用牛车把他运回拉梅尔塞。

英国人高兴地发现，哈德逊还活着，而且头脑清醒，于是去烧水泡茶。但就在他弯腰搀扶哈德逊站起来时，昨晚那个神秘的声响露出了它的真面目：一条巨大的有毒具窝蝮蛇在哈德逊的雨披下爬来爬去，钻进了墙上的一个洞里。它整晚都睡在他的身旁。哈德逊吃了一惊，却并没有感到害怕。后来他承认，自己曾暗自高兴朋友的双臂正忙着搀扶他站起来，没有机会用锯子或锤子去攻击那条蛇。

　　接下来的两天时间里，牛车都在尘土飞扬的炎热道路上颠簸。哈德逊躺在车后，面朝蓝天，沉浸在痛苦和精神错乱的状态中，反复思索着自己破灭的希望。接下来的几个月里，没有美洲鸵，没有穿越沙漠的独自骑行，没有未知的鸟类——只有在南美传教士协会总部的病床上度过的炎热而又寂静的一个又一个钟头。医生每周都会来看他一次，检查他的伤口，却并没有发现子弹。在他们接近拉梅尔塞的那天清晨，他曾感到意外的平静。随着星星逐渐消失，燕子"在宁静、昏暗的天空中绕着大圈飞了起来"，清脆的颤音和口哨声令他安慰。

　　在教会度过的漫长日夜中，这种平静的感觉总是来来去去。哈德逊除了静静地躺着，没有任何事情可做，除了一团"永远都在空中跳着复杂舞蹈"的家蝇之外，也没有任何人陪伴。他不得不探索一片新的荒野：他头脑中的荒野。他本想研究一下鸟类迁徙的奥秘——它们是怎样迁徙的，受到了什么样的驱动力，又要去向何方——但这并不能占据一天中的每一分钟时间。在与日俱增的绝望情绪中，他开始筛选自己从小就日思夜想的那些"地球上并不太难的小谜团"，但什么也无法吸引他的注意力。过了一段时间，他开始拉开一段距离看待自己的思想，就像看待盘旋在他头顶的苍蝇一样。他后来写道，它们是"像精灵一样在空中飞来飞去的东西。一开始是抽象的，然后就像蛆虫会长为成虫，它们也会发展出实体"：

当它们跳起令人眼花缭乱的舞蹈时，我总是在它们中间飞来飞去。它们转圈、起落，摆出一动不动的姿势，然后突然向我猛冲过来，当着我的面嘲笑我抓住它们的能力，再突然掉头离开。困惑的我退出了游戏，像只疲惫的苍蝇回到了自己栖息的地方。但我很快又会像只休息好的、烦躁的苍蝇，再次转向它们，也许是为了看到它们全都以密集队形盘旋在空中，描绘新的神奇图形，而且动作更加敏捷。它们的形状会变成纤细的黑线，向四面八方交叉，再交叉，仿佛全都凝结在空中，写出一连串奇怪的字符。

这段经历对哈德逊而言既新鲜又沮丧，但他别无选择。他只能任思绪随意流淌，不费力气、不加鉴别地将它们记录下来。这样做的结果令人好奇：虽然他的肌肉在教会的病床上日渐虚弱，但离开时却感觉自己莫名变得强大了。他没有什么重大的启示或发现。（"我什么也没抓住，"他承认，"什么也没找到。"）但他心里的什么地方却实实在在地被打破重建了；无数个无所事事的日子让他重新对自己一心一意就想捕鸟的念头进行了反思。"把某一类东西看得太清楚，就会让其他的东西显得遥远、模糊、毫无意义。"他反思道。

当他终于瘦削憔悴、一瘸一拐地出现在拉梅尔塞的街道上时，这个世界似乎稍微变了模样，细节和特点都变得更加丰富了。"我们醒着的生活有时就像一场梦。"他写道，"梦境的进展一直合情合理，直到某种外部或内部的刺激带来的新感觉令它陷入了暂时的混乱，或是打断了它的进度。在这之后，生活重新继续时就有了新的人物、新的感情和新的动机，你的观点也会有所改变。"

重获自由后的最初几天，哈德逊已经失去了昔日的某种渴望——对更加广阔的世界发生了什么新鲜事难以抑制的渴望。当他第一次重新见到报纸时，抓起它的动作"是机械的，就像一只猫即便不饿也会扑向从它的路径上跑过的老鼠"。浏览专栏时，他感觉提不起兴趣。对"俄国雄心勃勃的计划，'大城门'的态度，议会开会或解散"，等等，他已经不再兴趣盎然。他把自己比作一个放弃了酒瓶的酒鬼，认为"对政治的热情，对新事物的永恒渴望，终究不过是一种狂热的做作……当它再也无法迎合一个人时，很快就会被抛弃"。

没有了这种渴望，他的思想就腾出了一片新的空间。他在内格罗河的河谷中看过、摸过、闻过的东西逐渐填满了这个空间。他依旧热爱鸟类。镇上的紫燕飞去北方的热带过冬了，他会为失去它感到悲伤。而且他从未像现在这样，对住在河边的男男女女的生活产生如此浓厚的兴趣。要知道，他以前一直渴望离开他们，向荒野进发。"我对村镇的历史、家庭生活，以及与我共同生活的人们简单的快乐、关心的事物和经历的挣扎很感兴趣，这是多么新鲜且有人情味啊。"

殖民地的居民在山谷里过着不受时间影响的生活，与世隔绝，一想到要去离开内格罗河视线的地方待上几个小时，就会充满恐惧。哈德逊"忍不住笑了一下"。他承认:"这条河在所有人的心目中占据了十分重要的位置。"但在河岸边待了几个月之后,他对自己曾经的蔑视感到后悔不已,觉得他"是在拿某种神圣的东西开玩笑"。对定居者来说,这条河就是生命本身。一天下午,在拉梅尔塞,就在他小口喝着马黛茶,和一个大家族的成员聊天时,一个小男孩问他住在哪里:

我说,我的家在布宜诺斯艾利斯的潘帕斯草原,巴塔哥尼亚的遥远北方。
"那里是不是在河边,"他问,"就在河岸上,和这座房子一样?"

哈德逊解释说,不是的,潘帕斯草原上没有河,他可以骑马朝着自己想去的任何一个方向穿越平原——男孩嘲笑他。"这就好像我在告诉他,我住在一棵直冲云霄的树上,"哈德逊写道,"或是在海底,或是一些不可能的事情。"定居者之所以会被束缚在河边,不仅仅是因为水,也因为恐惧:在沙漠中穿行有遇到饥饿的美洲狮,甚至美洲豹的风险。但殖民地居民最害怕的是遇到最近才被他们逐出河谷的美洲印第安人。"尽管地平线上阳光照耀,但这永远是笼罩在他们身上的一片乌云。"哈德逊写道。防御要塞随时都有可能突然响起炮弹的爆炸声,预示着一支突袭的队伍正在靠近。

美洲印第安人有足够的理由感到不高兴。从罗萨斯将军的时代起，阿根廷的军事领导人就一直在对土著居民发起残酷无情的战争。哈德逊家族这样的欧洲殖民地居民带来的牲畜，不断迫使被美洲印第安人当作食物和衣物来源的野生动物流离失所。作为报复，他们会突袭殖民聚居地和军队哨所。阿根廷政府在宽阔的草原上挖掘了一条两百多英里长的战壕，以抵御美洲印第安人。竞争对手智利政府从中看到了机会，鼓励巴塔哥尼亚北部的马普切人去偷盗阿根廷的牛。当战壕无法抵御马普切人时，阿根廷派出军队，对他们展开了屠杀，声称自己的士兵是在为文明而战。阿根廷的战争部长（后来的总统）胡利奥·阿根蒂诺·罗卡冷漠地宣称："作为一个刚强的民族，我们的自尊迫使我们以法律、进步和我们自身安全的名义镇压……这群野蛮人。他们破坏了我们的财富，阻止我们明确占有共和国最富有、最肥沃的土地。"成千上万的男人、女人和儿童，在这场被奉为阿根廷神话的"荒漠征服"中惨遭屠戮或沦为奴隶，与美国军队在美国西部针对美国土著居民发动的战争南北呼应。

哈德逊到达内格罗河时，战争最血腥的日子已经过去了好几年，殖民地居民已经把这里打造成了阿根廷的滩头阵地。这场大规模"盗窃案"的证据无处不在。哈德逊指出，定居者的牲畜让证据更加明显：在拉梅尔塞灌溉田较远的那一边，成群的牛羊已经把山谷成片的脆弱灯芯草和本地莎草吃得一干二净，留下了和英国人小屋附近的贫瘠土地一样的荒凉风景。没有了植被的保护，美洲印第安人村庄的废墟从山谷中显露出来。尽管定居者对这些地方没什么兴趣，但它们却像磁铁一样吸引着哈德逊。

在曾经人口稠密或是被居住过很长一段时间的村庄，地面是用碎石铺成的完美基座。从这些碎片中可以找到箭头、燧石刀、刮刀、研钵和碾槌，中间有槽的圆形巨石，被用作铁砧的抛光硬石，穿孔的贝壳、陶器碎片和动物骨骼。我的房东有一天说，那一年的山谷除了一大堆的箭头之外什么也没有生产出来。

哈德逊将这些物品中的一小部分收集了起来。这场漫无目的文物勘探，逐渐变成了对其制造者的探索。美洲印第安人一直潜伏在哈德逊生活的外围。尽管他从小就被教导要把他们看作野蛮人，但在内格罗河没落的村庄中找到做工精细的箭头还是让他良心不安。"它们很小，大多都是精美的成品，有着精细的锯齿边，而且无一例外是用漂亮的石头做成的，包括水晶的、玛瑙的，绿色的、黄色的，还有牛角颜色的燧石。"他写道。

拿着这六颗色彩鲜艳、做工精细的宝石，你一定不会对这样一个念头不以为然：对于制作它们的工匠来说，美观和实用都是他们的目标。

某些村庄似乎是专门出产某种工具的，表明各个村庄之间存在着广泛的劳动分工。垃圾堆里的骨头反映了居民对沙漠中那些警惕的动物有着详尽的了解。哈德逊在其中找到了犰狳、栗色羊驼、美洲鸵、矛牙野猪、海狸鼠、豚鼠、斑胁草雁和其他体型较小的鸟类和哺乳动物，却没有找到雕齿兽或地懒。这些村庄都是最近才被占领的。但在河流穿过古老沉积物的地方，他挖掘到了更长、更粗糙的刀片，出自那些狩猎较大猎物的人之手。它们让他想起了欧洲旧石器时代的矛头，被人们用来狩猎长毛犀牛、野牛和洞熊的刻有凹槽的武器。

　　随着哈德逊的体力逐渐恢复，他一心只想着在这些村庄的废墟中仔细筛选。但这些发现给他带来了一种强烈的失落感。他试图用两大谎言来抑制心中的失落——来到新大陆的许多欧洲人都是用这两个谎言来安慰自己的：在某种程度上，美洲印第安人的败落不可避免；在疾病、战争和流放中幸存下来的人因为磨难变成了品行低劣的人，无法再与他们值得尊敬的祖先相提并论。"今天的美洲印第安人也许还拥有同样的种族和血统，"他确信，"但无疑已经发生了巨大的变化，迷失到他们的祖先都不认识他们，也不会承认与他们有何关系。"

　　在内格罗河上，他却无法维持这样的伪装。他越是凝视那些以山谷为家的"野蛮人"的生活，就越是能够感觉到，那些和他一样聪明伶俐、足智多谋、目光敏锐的人正在回望。

他写道，这些人一直"独自与大自然相处，制造着自己的武器，自给自足，不受任何的外来影响"。他肯定非常羡慕这些品质，也肯定明白空虚与无知是不同的。和人们精心管理下的亚马孙森林一样，几个世纪以来，巴塔哥尼亚沙漠也处在对自然世界有着深厚知识的人的控制之下，而那些知识是他永远也无法触及的。他承认："有的时候，光是想到这个课题，就能让我的心头蒙上一层阴影。忧郁的情绪对我的调查是毁灭性的。"

但这最终并没有抹杀他心中对那些人的敬意。与村庄废墟毗邻的墓地中，一个"布满支离破碎的骨架"的地方，哈德逊感觉自己跨越了考古与盗墓之间的界线。"我会在炙热的黄沙上坐下、行走，"他写道，"走路时小心翼翼，以免自己的脚碰到那些暴露在外的头骨，虽然它们无疑就像易碎的玻璃碎片，会被下一个经过这里的野兽用蹄子踩碎。"他对头骨的兴趣格外浓厚，会将它们拿起来仔细端详，再放回原处。有的时候，他会捧起一只头骨，将里面的沙子倒出来，思考巴塔哥尼亚人大量消失的问题是否还有另一面——这也曾令达尔文感到困惑。每一只头骨都曾拥有哈德逊永远无法了解的诸多感觉、思想和信仰。这些被抛光的头骨光滑得如同美洲鸵的蛋，"反射着强烈的正午日光，刺眼得令人无法直视"。一群叽叽喳喳的叫隼从他头顶的蓝天飞过，赶去捡拾定居者饲养的牲畜身上的害虫。在无风的日子里，他还能听到凤头卡拉鹰咯咯的叫声。在散落的骨头中挑挑拣拣，对它们而言并不陌生。

"乔纳森，"何塞问，"你觉得梦是什么？"

此时此刻，荆棘营地已经天黑许久。何塞在厨房边点了一把鬼火，躺在看不见的吊床上，钻进蚊帐的庇护中，加入了我们的对话。要不是蚊帐在他说话时动了起来，你很容易忘记他还在那里。兰博调皮地用脚摇了摇它。

我回答："据我所知，梦是你的大脑在自己思考。"

"有的时候，我会把自己哭醒，"布莱恩说，"不知道是为什么。"

一个小时之前，我们在夜色中漂流归来，结束了一段压抑且可怕的旅程：蝙蝠在我们头上嘤嘤作响；扭曲的树枝如同手的骨架，隐约出现在水边；和小鹿一样大的啮齿类无尾刺豚鼠在何塞的聚光灯下双眼发亮。两只迷失方向的食人鲳跳进了小船，兰博咯咯笑着把它们丢了回去。天空是如此黑暗无云。平静的水面上映出了我很少看得到的星星：猎户座的弓箭、金牛座的角优美的曲线。就在返回荆棘营地之前，我们路过了一排燕子。它们蜷缩在一根距离水面只有几英寸的树枝上，脸都朝向同一个方向，只有一只例外，仿佛它今天已经过够了集体生活。

鬼火旁的对话从梦境转向了乡村政治，然后又提起了河边经常传来的那些声音，尤其是夜里的声响。何塞说，就在瀑布脚下，有个年轻人曾被倒下的大树砸死。如果你睡在那个地方，整晚都能听到他的哭声。"今天我走下去洗澡的时候听到有人在叫我，"布莱恩补充道，"就像是你们中有人在叫我。但那里一个人也没有。"

河流的对岸，月亮突然跃上了树梢，看上去又大又亮，似乎还能发出某种声音。何塞承认，他一直在想自己错过了热带草原上的家乡一年一度的牛仔竞技比赛。比赛的地点就在与巴西接壤的小村庄莱瑟姆。何塞在那里住过一段时间，还在当地的圣经学校读过几年书。那里的学生必须自己做饭，还要自己出钱买《圣经》。（"只有课程是免费的。"他说。）后来，两个小男孩试图从老师的芒果树上偷果子，惹得那个戴着军用贝雷帽的英国牧师大发雷霆，让何塞对他失去了耐心。

"他一直教我们要去爱，你懂的——爱你的父母，爱你的老师。"何塞说，"而他却拿着棍子追在他们身后。他们很多都是老军人，英国老头，现在都想装好人。"

我问他还会不会去教会。

"你们当信主，得永生！"吊床上的一声大吼逗得兰博捧腹大笑。

"有时我会去，"他继续说道，"但后来就不去了。信教的人总是说：'世界要灭亡，义人要得救。'有的时候，我只想喝上一杯朗姆酒，忘掉一切。"

兰博宽大的肩膀耸了起来。

"我喝了酒可能会比你现在看到的样子更邪恶。"何塞补充道。

"我们现在看不见你。"肖恩说。

"没错,"何塞表示同意,"但布莱恩叔叔,现在他是个文明人。他信基督教,每天都会读读《圣经》之类的。"

布莱恩承认他喜欢在早上听些福音音乐,但似乎不太看重自己的虔诚。他提起,在他的家乡小村艾沙尔顿附近,某块岩石上有个脚印形状的洞。据说那就是耶稣在升入天堂之前迈下的最后一步。这种说法后来转变了方向。那里成了一处露天金矿,将陌生人、金钱、酒精和汽车引到了一个他们从未涉足过的地方。

布莱恩睡了。我想起今天早些时候在口袋里发现的那些湿透的圭亚那钞票,于是将它们摊在一块平坦的石头上晾干。每张钞票上都印着一小块圭亚那保护区的地图,并套印着其自然资源的象征,仿佛是为了减轻人们对其价值的怀疑。北部海岸遍布小捆的甘蔗;中部高原上镶满了堆成尖塔的金条和钻石;南方腹地,就在我们的雷瓦河营地上方,印着一堆原木和"木材"一词,让人感觉不妙。

沉默许久,何塞再次开了口。"我的朋友告诉我,银河是一条河,"他说,"如果你是个坏人,死后就无法穿过它,必须留在这里,直到世界末日。可拉斯特法里派说,天堂就在这里。"

"你是怎么想的?"肖恩问。

何塞在吊床上抬起一只胳膊,拨开蚊帐,从吊床的一侧抬起头。"我觉得人就像一棵树,"他咯咯笑了起来,"外强中干。"

"肖恩！"布莱恩尖叫起来，"这里有只食鸟蛛！"

肖恩穿着一件写有"蜘蛛不咬人"（这是他和他的蜘蛛学家女友私下里的一句玩笑话）字样的T恤衫，跑到他的吊床边，然后又跑了回来，把相机递给我。我们朝着布莱恩头灯照射的地方走了过去。灯光照亮了世界上最大的一种蜘蛛。布莱恩把这只亚马孙食鸟蛛放在一片棕榈叶上，好最大限度地展示它的模样，但它并不需要衬托：它真的和晚餐盘一样大，长长的蛛腿上长满了和肖恩的胡子一样的红褐色毛发。虽然我害怕蜘蛛，却并没有感到特别惊慌。也许它太大了，以至于我的头脑无法接受它是真的。我更愿意远距离地欣赏它。但肖恩还想要更靠近一些。布莱恩把我们用来清理营地的耙子拿给了这只食鸟蛛。它顺势爬到了耙子的齿尖上，然后布莱恩把耙子放在了肖恩的裤腿上。

"别抖。"布莱恩轻声说。

蜘蛛愣了愣，然后飞快地爬上了肖恩的肚子。肖恩吓得向后退去，逗得布莱恩咯咯直笑。食鸟蛛迈着耐心而缜密的步子，仿佛是在探索一片有趣的新地形。它爬上肖恩的左肩，然后是头顶，最后停在了他的右耳上，如同一件人造珠宝。

"哎哟，"肖恩低声说，"它的爪子好尖。"他笑了。食鸟蛛的后腿紧紧攥着他的胡子，一英寸长的毒牙就在他的眼睛旁边。我一只手抓着他的相机，另一只手举着闪光灯，不知道他打算怎么把它取下来。但他似乎并不在意，走进了森林。

蜘蛛仍旧抓着他的脑袋。"它们能活很长一段时间，"他说道，声音随着他消失的身影逐渐远去，"雄性能活五六年，雌性也许能活二十年。"

布莱恩一脸困惑地看着他离开。我告诉他，我从未见过肖恩这样的人。

"我觉得科学家都不是普通人。"他回答。


第二天一早，我们就被卡拉鹰争夺地盘的叫声吵醒了。两支针锋相对的红喉卡拉鹰大军正在河流两岸集结，像鲨鱼队和喷气机队一样彼此嘲弄，摇尾展翅，像是要看看对方敢不敢先下手为强。"这种情况可能要持续一段时间。"肖恩说道。的确如此，双方一直僵持到我们吃完了咖啡和燕麦粥早餐，然后在布莱恩启动船上的发动机时毫无结果地归于平静。布莱恩有个特别的地方要带给我们去看，却又不肯说是什么地方。一小时之后，我们来到了一个很深的漩涡旁。泡泡如同幕布般从水中升起，让漩涡看起来像是碳化了一样。一只翠鸟叼着一只鲶鱼的头在礁石上甩来甩去。

"我们来比赛吧。"布莱恩说道，并递来几卷鱼线。兰博尽力压抑住嘴角的笑意，却怎么也无法忍住。肖恩把鱼钩丢入水中，某种东西用力拽了拽鱼钩，差点把他从船上拽下去。

"见鬼！"他喊了一句，用力拉住鱼线。一条长着狗一样圆鼓鼓的眼睛，可怕的下颚，一身青灰色鱼鳞的大鱼，在水面上翻滚起来：一条狼鱼。它的体长接近三英尺，和金枪鱼一样肥大。肖恩的手都被勒红了，因为它再度翻滚起来，鱼尾用力拍打着水面，溅得我们浑身湿透。过了一会儿，它的身子软了下去，像是在装死。肖恩小心翼翼地将它拉出了水面。兰博从狼鱼的嘴里摘下鱼钩，抱起它让我们欣赏，紧紧抓住它脑袋后面装甲片一样的鱼鳃。这让我想起了腔棘鱼。它短粗的胸鳍和方形的尾巴与它的身体一样宽大。肖恩屏住了呼吸，说他曾在法属圭亚那的河里见过这种鱼。它们喜欢躲在水下的洞穴里，伏击猎物，一招制胜。它的耐力似乎不太好，因为它们并不需要这种东西。

"不过它们的牙齿真的很大。"他补充道，"轮到你了。"我并不渴望钓上一条狼鱼，却也找不到什么有面子的出路，于是丢出鱼线，并得到了同样的结果——"嘭"的一声巨响。就这样，我和另一只庞大的狼鱼搏斗起来，又惊又怕地放声大叫，逗得布莱恩和兰博哈哈大笑。十分钟之后，兰博的脚下摆了五条闪闪发光的鱼，可烤可熏，够我们吃上一个星期了。

我们安静地漂回营地，途中路过了一块半个世纪前的采矿权手写声明标志。那个时候，许多采矿者都会赶来雷瓦河上游，爬到瀑布的上方寻找金子。正午时分，我们在一座宽敞的盾形岩石平台边暂时停下来伸展腿脚，稍事休息。兰博拿出弯刀，开始宰鱼。鱼鳞成把地从它们身上脱落，每一片都是完美的六边形，如同几何形状的花瓣漂浮在河上，直到看不见的鱼把它们拽入水中。在接近直射的太阳照射下，森林显得十分亲切，似曾相识。我好像正和叔叔在乔治亚州北部的其中一条古老的河流上钓鱼。在肖恩的指点下，我隐约听到了红喉卡拉鹰的叫声。布莱恩扯下帽子遮住眼睛，交叉双臂躺在岩石上，一脸心满意足的表情。

"我觉得我们可以在这里生活很长时间。"肖恩说。

他不是第一个产生这种想法的人。坐在一块拥有十亿年历史的岩石上，看着兰博刮着狼鱼的鱼鳞，我感觉我们看到的圭亚那地盾就是它第一次出现在人类眼前时的样子，或者其实就是卡拉鹰眼中的样子。在这个地方，动物没有理由害怕我们，河流里充满了可以食用的巨兽。自从白垩纪大灭绝以来，森林里体型最大的一直都是水生动物，包括某些真正的龙：亚马孙西部一种名为普鲁斯鳄的古老鳄鱼，几乎和雷瓦河的黑色凯门鳄一模一样，只不过它有四十英尺长；名为泰坦巨蟒的大蛇，是现代水蚺体型的三倍。不过，在从水里捕捞鱼肉方面，没有哪种陆地动物能够超越人类。卡拉鹰——比如荆棘营地的那只小鹰——肯定在第一批逆流来到地盾的人类身上嗅到了机遇。布莱恩说过，黑卡拉鹰在瓦皮沙那语中的意思是"貘鸟"——进一步证明了赫尔穆特·西克的描述。正在注视何塞为我们准备晚餐的幼鸟，似乎是在评估他作为盟友的潜力。

半小时之后，布莱恩和兰博将最小的两条狼鱼挂在了营地附近的一棵树上，希望能够吸引食腐鸟类。我们发现何塞正躺在吊床上研读我那本哈德逊的《鸟类与人》。午后不久，在阵阵暖意与幽深的宁静氛围的笼罩下，布莱恩给凯门鳄米奇喂着碎鱼肉，兰博为成堆的鱼钩系着完美的结。河对面，一只森林猎鹰发出了近似人类的叫声：哦……哦……哦！肖恩和我注视着一只黑卡拉鹰在岸边洗澡。它先后三次把身体浸入水中，像只小狗一样甩掉羽毛上的水，然后安下心来吃着何塞留在吃水线上的一堆鱼内脏。

没过多久，它就有了同伴。一只体型是它两倍大的黑色秃鹰落下来，迈着大步朝它走来，脸上带着专注且凶狠的表情。卡拉鹰退到几步远的地方，在温暖的沙地上刨了起来，直到沙地露出下面比较凉的那一层，然后像坐上豆袋坐垫一样坐了进去。这只羽毛蓬松的卡拉鹰晒着太阳，看上去心满意足，还会不时地瞥一眼正在进食的秃鹰，仿佛在思考什么问题。几分钟之后，它站起来伸了个懒腰，昂首阔步地朝着那只大鸟走去。秃鹰吃惊地后退了几步。卡拉鹰用一只脚夺过一小块沾满沙子的食物，另一只脚蹦蹦跳跳，张开双翅保持着平衡。这是卡拉鹰的典型动作——滑稽、灵巧且十分有效——秃鹰看似恼羞成怒，却并没有追上去。

"我可以一直看着这些家伙，"肖恩叹了一口气，"可我永远都拿不到研究它们的资金，真是太糟糕了。"

这是我们返程前的最后一天。对于最后一次旅行，布莱恩想带着我们尽可能往上游去，在他曾和一只巨型犰狳搏斗过的小溪边停留片刻。他花了好几个小时驾船在河上穿行，绕过浸没在水下和暴露在水上的巨石构成的迷宫，直到越来越窄的雷瓦河开始变得与查特胡奇河上游十分相似，成了一条岩石密布的浅溪，空气中弥漫着生黏土和腐叶土壤的味道。被河流冲坏了根基的树木在我们头顶形成了天然的拱门，绿色的朱鹭与日鸦在树荫下休憩，家燕在河面上掠过——和我一样，它们也是来自北美的访客。溪水中随处可见枯死的树枝，以至于兰博不得不用自己的弯刀将它们一一清除。但布莱恩还是加紧向前推进，直到小船来到一条名叫安卡的清澈湍急小溪，溪水从东边汇入了雷瓦河。

过了安卡溪，河流的水位太低，我们的船只无法前进。于是我跳下船，想在自己所能达到的圭亚那地盾最深处尽情享受几分钟的时光。在我们的南边和东边，十万平方英里从未遭到破坏的森林铺展开来。这是地球上绝无仅有的一片荒野。傍晚时分站在森林的边缘，四下万籁俱寂，仿佛再也不会有什么事情发生。肖恩从地上拾起一根棍子，上面仍旧包覆着去年雨季留下的干泥。我注视着一对食虫鸟——啄木鸟的细嘴亲戚——兴冲冲地飞到一束阳光下，在空中抓住了一只昆虫，然后落在一棵被银霜覆盖的号角树树叶上。站在溪边，唯一的动物足迹是一只鹬留下的纤细脚印。我把手放进水中，舀了一捧水喝。溪水的味道和融雪水一样冰凉、纯净。

布莱恩解开衬衫的纽扣，仰面靠在舷外发动机上，凝视着上游。他似乎有些失望。他希望能把我们带去一个河流只有小船那么宽的地方，一个他此生只见过一次的地方。"你们在那里能找到貘，"他喃喃地说，"它们温顺得可以伸手触摸。"

返航的途中，天空中满是成群的白领雨燕。翠鸟在愈发昏暗的光线中尖叫。太阳落山后，兰博的聚光灯在河岸和树林间闪过，寻找着眼睛发光的哺乳动物和爬行动物。我不知道雷瓦河上游的这些生物，会如何看待这个有着灯笼般眼睛的五头怪兽。我们无疑是森林中最恐怖的动物。一条纤细的红蛇从我们身边的水中蠕动着游过。一家子满脸困惑的水豚站在河流正中的沙洲上，其中两只幼崽躲在父母的腿后偷偷窥视。我几乎已经忘却了那只巨型犰狳的事情，直到布莱恩在河岸边的一个缺口处停了下来。这里的季节性小河河口被藤蔓植物堵住了。

"我们要从这里开始步行了。"他说。趁着我们把船拖上岸的工夫，布莱恩用弯刀把藤蔓劈开，露出了一条通往森林的 V 形通道。正午时分的这条路可能既诱人又神秘，但是到了晚上，它就如同通往阴间的入口。我询问布莱恩，要是遇到美洲豹怎么办。

"跪下，乞求万能的上帝来帮你。"他回答。听到这话，兰博与何塞都笑了。我也笑了，但还是感觉如鲠在喉。布莱恩曾用一把弯刀和双拳击退过一只美洲豹，而且也许还能再击退一次。但狭窄的河床似乎没有太多可以发挥的空间。我不禁心想，要是我们中有谁惊扰了一条具窍蝮蛇，那就完蛋了。

"不要惊慌！"何塞提议，然后迈步走进了一片漆黑之中。我紧跟在他身后。

我们可能还不如找个洞穴爬进去。在顺着河床逐渐散开、冰凉湿润的空气中，我们呼出的气凝结成团。头顶的树木遮盖了嵌满繁星的天空。陡峭的河堤上闪烁着一个个色彩斑斓的小点。起初我以为那是露水，后来才看清它们全都是热带狼蛛的眼睛，一下子吓得面无血色。有些狼蛛几乎和我的手一样大。布莱恩毫不在意地从我身边擦过，指了指另一只蜷伏在腐烂原木下的食鸟蛛。它和我们在荆棘营地看到的那只一样大，但不知为什么，没有它那些潜伏在河岸裂缝中的表亲那么令人不安。虽然它们中大多数都在我们的灯光下仓皇逃跑，但还是有几只坚守阵地，似乎是在试探我们是否敢靠近。

　　我试着提醒自己，它们（多半）是无害的，白天也在那里，而且我们已经在它们中间生活了好几个星期都毫发无伤，但我还是吓得头晕目眩。小河每转一个弯，就会出现数百只蜘蛛，其中许多正以惊人的速度追逐它们最喜欢的猎物——蟑螂。二十分钟之后，我看过的蜘蛛已经多得一生都足够了。但布莱恩又继续推进了将近一个小时，还欢快地迈步跨过了两排军蚁和一团颤抖的白蚁。相反，我一直在关注自己的呼吸，集中精力把五十个州的首府按照字母表的顺序排好。

　　要不是到处都有巨型犰狳的踪迹，我真想要求转身回去。它巨大的前爪在倒下的树枝软木上留下了痕迹。一组和我的手掌一样宽的三趾掌印中间，是一条长长的拖尾留下的痕迹。一片片朝上翻起的潮湿树叶，被它寻觅蛆虫时，用长长的鼻子拱成了一摞。走到岸边一个刚刚被挖开的圆洞前，布莱恩终于停下了脚步。这个坑大得足以让我爬进去，这就是雕齿兽最近的现存亲缘动物挖出来的临时避难所。

"我就是在这里找到它的。"他说。

我担心布莱恩会坐下来等待，或是继续往河流的上游走去。但让我欣慰的是，他马上就回头了。过了一会儿，我们来到河边，我的心跳缓慢恢复了正常。我反复检查自己的裤子，看看有没有八条腿的家伙要"搭便车"。

"好多蜘蛛。"布莱恩叹了一口气，用前臂擦了擦额头。我松了一口气——看来不只是我一个人这么想。兰博将我们推下河岸。一只船嘴苍鹭出现在他的聚光灯下，栖息在河中的一块岩石上。它又大又黑的眼睛、黑色的头饰和苍白的身体，使它看上去很像穿着动物伪装的死神，在向我们庄严地告别。


一早，我们就在阴晴不定的天空下拔了营。远处的雷雨云正在爬升，树林间有微风拂过。黑卡拉鹰的身影无处可寻。一对黑顶尼鹎重复着同一个抑扬顿挫的简短乐句，似乎是在自问自答。

"那是落雨歌。"何塞说道，他正为我们早餐要吃的炸面包揉着面团，"这雨——要人命！"在他忙活时，我坦白自己有种感觉，如果我们进一步向上游进发，应该会找到一片神秘的热带稀树草原或是某个隐秘的村庄。它们一直在以某种方式隐藏自己，不让卫星看到。所以卫星看到的这一部分世界，是一片连绵的绿色海洋。这个地方为何会让那么多包括哈德逊在内的人魂牵梦绕，也就不难理解了。

何塞往长柄平底煎锅里倒上油，讲了一个自己童年的故事。他说，和布莱恩一样，他是在热带稀树草原上的一个小村子里长大的。赫然耸立在平原上的山脉极具吸引力，但他的父母却禁止他进山。他抵挡不住诱惑，便和小伙伴们趁着夜色偷偷溜出去，爬到一座岩架上，眺望三十英里外巴西博阿维斯塔的灯火。"从小到大，我们一直把它挂在嘴边。"他说，"博阿维斯塔，去博阿维斯塔。我想学葡萄牙语，跳福罗舞——"

正忙着拆卸防水布和吊床的蓝博和布莱恩一阵爆笑，打断了他。"你不行！"布莱恩喊道，"你不会跳舞！"

"嗯，那是我的梦想嘛！"何塞回答。

他真的做到了。离开莱瑟姆的圣经学校之后，他去博阿维斯塔的姑姑家住了一段时间，向她的孩子们学习葡萄牙语。适应环境之后，他就在巴西东北部各处打零工，想走就走。"瓦皮沙那人是随水而居的人，"何塞说，"就像黑卡拉鹰。等他找到自己喜欢的地方，也许爱上了一个当地的女孩，就会留下来。"他说话的时候，河对岸的一只犀鸟开始放声尖叫。又高又尖、不断上升的呐喊声像在暗示：我在这里，我看到你了。弯曲的河岸回荡出完美的回声，复制着它的叫喊。我不知道它是否会为自己找到了这样一个对手感到兴奋，或者只是闹着玩。何塞自顾自模仿着它的叫声，将炸面团盛进碗里，淋上蜂蜜。

肖恩夹着卷好的吊床加入了我们，说他刚刚看到了几只大秃鹫的影子。他觉得我们应该去看看昨天的食人鲳。早餐过后，我们就跟随兰博和布莱恩乘船去了河道拐弯的地方。被吃了一半的鱼吊在头顶的树枝上，如同遭到绞刑的中世纪犯人。好几只黑色的秃鹫聚集在附近的沙洲上，但它们正在等待轮到自己进食：鱼上方的树上坐着一只披着白袍的国王秃鹫，它膨胀的嗉囊像只成熟的桃子，从胸口的羽毛下鼓了出来。

　　国王秃鹫是新大陆的秃鹫中最高深莫测的一种。它们只生活在热带森林中，并且和红喉卡拉鹰一样，人们对它知之甚少，有关其生活的文字记录更是少之又少。它们优美的羽毛——纯白，翅膀和尾巴上长着黑羽——似乎违反了大多数秃鹫庄重的着装准则。它们裸露的头部包裹着如同埃及法老面具般的彩色肉垂，突显出它们红黄相间的脖子、橙黄色的喙和蓝白色的眼睛。与它们亲缘关系最近的秃鹰一样，国王秃鹫的身上有种王室风度，但传说它们非常害羞，碰巧被人看到时往往都形单影只。

　　不过这只国王秃鹫并不孤单，它的身边还带着一只刚刚羽翼丰满的雏鸟。作为王室继承人，这只浑身黑色羽毛的雏鸟邋遢得令人吃惊，毫无棱角的脸是深灰色的，眼睛也一样，却带着好奇、沉思的表情。看到我们靠近，它歪起脖子盯着我们，起初是用一只眼睛看，然后换成另一只。

　　两只国王秃鹫吃力地爬上了更高的树枝，给我们留出了尽可能宽敞的位置。与此同时，两只黄头秃鹫来到沙洲上，加入了黑色秃鹫。它们也长得出奇俊美，就像脸上涂了醒目颜料的土耳其秃鹫。第三只黄色秃鹫也盘旋而来，却遭到了一只红喉卡拉鹰的拦截。它从森林里加速冲出来，伸出爪子准备攻击。

"娘娘腔！"兰博尖叫起来。

那只秃鹫在空中摇摆不定，转头飞走了。卡拉鹰落在一块凸出的石头上，回头呼唤着另外四只红喉卡拉鹰。它们先是用一轮激动的"咔——呜"作为热身，然后展示了宣称领地的叫声和舞蹈，似乎是在挑战秃鹫，发起了一轮尖叫比赛。这并不公平：秃鹫只能发出低沉嘶哑的叫声，卡拉鹰却拥有森林里最嘹亮的歌喉，狂野的合唱声能够响彻河流两岸。

"那里面肯定有个窝。"肖恩咕哝着，兴奋得几乎发狂。他觉得岸边那棵露出水面的树是个可能的候选，于是我们把船拖上岸，爬进森林去寻找。红喉卡拉鹰不喜欢这样，在布莱恩和肖恩并肩抽打着灌木丛时，它们在我们头顶无情地嚎叫。我尽可能跟上队伍，但茂密的林下叶层中到处都是长满刺的棕榈树和倒塌的树木，让人晕头转向。我跌跌撞撞地碰到了一群军蚁露营的腐烂树桩。成千上万只蚂蚁从地下蜂拥而出，一心要保卫自己的蚁后与后代。我尽可能飞快地跳着脚跑开了。至于蜘蛛和蛇，都见鬼去吧。

猩红色的金刚鹦鹉加入进来，和卡拉鹰一起掀起了一场呼啸的风暴，让我们愈发感觉自己触发了某种警报。布莱恩在盘根错节的棕榈树丛中奋力前行时，一对拟椋鸟兴致大发，在我头顶的树枝上交配起来。雄性拟椋鸟灵巧地跳过雌鸟的后背，骑到它身上用力地快速摆动了几下，然后就落到了林下叶层中。兰博强忍着笑声，而肖恩指了指他在河里看到的那片树冠。树冠的中央有一大团深色的植被：那是一只巨大的凤梨科植物。

"赌二十块，那就是鸟巢了。"他说。

然而红喉卡拉鹰并没有要驱赶我们。它们的叫声已经达到了狂热的程度，从一根树枝冲向另一根树枝，好像是在试图让自己的数量看起来更多一些。其中一只还伸出爪子佯装攻击我，另一只发出了肖恩以前从未听过的诡异哀号。如果这不是它们的巢穴，很难想象它们是在保护什么别的东西。"如果我能爬上去拍张照片，"肖恩说，"那它就是有史以来第六个被记录在案的鸟巢了。"

这是一个不同寻常的时刻：在距离努里格数百英里的地方，另一群红喉卡拉鹰在凤梨科植物上筑巢，证实了它们在巨型附生植物上繁殖的喜好不只是一种地域性的怪异行为。生平第一次，我希望自己能有一把十字弩和一根登山背带。但我们什么也做不了，只能转头返回。原路折返的途中，一阵强风吹过森林。被风吹乱的树冠变成了一堆摇曳的树枝，但头顶的缝隙中露出了一丝清澈的蓝天。缝隙中还有一只国王秃鹫的身影，夺目的双翅在蓝天的映衬下既鲜明又显眼。

"很快就要黑天了，然后就会开始电闪雷鸣。所以鸟儿是对的。"马克·吐温写道。

　　天开始下起雨来，下得很大。我也从未见过这么大
的风。这是一种常见的夏季风暴。天色变得很暗，外面
看上去一片蓝黑，十分迷人。滂沱的大雨密密麻麻地落
下，打得不远处的树木看上去失去了光泽，如同蜘蛛的
网。一阵强风吹过，把树都吹弯了腰，令苍白的树叶翻
了个底朝天。紧接着又是一阵狂风，刮得树枝甩来甩
去，好像它们发了疯似的。接下来，当天色变得最蓝、
最黑的时候——一、二、三！眼前一片光明。你突然隐
约瞥见远处的树尖上，一道从天而降的闪电，在暴风雨
中落在了之前能够看到的地方几百码之外。转瞬间，天
色又暗得如同罪恶。现在你会听到可怕的惊雷，隆隆作
响地从天而降，滚向脚下的世界，就像空桶滚下楼梯。

马克·吐温与哈德逊是同一时期的人，很容易就能描述
出雷瓦河上的一场风暴。在接下来的两天时间里，我们经历
了一系列强度惊人的午后暴雨，感受到了即将到来的雨季。
到了那个时候，天上的雨一下就连续好几天。布莱恩担心河
水有可能上涨，让瀑布无法通过。但焦干的森林如同一块海
绵，将雨水吸收殆尽。我们来到科罗娜瀑布的顶端，发现河
水的规模和水位都没有改变。逆流而上的途中，我累得没有
过多关注瀑布本身，现在才停下来欣赏它宽阔、破碎的火山

岩岩架。河流漫过绿色的水草帷幕，倾泻而下。不出一个月的工夫，这片瀑布就会起泡，变得愈发湍急，给一切被冲刷到边缘的东西带来致命的结果。但此时此刻，河流主干道旁的缝隙和空洞里，还存有成片精致小巧的青蛙卵。被我们的影子吓得仓促逃跑的棕色小螃蟹，钻进了被数千个雨季打磨得十分光滑的巨石里。扛着小船下山比上山容易一些。布莱恩选择的路线通往瀑布脚下一片又宽又浅的水池。那里有种名叫锯腹脂鲤的橙黄色素食水虎鱼，如同锦鲤在水中翻腾。我们放下装备去洗澡，而布莱恩找了个地方指给我看：池塘里的水顺着一条又长又黑，四壁都是光滑玄武岩的水道流去，那里就是雷瓦河下游的起点。

"明天我们要到这里来，"他声称，"抓怪物。"

河道很深，看起来十分平静，水面下似乎没有任何东西在移动。如果里面存在什么怪物，它们一定是隐形的。我抬头看了看对面的河岸，被一张刻在岩石上回望着我的脸吓了一跳。

"这种东西在这里多得是。"布莱恩说。

我听说过有关雷瓦河沿岸岩画的传闻，却从未想到能够亲眼见到。热带地区的岩画很快就会被不断生长的森林掩盖。但当我调整视线去寻找时，瀑布脚下的巨石上竟然出现了一系列画风粗犷却十分巧妙的画作。它们被随季节涨落的河水冲刷得清清楚楚。兰博说，其中一幅画让他想起了一只带有眼镜状斑纹的猫头鹰。另一个长着心形脸庞的男子人像，在布莱恩为我们指出模糊的尾巴曲线之后变成了一只猴子。不过，这些岩画大多都是难以理解的螺旋和花饰，或是交叉平行线组成的图案，和玛雅或印加遗址上一丝不苟的雕刻作品完全不同。它们看上去更古老、更狂野，也更有活力，就像美国西部悬崖上那些罕见的羚羊和大角羊图画。

很难说这些岩画是什么时候绘制的。洞穴壁画中的木炭还能通过碳-14测年法测定年代，岩画就不行了。它们甚至有可能是第一批进入南美洲的人类留下的作品。他们穿越圭亚那地盾，然后才看到亚马孙或安第斯山脉。河道的远方，一座宽敞的岩架上被凿出了一个个椭圆的凹槽，上面长着草皮，是猎人用来磨砺石头工具的地方。每个凹槽里都盛着些许的雨水，看上去像是刚刚才凿出来的，仿佛他们的制造者随时都有可能回来。

当然，从某个角度来说，他们从未离开。尽管刻在岩石上的人像对布莱恩和兰博来说似乎没有特别的意义，但他们还是会像任何人对待祖先的作品那样，带着好奇且自豪的心态去看待它们，尤其是在想象中自己可以安居乐业或者是暂时生活一段时间的地方。短暂休息过后，我们把装备扛到了第二条船藏匿的沙滩上，在一场即将肆虐整夜的暴风雨到来之前安营扎寨。

第二天一早，天气阴沉，空气潮湿，冷冷清清。我们全都累了。布莱恩和兰博领着我返回河道，何塞陪着肖恩留在营地。肖恩在一根腐烂的原木中找到了一只美洲有冠蜥蜴和一只绿色的塔兰图拉毒蛛，正忙着给它们拍照。兰博想要钓上一条虎鲶做晚饭，布莱恩却还惦记着怪兽的事情。我注视着他将鱼钩挂在一根如贝斯琴弦一样粗的鱼线上。第一个咬钩的是我的鱼线——毫无疑问是条黑色食人鲳。兰博和布莱恩接连钓起了两条格外肥大的吸血鬼鱼。它们弯曲的牙齿和闪亮的蓝色鱼鳞既美丽又丑陋，再度让我看得眼花缭乱。其中最大的一条被我们留作食物。兰博第二次下杆时又钓到了一条食人鲳，他用弯刀把它打昏，放在岩石上当作诱饵。就在我打算再次下杆时，布莱恩的鱼线像弓弦一样紧绷起来。

"第一只野兽！"他大喊。

我坐下来观望。布莱恩咬紧牙关，手臂上的肌肉都鼓了出来。短暂的拉扯过后，他艰难地从河里拉起了一条又大又黑，鱼雷形状的鲶鱼。这条鱼肯定有五十磅重，触须就有两英尺长，身上装饰着一大堆的小白点。

"这是一条祖鲁油鲶。"兰博注视着布莱恩从鱼的巨口中解下鱼钩，说道。他把鱼抱过来给我欣赏，鱼的嘴里发出了低沉的抗议声，仿佛骨头都在颤抖。令我欣慰的是，他紧接着就把它放生了。鲶鱼摆了两下尾巴，消失在黑暗的河水中。我以为这就是压轴大戏了，但布莱恩又在鱼钩上挂了些诱饵。五分钟后，他的鱼线再次紧绷起来。

"第二只怪兽。"他说道，并拉起了一条比之前那条还要肥大的鲶鱼。兰博称其为"香蕉鱼"——也许是因为它的形状：它的身体更加光亮，身型也更像鲨鱼，鱼鳍是橙黄色的，肚皮则是白色的，嘴里发出的断续咕哝声比祖鲁油鲇洪亮的低音高上几度。我注视着它，不确定自己在面对难以想象其存在的动物时，该作何感受，或是能说些什么。雷瓦河里的奇异生物似乎无穷无尽。我还有些期待河道深处会钻出一只白垩纪遗存的蜥蜴。我必须再次提醒自己，这条河没有任何的神奇之处，整个世界在不久之前就是这副模样。

布莱恩把鱼抱在怀里，脸上的每一寸表情都流露着一个卓有成果的猎人该有的骄傲，然后就把它放生了。今天的晚餐是吸血鬼鱼。他似乎很高兴能够实现自己的诺言，但在我们收拾鱼钩时，他发现被兰博留在那里等死的食人鲳还活着，正在温热的黑色石头上大口喘着气。布莱恩看起来十分心痛。"它还能喘气呢。"他嘟囔着，然后把它带到河边，轻抚着它的体侧，让水从它的鳃中流过，但已经回天乏力。食人鲳毫无生气地跌落在了河道里。

回到营地，我们发现何塞正坐在厨房的折叠椅上，用掉落的树枝刻着一把弓。"受挫了吗？"他取笑布莱恩只带回了一条大鱼。我跟在他的身后，来到湖边宰鱼。吸血鬼鱼的鱼鳞和内脏吸引了一群饥饿的鲦鱼。当何塞打开它隆起的肚皮，取出两条长长的、圆鼓鼓的卵囊时，那些鲦鱼更激动了。我的心沉了下去。这条鱼也许正在雷瓦河中逆流而上，准备产卵。在如此至关重要的时刻，我们却打断了它的生活，害它无法给自己的孩子最好的生命开端。

"如果你愿意，我们可以把它们煎了。"何塞说道，并把刀放在水里涮了涮，"这样你早餐就能吃下一百万条鱼了。"说罢，他的身子突然向前倒去，像是被人击中了后脑勺——我发誓那条死去的吸血鬼鱼也在向前倾。一阵困惑之后，何塞指向了鲹鱼身后一条长长的影子，那是一条年幼的电鳗。它把头伸出水面吸气，露出了小小的眼睛。有一天，它的眼睛会被自己的电场电到毫无用处。鲹鱼在电波束中颤抖起来，被我无法想象的一个感官世界所控。

"它放电时，你会看到小鱼在移动。"何塞说道，挥舞着手中的刀子，"但我有能力把它电回去。"

晚饭过后，我们收拾好装备，准备早早踏上返回昆塔罗脊梁的漫长旅途。我陪着肖恩最后一次去探访怪兽的池塘。夜色中，我们坐在被太阳晒得暖暖和和的巨石上，聊起他重新研究红喉卡拉鹰的机会有多渺茫——即便这是他最喜欢的生物。他的女朋友刚刚获得一笔资助，要去多伦多的一间实验室研究黑寡妇蜘蛛。这将使他远离他热爱的西部森林。虽然他十分期待能够为她提供帮助，但那并不是他最喜欢的科学类型。"你最终还是必须去赚得到钱的地方。"他说。

他这是实话实说，语气中却夹杂着一丝挫败的意味，让我想起了身在伦敦的哈德逊。他远离童年的动物世界，试图靠写作为生，但大多都以失败告终，花了几十年的时间才让人们看到自己真实的模样。但我不知道这个故事会让肖恩感到安心还是沮丧，所以并没有讲给他听。返回营地的路上，我们在一只黑秃鹫的骸骨前停了下来。这堆骨头已经被蚂蚁啃噬得闪闪发光。长着鹰钩鼻的头骨在我的手中几乎没有重量，只有一对空洞的眼窝在回望着我。它晚上曾睡在什么地方？它看过世界的哪些地方？它的朋友是谁？

"你看这只海蟾，"肖恩用灯照亮了一只和足球差不多尺寸的两栖动物，"它的眼睛是不是特别漂亮？"

我们回去时，兰博已经睡了，但布莱恩还坐在鬼火旁的椅子上，确保我们回来后他再去睡觉。肖恩直接爬上了自己的吊床。何塞在厨房里呼唤我，递给我一杯茶，请我坐下。

"你知道的，"他开口说道，"我的曾祖母过去常给我讲故事，讲的都是人还是动物的那个时代的事情。"

我喜欢这些故事。他总是会在午后给我们讲几个故事来听。通过这些故事，我对他的曾祖母马德琳有了一些了解。这位老人足够长寿，能看到何塞第十一个出生在波士顿的孙辈（她的曾曾曾孙女）的照片。何塞出生时，马德琳已经守了许多年寡，不太喜欢男人。但她很喜欢他，待他长到足以走路的年纪，她就带着他长途跋涉穿越森林。她会在森林里花上好几天的时间钓鱼、采集有用的植物。她的故事都和人形动物的功绩与荒唐事有关，内容充满了引人入睡的旁白和修饰，很少有什么显而易见的道理或是明确的结局。其中一个故事讲到，有个酋长招募了一只木蜂来打造一把状似国王秃鹫脑袋的椅子，希望能够赢得国王的喜爱。另一则故事则用迂回的方式解释了负鼠的身上为什么会有强烈的鱼腥味。但何塞的眼神表明，他一直保留了一个故事没讲。

"很久以前，"他开口说道，"就像我告诉过你的，卡拉鹰就像人类。凤头卡拉鹰就是保安，在热带稀树大草原上四处巡逻，让其他所有动物知道这里有没有危险。黑卡拉鹰则是河流的保卫者，在河岸边一边巡逻一边鸣叫。荒野娘娘腔是森林的守护者。现在仍是如此。"

"有一天，一匹隐居的老马在草原上吃草。他来到一棵树下，侧躺下来。秃鹫——黑秃鹫——是体型最大的捕猎者。他走过来看了看老马，对卡拉鹰说：'我觉得它死了。'马放了一个响亮的屁。秃鹫说：'我觉得它已经死了，身上的味道像是已经全都腐烂了。'"

"卡拉鹰回答：'不，我觉得它还活着。'秃鹫说：'我觉得它已经死了。我要把自己的头扎进它的身体里，以示证明。'老马又放了一个屁。秃鹫就把脑袋扎进了马的肛门里，因为肛门是秃鹫最喜欢吃的部位。老马就把它的脑袋夹断了！"

"卡拉鹰大笑起来，脑袋向后仰去。就像它平日里那样。这就是为什么卡拉鹰总是爱笑，为什么秃鹫的脑袋上没有羽毛，直到今天这都是真的。凤头卡拉鹰是草原的巡逻兵，黑卡拉鹰是河流的卫士，荒野娘娘腔是森林的巡逻保安。我必须要把这个故事讲给你听。"

整个故事过程中，何塞一直凝视着我的眼睛，好像是在看我敢不敢笑。故事讲完，他垂下目光，突然害羞起来。我咽了一大口茶。我想告诉他，和他一起在荒野娘娘腔古老的家园里共度的这段时光，是我生命中最大的荣幸之一。但我不知该怎么说才能让自己听上去不虚情假意——或者更糟，让他以为我是在嘲笑他，所以我现在才把话说出来。

我走去河边刷牙，关掉头灯，凝视着银河。想起自己身在何处，我赶紧把它重新打开。凯门鳄闪着绿光的眼睛正在水里凝视着我，脸上带着一成不变的微笑：我已经等了你七千万年了。一个月前，我还会害怕，但现在只会感到自己已经历经磨炼。雷瓦河仍旧是凯门鳄的领土，不是我的。于是我恭敬地退了回去，和布莱恩一起坐在鬼火旁。过了一会儿，我问他有没有听说过卡拉鹰、秃鹫和马的故事。但他摇了摇头。

"何塞是这个世界的杰作，"他的话饱含着喜爱之情，"是上帝在创造天地时一起创造出来的。"

# 第四部分

# 天与海之间

南美大陆一切事物的形成，似乎都经过大规模的变迁。

——查尔斯·达尔文

那个穿戴着黑色披肩、黑色头巾、白色短裙，长着红色双腿，无时无刻不在田野上呐喊的东西是什么？是一只山地卡拉鹰。

——艾马拉人的谜语

# 瓜达卢佩凤头卡拉鹰最后的日子

　　1900年12月1日的早晨，一个矮小健壮、肌肉发达，名叫罗洛·贝克的加利福尼亚人，在墨西哥太平洋附近的一座休眠火山登陆，开始记录物种灭绝的编年史。瓜达卢佩岛荒无人烟的峭壁与紧邻悬崖的海岸，对漫不经心的游客来说没有什么吸引力，但贝克不是游客，他是一名职业的鸟类收藏家，会收集、准备和运送来自传说中偏远地区的成套研究用鸟皮，连博物馆馆长都很尊敬他的能力。

　　贝克尤其受人钦佩的是他收集海鸟的技巧。这些海鸟的活动范围在辽阔的海洋之上，无法预知。十九世纪末的大部分鸟类学家都怀疑鸟是否拥有嗅觉器官，但贝克凭借经验知道，海鸟在几英里外就能闻到食物的气味。风平浪静的日子里，他会划着平底小渔船前往蒙特雷湾，然后随波逐流，在身后抛撒含有鱼内脏和鲜血的油性混合物。然后，他会沿着微微发亮的浮油往回划，朝着聚集在水面上进食的海燕、燕鸥和海鸥射击。一旦找回它们漂浮的尸体，他就会现场展开清理和准备工作，移除它们的内脏和肌肉，填充棉花，再用你可以在博物馆藏品身上看得到的优雅手法进行缝合。至于鸟的残骸，他会在沙箱里生上一小团火，在上面把它们烤了吃。如果工作还没做完天就黑了，他就会在沙箱旁边睡下。

和威廉·亨利·哈德逊一样，贝克也是个自学成才的人。他连八年级都没有毕业，却吃苦耐劳、聪明伶俐、勇气过人（有个同事曾形容他是个"坚韧的小混蛋"）。他和妻子艾达后来成了有史以来最有造诣的鸟类收藏家。贝克夫妇是鸟类方面的权威，没有孩子，喜欢冒险，使用手术刀或来复枪都很灵巧。二十世纪的最初几十年间，两人从南美洲和南太平洋为美英两国的博物馆和收藏家收集了数以万计的标本，其中既包括科学家尚未发现的新品种，也包括人们以为已经灭绝的品类。

贝克在瓜达卢佩首次登陆时，面对的是各种各样的冒险。瓜达卢佩位于加利福尼亚半岛以西两百英里的地方。当时他刚满三十岁，还有将近十年才会迎娶妻子艾达。他刚刚去加利福尼亚的海峡群岛完成了自己的第一次有偿收集之旅。有人告诉他，群岛上的灌丛鸦也许是个独特的品种。这话没错。在他前去完成自己最大的工作任务的途中，瓜达卢佩是他短暂停留的一站。他要前往加拉帕戈斯群岛，为加州科学院展开长达数月的收集之旅。虽然这座岛屿不是大家公认的珍稀物种的天堂，但贝克还是希望能够找到一种世界上其他地方都没有的独特鸟类。

瓜达卢佩的面积大约是曼哈顿的四倍，岛上的火山小石子形成了许多不太稳固的山坡，呈现出棕色、黄色和橙色。这里从未与其他陆地相连，岛上所有的动植物都是偶然来到这里的——被风吹来的，或是以漂流木和海泡石为筏被冲刷上岸的。经过数千年的时间，这些"移民"在岛上建立了自己的生态系统。岛上的休眠活火山口顶部遍布松树与橡树组成的森林。某些鸟类已经从它们的主要大陆祖先进化成了不同的物种，包括啄木鸟、五子雀和穴居海燕。这些鸟类生活在一个与世隔绝的天堂之中，远离了北美和南美大陆困扰其祖先的捕食者。没有蛇，没有老鼠，没有猫，没有猪，也没有狐狸。

岛上有种名叫瓜达卢佩凤头卡拉鹰的鸟，其祖先是被风吹到这里来的。这种鸟令人印象深刻，体型几乎和谷仓里的公鸡不相上下。和几千英里以外的潘帕斯草原上倍受哈德逊欣赏的凤头卡拉鹰一样，它拥有黄色的脸和黑色的冠。和大部分卡拉鹰相同，这种鸟并不挑食，会吃昆虫和贝壳类食物，但它们的主要生计来源可能是瓜达卢佩岛上最著名的动物居民——海豹。和福克兰群岛一样，瓜达卢佩是开阔海域上的一块陆地绿洲，细长的海滩上挤满了成千上万只海狮、海狗和海象。它们晒着太阳、哺育幼崽，躲避在近海巡行的逆戟鲸和白鲨。瓜达卢佩凤头卡拉鹰可能不会袭击健康的海豹，但死去的幼崽、胎盘胎膜和在战斗中受伤或被鲨鱼的牙齿咬伤的成年海豹，可能会引来这些食腐的机会主义者。海豹的粪便中富含部分未消化的鱼、鱿鱼和海胆，足够卡拉鹰进行二次利用。如果你曾在海豹聚居地的下风处停留，短时间内一定无法忘记那股强烈的刺鼻气味，以及它们哽咽哭嚷着唱出的哀歌。这就是瓜达卢佩凤头卡拉鹰的世界数千年来充斥的声音和气味。

要不是人类在十八世纪末为了捕猎海豹来到这里，并把山羊引进这座岛屿为自己提供肉食，动物们的生活可能还会这样延续几个世纪。海豹很快就在这里灭绝了，山羊却在这座从来没过食草动物的岛屿上，靠着植被越长越壮、数量激增。来自墨西哥和加利福尼亚的新定居者试图捕捉和放牧这些羊。牧羊人将卡拉鹰视为害鸟，会尽力捕杀它们，但他们的定居地在不到十年的时间里就衰败了。贝克到访这里时，瓜达卢佩已然又成了不适宜人类居住的地方。

但殖民者给卡拉鹰的离别礼物是一种致命的名声，瓜达卢佩存在"怪鹰"的传说最终传到了大陆。追逐财富的猎人纷纷前往该岛，希望能够捕捉剩余的卡拉鹰进行出售。曾经的山羊猎人哈里·德伦特就是其中之一。1897年，他带着四只活的瓜达卢佩凤头卡拉鹰出现在圣地亚哥港口，每只要价一百五十美元（大约折合今天的一万五千美元）。德伦特告诉当地报纸，他已经致信史密森学会，"有信心能够拿到高昂的金额"。他似乎和这些鸟真的很有感情（哪怕只有一点点）。"我给它们全都取了名字，"他吹嘘道，"被叫到名字的每一只鸟都会到我这里来。"

　　一个月后，这些鸟悉数死亡。圣地亚哥自然历史协会的成员丹尼尔·克利夫兰为这样的损失深感痛惜。1933年，他告诉博物学家克林顿·阿博特，他一直"十分渴望"能够购买一对卡拉鹰，但买不起。德伦特拒绝砍价。"这个男人的贪婪导致我们没能圈养这些鸟，"克利夫兰感到非常失望，"也导致了他没能卖掉它们，蒙受了损失。"协会的另一名成员A. M.英格索尔回忆称，德伦特有两只鸟被当成了珍品，陈列在一间酒馆内。

　　　　起初（它们）被关在密室的笼子里，但后来有人在橱窗对面架起了一座六角形的网眼铁丝网，两只鸟就被放在那里。它们吸引了许多人的注意，而且它们还有一个特点，就是会像仓鸦一样低下头左摇右摆。后来，由于生活习惯肮脏，它们被带离了酒馆。再后来，其中一只鸟逃跑后被人抓到海滨的一间鸡棚里杀掉了。这只鸟被送到了弗兰克·霍尔斯特的手中，被他做成标本，放在自己的标本商店里展览……这家店后来被烧毁，标本也付之一炬。

与哈里·德伦特不同，罗洛·贝克对鸟类的兴趣并非纯粹是为了金钱。他的工作是收集研究用的兽皮，而瓜达卢佩凤头卡拉鹰让这个任务变得易如反掌。他上岸时，一群好奇的鸟飞过来看他，或是把他误认为大海送来的一件神秘礼物。"在朝我飞来的十一只鸟中，有九只都被我抓住了。其余两只中枪后逃跑了……从它们的温驯程度和我短暂的上岛时间判断，它们的数量肯定相当丰富。"

贝克的描述中夹杂着几分诡异的遗憾与骄傲——他为什么要提起自己朝逃跑的鸟儿开枪的事情呢？最初吸引他上岛的原因可能就是这些稀有的鸟，所以你很难相信他竟会觉得它们的数量相当丰富。不过有一件事是肯定的：再也没有人见过活着的瓜达卢佩凤头卡拉鹰。对科学家们而言，贝克夫妇在漫长的职业生涯中收集的成千上万件标本仍旧是极其宝贵的资源，但罗洛是唯一一个凭借一己之力让某种猛禽从稀有走向灭绝的人。这在一个野外博物学家的职业生涯中是个不可磨灭的污点。哈德逊会对此感到不寒而栗。

如今的瓜达卢佩岛是一片贫瘠荒凉的地方，拥有一座渔村和一处孤独的军事哨所。山羊终于被迁走了，海豹与海狮重新在海滩上繁衍生息，但岛上的部分地区仍旧是不毛之地，一片寂静。山羊已经破坏了这里大部分的植被。跟随牧羊人上岸的猫让本地的鸟类在劫难逃。针对瓜达卢佩陆地生命的一项调查发现，岛上到处都是蠼螋和黑寡妇蜘蛛。这似乎是强调了一小群人能给脆弱的景观带来多么大的损失。一名来自圣地亚哥自然历史博物馆的访客，垂头丧气地称这里为"月球表面"和"鬼岛"。如果这里有鬼存在，那么瓜达卢佩凤头卡拉鹰肯定是其中之一。

"你肯定不想待在这个柜子里。"卡拉·达夫用一串沉甸甸的钥匙打开了一个高高的金属柜子。我们正站在华盛顿特区史密森国家自然历史博物馆的鸟类学收藏区。达夫是这里的副馆长，负责管理博物馆的羽毛鉴定实验室。她的大部分工作内容是仔细检查与飞机相撞的鸟类残骸。

但她很少打开这只柜子，因为里面都是些几乎从未见过飞机的鸟类品种。达夫小心翼翼地拿出一个长长的金属搁板，上面放着一张拉布拉多鸭（这是一种外表俊美、黑白相间的海鸭，自从十九世纪五十年代以来已经灭绝）的鸭皮，还有一只精巧的瓜达卢佩凤头卡拉鹰标本（仅存的三十四只标本之一）。研究用的兽皮几乎无法表达一只鸟的个性（它的用途本来也不在与此），但这只标本曾进行过公众展示。某位动物标本剥制师为它安上了土灰色的眼睛，赋予了它一种略带惊讶的表情。

这并不是贝克的九只鸟之一，而是一种"原始"标本——是这种鸟在1875年第一次被形容为一个物种时制作的。达夫轻轻把它从搁板上拿了起来。它胸口上有几根羽毛已经脱落了，却仍旧骄傲而自然地站在一根栖木上，脑袋微微转向左边，下巴抬起的样子彰显了所有卡拉鹰似乎都具备的自信、好奇和大胆精神。它和我在圭亚那与火地岛见过的凤头卡拉鹰拥有同样的黑色头冠，但身体和翅膀的羽毛上有一圈细细的黑白条纹，很像穿着一套人字呢的西装。在它的左右，其他同样归属"不幸俱乐部"的成员被封存在一模一样的柜子里——有来自路易斯安那和墨西哥的象牙喙啄木鸟与帝啄木鸟，来自佛罗里达的卡罗来纳长尾鹦鹉，甚至还有渡渡鸟的骨盆带。

但卡拉鹰的这座陵墓里还有一样令我措手不及的东西：一只人类的头骨。由于岁月的缘故，它已经变成了棕色，曾是十九世纪某场儿童展览的一部分。达夫打开头盖骨背后的铰链板，露出了鹪鹩在这个脑壳里筑的巢。它竟然把头骨的眼窝当成了前门。这只鸟挑选居住地的品味给我留下了深刻的印象，但一颗人类头骨被放在灭绝鸟类的橱柜里似乎是不合适的——至少可以这样说——所以我问了一个显而易见的问题：这是谁的头骨？

"我们不知道。"达夫轻声回答，动手关上嵌板，扣上了小小的铜闩。

我凝视着头骨上盘绕的接缝，去理解这其中的矛盾：它极具震撼力，无法被遗忘，却又令人不适，以至无法被展示。我想起哈德逊在内格罗河边凝视那些骸骨，感受着永远近在咫尺的知识与经验的世界；还有随小猎犬号出行，在巴塔哥尼亚掠夺古代坟墓的达尔文；以及在月光下说过"记住，伙计，你本是尘土"的何塞。想到有一天，一只鸟会在我的脑袋里搭窝，我感到十分安心。这提醒了我，自然世界并不在意人类的时间、历史和利益。

这也提醒我，即便没有贝克的致命一击，瓜达卢佩凤头卡拉鹰可能也难逃厄运。海岛有时又被称为进化实验室，因为其独特的机遇和限制条件，能够产生奇怪且奇妙的生物——矮象、巨龟、不会飞的鸟。但它们也有可能成为进化的陷阱。和大陆相比，岛上的生态系统脆弱且不成熟，还很容易被地震、疾病或新捕食者的突然出现破坏。和美洲的巨型哺乳动物一样，许多岛屿特有的动物在我们到达之后不久就灭绝了，包括福克兰群岛的福克兰狼、弗兰格尔岛的猛犸象、加勒比海地区的树懒和波利尼西亚的大多数本土鸟类。

你可能会认为，和哺乳动物相比，鸟类应该更有能力逃离人类。但记录显示，情况恰好相反。大部分大陆鸟类都可以在海岛上定居，但在海岛上进化的鸟类从未在更大的陆地上找到过立足之处。卡拉鹰也不例外：瓜达卢佩凤头卡拉鹰是最近消失的几个岛屿卡拉鹰品种之一。这些灭绝的品种中，有两个是在古巴的沥青坑中发现的，第三个则是在巴哈马的"蓝洞"水下坟墓中发现的，旁边是一只巨型树懒的骸骨。

这些鸟的宿命也不祥地笼罩在条纹卡拉鹰的头上。条纹卡拉鹰的数量和活动范围都很小，是濒临灭绝的危险信号。福克兰群岛上的人类还推波助澜，不仅引入了捕食者，还展开了数十年的迫害，给其数量、猎物和栖息地都造成了负面影响。可即便没有人类的干预，它们的前景也不确定，正如最后灭绝的卡拉鹰所暗示的那样：在罗宾·伍茨和马克·亚当斯挖掘出五千年前的条纹卡拉鹰遗骸的古代泥炭沼中，他们还找到了一种和鹰体型相当的鸟类骸骨——那是任何人都未曾见过的某种巨型条纹卡拉鹰。

　　这种巨型卡拉鹰为何会消失，仍旧是个谜，因为答案也许被埋进了海底。一万七千年前，当世界最后一次处于最寒冷的状态中，巨大的冰川冻结并储存了地球上足够多的水，令全球海平面下降了约四百英尺，使福克兰群岛从一个星座式的群岛变成了一座低矮的山脉，通过一条狭长的长草苔原与大陆相连。这片苔原就是如今被淹没的巴塔哥尼亚大陆架。在这个更加寒冷干燥的世界里，来自南美大陆的动物可以通过陆地来到福克兰群岛，但当全球变暖、海平面上升，它们就被困在了那里。

　　在火地岛的峡湾中，达尔文凭直觉发现了这段历史的存在。小猎犬号穿行在冰川消融留下的深水航道中。"火地岛也许可以被形容为一片部分淹没在海中的山地，"他写道，"因而深水河湾与海湾占据了原本应该属于山谷的地方。"五千年前，福克兰群岛和现在的样子差不多，四周被上升的海平面包围，是一座与世隔绝的天堂，并保持着随时进一步缩小的态势。在接下来的一个世纪中，雨季还将让海平面上升到足以淹没斯蒂普尔贾森岛草地的程度。如今的条纹卡拉鹰会在那里挖坑搜寻蠕虫和小毛虫，看来它们五千年后似乎不太可能仍与我们同在。

但它们有个令人不安的特点仍会困扰你，就像我从遇见它们的那天起就一直深受其扰一样——它们的行为并不像稀有的鸟类。濒危物种受到威胁的原因往往十分明显：它们高度专门化，或是特别美味，抑或是过于依赖人类觊觎的资源。条纹卡拉鹰将濒危物种的活动范围狭小、普通物种的自信与适应性结合在了一起，正如达尔文所说，它们的局限性似乎是"一种驯服但无畏的鸟独特的预防措施"。如果它们真的这么聪明灵活，为什么没有征服世界呢？

# 曼科·卡帕克的神秘猎鹰

在智利北部红色的火山灰中，在圣佩德罗-德阿塔卡马与玻利维亚边境之间的高原沙漠中，我在横穿沙漠的公路路肩上蹲下来，触摸一只小羊驼干枯的皮毛。小羊驼是南美骆驼中最稀有、体型最小的一种，身形和白尾鹿差不多，生活在被称为普纳的寒冷、贫瘠、多石的高地，以坚硬的沙漠草为食，喝的是被雪覆盖的火山上流下的融水。这只羊驼葬身的地方位于库里金卡山的阴影处。它在安第斯山脉稀薄的空气中干成了一张兽皮。它拥有人类数千年来一直珍视的金色皮毛，周围环绕着山地卡拉鹰的脚印。我就是来看这种害羞的神圣鸟类的。

山地卡拉鹰也许是卡拉鹰种族中最美丽的一种。它们是只生活在南美最高山脉的寒冷沙漠和沼泽中的三种卡拉鹰品种之一。它们看上去很像被涂上了醒目色彩的渡鸦，长着红色的脸、黄色的腿，肚皮和翅膀下部呈白色。它们的剪影和秃鹰的弧形轮廓一样，是安第斯山脉的标志。但人们经常看到它们庄严地在沙漠中踱步，像鸡一样停下来刨蹭地面，捕捉昆虫和蜥蜴。与热带森林中好战的红喉卡拉鹰或潘帕斯草原友善的叫隼不同，山地卡拉鹰既谨慎又罕见，自带神秘光环，就像它们最喜欢的栖息地似乎并不欢迎生命，有悖常理。

鸟类学家莱斯利·布朗和迪恩·阿马登曾认为卡拉鹰"是一种相当平庸的鸟"。1968年，他们在描述山地卡拉鹰时承认："它们是令人很难想象的一种猛禽，没有什么猎鹰的特征。"科学家将安第斯卡拉鹰的三个品种归为巨隼属，拉丁语意为"行走的猎鹰"。和所有卡拉鹰一样，它们展现了些许的独创性。布朗和阿马登表示，它们会前往"印第安人的住处，寻找动物类废弃物……甚至学会了跟随汽车，就像跟在船只身后的鸥鸟一样，辛苦地飞跃斜坡，接住从车里丢到空中的零星食物"。英国广播公司的一支摄制组曾经拍到一群肉冠卡拉鹰（最靠北的一种行走的卡拉鹰）从一头死牛的身上撕下几片肉，藏在草丛后面。当一只秃鹫赶来独占这具尸体时，肉冠卡拉鹰这一策略的目的就不言自明了。1995年，一个名叫贾森·琼斯的加拿大研究生在秘鲁看到三只山地卡拉鹰完成了一项壮举，使它们在所有鸟类中独树一帜。

琼斯正沿着高速公路驾车穿过一片偏远的沙漠山谷，就在这时，他看到两只黑白相间的成年山地卡拉鹰带着一只杂色的幼崽，站在附近的一块平坦巨石上。他放慢车速，看到其中一只成年巨隼步行绕着岩石转起了圈，仰起头发出"高亢的咯咯叫声"。它的两个同伴也从容地走到它的身边，三只鸟"各伸出一只爪子，齐心协力要将岩石原地翻过来"。在努力了几分钟之后，第一只鸟抓住了从岩石下冲出来的小动物，将它吞进了肚里。那也许是一只石龙子，或是被称为栉鼠的安第斯鼠状啮齿类动物。

虽然琼斯不是鸟类学家，但他相信自己看到了一个不同寻常的画面。他是对的——谁也不曾看到过其他鸟类合作抬举重物。接下来的那个星期，他每天都会返回山谷，观察巨隼翻开更多的岩石。有一次，一只成年巨隼把捕获的食物给了幼鸟。这很容易让人联想到它们是父母，正在给幼鸟上一课，也许甚至是在分享它们发明的某种技巧。琼斯拿着它们撬起的石头举了举，对它的重量印象深刻。"我不相信单凭一只鸟的力量能翻动任何一块岩石。"他总结道。

达尔文曾经写道："这种俊美的鸟，从我对其习性的浅显了解来看，似乎很像凤头卡拉鹰……但害羞得多，通常是成对出现的。"这段话转引自他的私人日志，似乎比他公开抱怨它们是"假猎鹰"更贴切，也许是因为山地卡拉鹰为他展示了另一个地理之谜。他在智利北部见到山地卡拉鹰时十分惊讶，因为它们看上去几乎和他在三千英里以外的巴塔哥尼亚南部山麓看到（并且射中过）的鸟一模一样。他表示，这些巨隼"数量不多"，其稀有性引起了他的注意。它们怎么能如此稀少却又分布得如此广泛呢？

答案在于安第斯山脉本身的辽阔。它对整座大陆的影响力是无可比拟的。安第斯山脉是地球上最长的山脉，长度是喜马拉雅山的两倍，其中八百座山峰的高度都超过了落基山脉的最高峰。安第斯山脉产生自南美大陆板块与太平洋板块、纳斯卡板块的海洋地壳间撞出的缝隙。它们在南美洲的西海岸绵延四千五百英里，从委内瑞拉到火地岛，甚至在人们看不到的大片土地上也占据着主导地位。安第斯山脉决定着河流的流向与河道、土壤的肥力、天气特征，形成的雨影区笼罩着秘鲁与智利的沿海沙漠。这些地方可能隔几十年才能下一场大暴雨。

但这些事实都无法让你为它的出现做好准备。从圣佩德罗–德阿塔卡马的中央广场向东眺望，视线越过成排的常青胡椒树和游客商店，令人不安的巨大火山近在眼前，其中有些高达一万八千英尺。火山的轮廓有些是岩浆岩的锯齿状尖塔，有些是压实的火山灰被风雕成的圆锥形，二者交替出现。夜晚，卡车的灯光从沙漠的地面爬上山形墙一样的斜坡，像是不受地心引力的影响。白天，你很容易看出印加人为何把它们视为有生命的东西，就像《旧约》中脾气暴躁却宽宏大量的上帝。在这个令人难以相信的地方，印加人创造了组织严密的文明。为了安抚这条山脉，他们给冰封的山峰送去了礼物：金子、纺织品，甚至是儿童（他们会把这些孩子杀死，然后遵照仪式将他们埋葬在山顶的坟墓中）。

很少有人知道，卡拉鹰的羽毛也是印加人奉若至宝的物品之一。在印加社会的各个阶层，头饰象征着身份与地位。加西拉索·德拉维加是一位印加公主和一个西班牙军队指挥官的儿子。他写道，只有萨帕·印加皇帝才能佩戴被称为"克里昆克"的鸟的黑白羽毛。每一位新皇帝都会收到一套新的克里昆克鸟的翼羽，将其插在太阳穴上佩戴的发带中。皇帝去世时，这些翼羽也要陪葬。克里昆克鸟十分罕见，只生活在距离库斯科五十英里处的山脉脚下的圣湖边。"人们最多只会看到它们成双出没，一雄一雌。"加西拉索写道，"但没人知道它们从哪里来，或是在哪里繁衍。"

克里昆克鸟的真实身份一直存在争议。有些作者认为它们也许是绿咬鹃，或是安第斯山脉众多令人印象深刻的蜂鸟之一。但加西拉索描述的行为、羽毛与栖息地，却都符合山地卡拉鹰的特征。他还指出，印加人之所以崇敬它们，不仅是因为这种鸟数量稀有，还因为它们象征着"他们的原始父母，从天上来到人间的一男和一女"。印加的统治者与神话的创造者喜欢成双成对的象征——天堂与地球，太阳与月亮，黑暗与光明，男性与女性——卡拉鹰黑白相间的羽毛可能会吸引他们对宇宙秩序的感知。

还有这种鸟对高山的喜爱，它们更靠近神圣的山峰和太阳神因蒂的王国。第一位自称萨帕·印加的统治者是一个名叫曼科·卡帕克的男人。他自称是因蒂的后代，从克里昆克鸟那里获得了权威、神谕与建议。曼科·卡帕克的曾孙迈塔·卡帕克登基时曾向这种鸟请教，然后发动战争，将印加帝国的领土面积扩张到了接近罗马帝国一半的规模。克里昆克鸟荣登印加最具影响力的象征之一，其形象甚至被描绘在了高耸的战旗之上。"这种鸟就是如此威严，"加西拉索写道，"印加人对待它们就是如此崇敬。"

　　印加人可能并不是第一批赋予这种巨隼特殊意义的安第斯人。印加人在建造华丽壮观的建筑方面的天赋，让人很容易忘记他们的帝国迅速就衰落了，从曼科·卡帕克的统治到西班牙掠夺者洗劫库斯科，印加帝国延续了大约三百年。但美洲印第安人早在至少一万年前就来到了安第斯山区，凭借独特的文化力量和凝聚力，在那里一直坚守到了今天。何塞和布莱恩在圭亚那说的瓦皮沙那语如今可能还是近一万人的母语。但秘鲁、厄瓜多尔、玻利维亚和智利的高地上，仍有一千万人会说印加帝国臣民使用的盖丘亚语和艾马拉语。这个数字几乎相当于该帝国鼎盛时期的人口，那时的印加帝国版图一直从如今的厄瓜多尔延伸到智利。

　　在这座高原王国中，人们对安第斯卡拉鹰一直怀有特殊的敬意，同时还普遍认为这种鸟是宇宙仁慈的象征。许多高地人都拥有强烈的宗教信仰。他们将天主教的仪式与对帕查玛玛女神及其对应男神维拉科查的崇拜融合在一起。在曾经归属于印加帝国的各个村镇中，人们仍旧会以游行的方式庆祝太阳节，纪念冬至。在厄瓜多尔，游行的特色往往是舞蹈巡回演出团。舞者身穿颇具艺术效果的鸟类道具服，戴着圆锥形头饰和逗号形状的翅膀，点着头又啄、又刮、又踢地穿梭在大街小巷，祝福每个人来年都有好运。他们的舞蹈是在模仿安第斯卡拉鹰的觅食动作。这些人被称为"库里肯克"，看上去和加西拉索的克里昆克鸟几乎一模一样。

奇怪的是，这个名字在秘鲁中部的印加中心地带已经不再使用了。那里的山地卡拉鹰被人用西班牙语称为"chinalinda"，意为"美洲印第安美女"；或是用艾马拉语称为"alkamari"，这个词形容的是它们黑白双色的花斑羽毛。（在玻利维亚，它们也被称为"avemarias"，即万福玛利亚，将其与圣母玛利亚神秘地联系在了一起。）但在厄瓜多尔和哥伦比亚，"库里肯克"指的不仅仅是太阳节上那些穿着道具服的舞者，还指名为肉冠卡拉鹰的飞禽。这种鸟会在高寒地带迷雾笼罩的沼泽地间觅食。那里多雾的灰绿色山坡比库斯科的高地沙漠更加湿润。肉冠卡拉鹰也比山地卡拉鹰更加花哨一些，深色的胸脯上带有醒目的白点图案，头上顶着卷曲的黑色鸟冠，朝下的鹰钩鼻让它们看上去永远是一脸怒容。这种鸟的英文名强调了它们成年后脸上会长出红色的小肉垂，那似乎是它们最重要的标志。但在厄瓜多尔，库里肯克鸟是生育能力与好运的图腾，具有预测未来的天赋。

1983年，基多天主教大学的生物学家特吉特·德弗里斯和他的学生出版了一本独特的著作，讲述了库里肯克鸟的自然和文化历史，将自己的研究与它们相关的传说结合在了一起。其中一种传说认为，让一只库里肯克鸟与鸡交配，会生出可怕的斗鸡。还有一种做法：人们会把死去的库里肯克鸟绑在大巴车或卡车的散热器隔栅上，作为在暗藏危险的山路上抵御不幸的护身符。第三种观点认为，一对盘旋的库里肯克鸟预示着即将有婚礼发生，让人想起印加人曾把这种鸟与他们从天而降的父母联系在一起。不过，最令人难忘的说法来自钦博拉索山巨峰附近一个说盖丘亚语的村落。当地的老人称，如果族群中的一个女性未婚先孕，孩子的父亲就是库里肯克鸟。如果她未婚去世，下葬时棺材上就要绑上一只库里肯克鸟。

并非所有与安第斯卡拉鹰相关的故事都涉及魔法的力量。在名为《狐狸男孩》的安第斯探险故事中，人类学家凯瑟琳·艾伦讲述了一个比较朴实的故事。故事出自一个名叫唐·安赫尔的玻利维亚男子之口，更加贴近这种鸟的真实生活。在唐·安赫尔的故事中，有一天，上帝让被自己被宠坏了的顽皮儿子福克斯自食其力。福克斯滥用这一特权，煮糊了藜麦早餐。作为惩罚，上帝将福克斯和他的弟兄秃鹰、美洲狮及山地卡拉鹰逐出了上界，放逐至地球生活。历经磨难的兄弟四人顺着一根绳子滑落到我们的世界，把自己介绍给四个人类姐妹，向她们求亲。大姐睿智地选择了四兄弟中最有能力的美洲狮。二姐选择了山地卡拉鹰，因为他聪明地穿了黑色的西装和白色的裤子。她很快就对自己的选择后悔了。其他三个丈夫都能为自己的妻子提供好肉，但山地卡拉鹰只能带回蜥蜴、动物内脏和蛆虫。"山地卡拉鹰是个永远无用的懒虫，"唐·安赫尔吐露道，"和在天堂里时不相上下。"

　　他大声地要求给他第一个上菜。上帝回答："不行，儿子，上菜必须由长及幼。"山地卡拉鹰耍起了小性子，砸碎了盘子。上帝将他从桌边赶走，说："你爱吃什么就吃什么好了。总有一天，你会去吃人类的粪便的。"

　　许多动物的粪便——甚至人类的粪便——都没有离开安第斯卡拉鹰的菜单。即便如此，它们的出现还是往往被视为一种祝福。高地上的农民把它们看作丰收的使者，会载歌载舞地向它们表示尊敬。这种鸟在夏末时尤其受欢迎。那时它们会从山顶上下来，到已经收获的藜麦、苋菜、土豆和玉米田里拾落穗。在厄瓜多尔，传统歌曲《库里肯克》将对卡拉鹰叫声和动作的描述与欢快的无稽之谈相结合，形成一首非正式的国歌：上网搜索就会找到很多结果，其中不仅有身着道具服的舞者在高原游行中的表演，还有混搭音乐、舞蹈串烧和滑稽的模仿作品，甚至还包括一名韩国流行明星的表演。

　　在另一段直接命名为《库里肯克》的视频中，画面以外的某个男子在皮钦查火山的高地上，对着一只肉冠卡拉鹰发表着演说。他们的脚下就是人口密集的基多山谷。"你是一只美丽的鸟,"男子说,"但我没有任何东西可以给你。"他似乎已经着了迷,那只鸟也一样。它眨了眨眼,朝着镜头迈了一步,又退了几步。它可能已经习惯了接受驻足欣赏美景的登山者送来的礼物。你很容易把它想象成大山的守护精灵。恰如其分的是,厄瓜多尔、秘鲁、智利和玻利维亚许多山峰的名字都是它名称的不同版本,包括阿尔卡马里、阿尔卡马里纳乌斯、阿尔卡马里林、齐娜琳达、克里肯可,还有库里肯克——这座山长长的侧影在高地公路上这只死去小羊驼的上空拔地而起。

　　威廉·亨利·哈德逊从未见过安第斯山脉,也从不知道一群卡拉鹰曾经掌控着这条山脉,就像条纹卡拉鹰和凤头卡拉鹰曾经掌控着潘帕斯的农场和草原一样。但群山在他的脑海中若隐若现。《绿厦》中最讨人喜欢的场景之一就是阿贝尔做了一个南美洲的等比模型,为充满好奇却又不耐烦的莉玛滔滔不绝地讲述其中的各种奇观。莉玛希望阿贝尔能为她指出那些会说她独特语言的人家在何处,但阿贝尔坚称没有这样的人。为了证明这一点,他还强迫她听了好几个小时的大陆风景目录。"我突然灵感迸发,向她描述起了科迪勒拉山脉,"阿贝尔说,"那条世界上最长、最大的山脉;还有的的喀喀湖,以及寒冷且荒无人烟的高山稀树草地。蒂亚瓦纳科的遗址就在那里,比底比斯的历史还要悠久。"

在这个世界的中心之上，在大地之上，在海洋之上，在黑暗的暴风雨之上，在秃鹫群之上，许多永远被积雪覆盖的山峰的名字是多么不足以形容它们！喷火的科多帕希，孤独的喃喃自语在两百里格之外就能听到。还有钦博拉索山、安蒂萨纳火山、萨拉塔山、伊利马尼山、阿空加瓜山——这些山脉的名称如同神明的名字（无法改变的帕查玛玛和维拉科查）影响着我们，山脉就是他们永恒的花岗岩王座。

与哈德逊一样，人们很容易以为安第斯山脉肯定古老得不可估量。但从地质学的角度来看，它们相对来说却很新，尤其是和圭亚那地盾或北美的阿巴拉契亚山脉相比。后者是近五亿年前产生的。相比之下，安第斯山脉生长最旺盛的时期是最近的三千万年。在此期间，卡拉鹰和雕齿兽、剑齿有袋类动物一起享受着这片与世隔绝的大陆。上升的安第斯山脉迫使向西流动的亚马孙河改道向东。它的最近一次急剧升高是从美洲两片大陆终于相遇时开始的。

遗传学证据表明，安第斯卡拉鹰的谱系大约在这个时候离开了它们居住在森林里的兄弟，甚至有可能跟随一波北方移民进入了山区。这些移民中就包括了小羊驼的骆驼祖先，以及如今已经在那里灭绝的乳齿象和马。安第斯山脉又长又窄，大部分山区的平均宽度只有三十英里。数百万年来，这些动物在狭长、凉爽的带状沙漠、草原和高沼地中安家，脚下是闷热难耐的热带森林。山脉到了火地岛这里才向海洋倾斜。这条带子就像吞下了一颗蛋的蛇，在被称为阿尔蒂普拉诺高原的中央隆起处拓宽。砖红色的沙漠、闪光的盐池和嘶嘶作响的活火山口，坐落在智利、秘鲁、玻利维亚和阿根廷的交界处。这里是继西藏之后地球上最高、最大的高原，且和圭亚那地盾一样，它也是大陆上最荒凉、最少有人居住的地方之一。

这里也是山地卡拉鹰的腹地。和达尔文一样，我只在那里见过山地卡拉鹰，但它们无处不在的脚印随处可见。脚印出现的地方留下的其他动物足迹，通常只属于小羊驼、美洲狮、害羞的金色山狐和我。除了卡拉鹰，我们都是来自北美的移民，即使经历了生物大迁徙、大型动物灭绝和仍在喷发的大地所带来的重重生物挑战，我们还是学会了在南美洲最恶劣的环境中生存。在不到三百万年的时间里，阿尔蒂普拉诺高原就从海平面上升到了平均一万两千英尺的高度。高原上高耸的山峰被成片的新鲜出炉的熔岩覆盖，看上去仿佛属于一个没有生命的星球。科学家会利用被太阳晒枯的大片火山玻璃作为火星表面的替代品。在距离圣佩德罗-德阿塔卡马几英里的地方，世界上最强大的望远镜列阵指向天空，强调和地球其他大部分地区相比，外太空其实更靠近高耸的安第斯山脉。

但阿尔蒂普拉诺高原的荒凉与热带森林的繁茂一样具有欺骗性。尽管山脉会喷出高温的泥巴与岩石形成的河流，杀死途经的一切，但沉睡山峰上的积雪却为隐蔽的峡谷送来了清澈冰凉的山泉水。这些沙漠河流还会汇聚在一起，流入一百五十英里外的太平洋。但大部分都会在其源头可见的范围内断流，在盆地中聚集、蒸发，沉淀出来的盐堆就像耸立在粉蓝色湖泊中的冰山。

其中一座碱性绿洲就是普杰萨盐湖，位于智利的阿尔蒂普拉诺高原中心。我曾在那里度过了人生中最寒冷的一个夜晚。普杰萨的湖床上结满了干泥块，周围是粉状的盐，海拔近一万五千英尺——比美国南方的任何一座山脉都高。用"超凡脱俗"来形容它似乎词不达意，这不过是对我们的世界中我从未想象过的世界的另一种描述。傍晚时分，小丘似的盐堆似乎从里面被点亮，微微发光的表面映照出一圈巨大的山麓，被夜晚从山上吹下来的风雕刻、打磨。它的广阔和寂静暗示这里的动物生命尚未进化，或者已经走到了尽头。岸边，一排卡拉鹰的足迹表明它们曾偶然到访。透过双筒望远镜望去，远处略带粉红色的烟雾变成了整个南美洲（如果不是整个世界的话）最奇特的景象之一——成千上万只微微发亮的火烈鸟。

高耸的安第斯山脉是三种火烈鸟的家园。这可能会令那些将火烈鸟与加勒比海或东非联系在一起的人大吃一惊。有些火烈鸟会长途跋涉来到阿尔蒂普拉诺高原避暑，冬天再转战智利和阿根廷的多草低地。哈德逊童年的亮点之一，就是看到三只智利火烈鸟庄严地涉水穿过雨后被淹没的草坪。这种鸟的身高几乎是一个男孩身高的两倍。但普杰萨盐湖的詹姆斯火烈鸟是地球上最矮小的火烈鸟品种，只有三英尺高。它们从未离开过阿尔蒂普拉诺高原，白天总是在进食，将黄灿灿的嘴埋进盐湖的碱性水中，过滤出红藻。正是这种藻类赋予了它们著名的颜色。夜晚，它们会在温泉出口处挤作一团，在气温降到零下时把头埋进翅膀下，一站就是好几个小时。

这些看似脆弱的鸟似乎是不可能在如此寒冷、有毒的地方度过一生的。但它们活了下来，在太阳下山、带走白天的热量之后，仍坚定地站在盐湖中。我整晚都在睡袋里瑟瑟发抖，聆听风吹过盆地时的低吼。凌晨时分，低吼声被狂野不羁、起伏不定的断续呼啸声代替。那是火烈鸟在用它们的存在彼此安慰："我在这里，我在这里。"我赶在黎明前起床时，星星已经消失，鸟儿也归于平静。暗淡的天色中，它们与其说是一群鸟，不如说是一片树丛。它们将身体紧缩成粉色的球体，抖松羽毛抵御着寒冷。

阿尔蒂普拉诺高原的盐湖如此扣人心弦，既吸引眼球，又吸引心智，以至于你很容易受到它们的诱惑，忘记了高原沙漠更广泛的生命模式。盐田是火烈鸟及其微小食物的避难所，其中几乎没有别的生命存在。高大的安第斯山脉真正的生命摇篮，是盆地上方的狭长绿色三角洲泥炭地。清澈的溪流呈扇形散开，流入充满垫状植物和矮草的沼泽中。这些绿洲几乎不显眼，因为它们通常都藏在地缝中，突然呈现出的绿色令人震惊。泥炭地看上去既脆弱又奇异，但它们被深层的泥炭隔开，辫状的小溪里栖息着大量的鸟类。鸭、鹅、鸥和矶鹞,一年四季都挤在与世隔绝的湿地里。有些只是路过,但更多的的则是无他处可去,包括角瓣蹼鸡和高山栖鸟等古怪品种。

在我发现死去的小羊驼的地方向北几英里处,有一片特别肥沃的泥炭地。那里有座名叫瓦多-德普塔纳的湿地,聚集了源自四座火山山峰的水。四座山峰分别是阿帕加多和库里肯克的驼背山脊、科罗拉多山丘的锥形山峰和本身就笼罩在一层薄薄硫黄云中的普塔纳山峰本身。随着高速公路攀上山麓,这些山脉的轮廓在地平线上时起时落。湿地没有任何显露的迹象,直到山顶露出一片宽阔的、闪闪发光的水景和植被。我看到它的那天早上,小羊驼一家正小心翼翼排成纵列朝着山下的水走去,警戒着草丛里躺着的美洲狮。浅浅的水池中挤满了巨型蹼鸡。这是一种又大又圆,和母鸡一般大小的黑色水鸟,前额上顶着一块黄色骨质肉盾。通过望远镜,我辨认出一小群黑翅草雁正在郁郁葱葱的垫状植物间休憩,旁边站着一对山地卡拉鹰。

我想象不出还能在哪个更有戏剧性、更适合的地方看到它们。正如加西拉索·德拉维加描述的那样,瓦多-德普塔纳是山下的一个小湖。两只鸟紧挨着彼此站着,几乎要贴在一起,表明它们的关系十分亲密。它们看起来很放松,甚至是在沉思,而早晨的阳光照在它们黑色的翅膀和白色的肚皮上。这里没有什么会让它们害怕的东西,只有一片绿洲可供它们饮水、沐浴。它们之后会谨慎地返回沙漠,寻找被美洲狮杀死或是丧命于卡车车轮下的动物。它们的脑海中可能有张阿尔蒂普拉诺高原隐蔽湿地的地图。那天晚上，我会再次见到它们有目的地在毫无特色的橙色砂砾平原上翱翔。不知道还有什么是它们看得到，而我却看不到的。那似乎是一种令人羡慕的生活。

关于安第斯卡拉鹰的故事，还有两个没有交代的问题，都与达尔文有关。其中一个是他在阿尔蒂普拉诺高原以南三千英里的巴塔哥尼亚射杀的神秘鸟。那不是一只山地卡拉鹰，不过他的想法也不算太离谱，那是另外一种新型巨隼。鸟类学家约翰·古尔德将它命名为白喉卡拉鹰。达尔文的标本仍旧保存在大英博物馆的藏品中，被整齐地塞在一只纸套管里。它没有肉冠卡拉鹰身上的斑点或红色肉垂，但酷似山地卡拉鹰，只不过下腹部的白色羽毛一直延伸到下巴。

白喉卡拉鹰十分罕见，以至于很少被人提起，而且从未得到过正式的研究。有关它们的描述通常包含"据推测，类似山地卡拉鹰"等。由于安第斯山脉南部与北部的年轻山峰相对较矮，所以白喉卡拉鹰的栖息地不像库里肯克那样面积辽阔。但和这群北方的表亲一样，白喉卡拉鹰通常远离人类，更喜欢偏远的高地和草地。在那里，美洲狮和狐狸会为它们带来腐肉。在朱莉娅·克拉克找到恐龙的那座山谷里，我曾看到四只白喉卡拉鹰正费力地从一只骆马的尸体上刮除零碎的皮肤和毛发。我还在几百码外的地方，它们就逃开了，反刍出来的一粒食物在风中滚落——黄棕色的小球中夹杂着皮毛和甲虫壳。

不过，有的白喉卡拉鹰可能改变了对我们的看法。这也许是受到了生活经验更加丰富的那些卡拉鹰的影响。如今，最能确保看到它们的地方之一是阿根廷庞大的乌斯怀亚港口。它从火地岛一座树木丛生的山坡上倾斜而下。乌斯怀亚是南极游轮的主要出发港，这里的大部分游客都想前往更加遥远的南方。巨隼历史上某个独特的时刻就是在这座城市的郊区展开的。

　　要想一探究竟，你必须从港口往坡上走，经过成群结队穿着红色夹克的游客和摆满玻璃企鹅的小亭子，在一座令人毛骨悚然的旧监狱（这里如今是一座令人毛骨悚然的老博物馆）向东转。这座监狱曾被当作集中营。从这里开始，出城的唯一路径就是一条通往阿拉斯加的高速公路，或是通往城市垃圾填埋场的土路。垃圾填埋场位于奥利维亚山的山脚。这座表面参差不平的山峰很小，却又十分壮观。几年前，当我到达填埋场入口的大门时，保安羞涩地接过一包马黛茶，注意到了我的双筒望远镜，问我是否在寻找那种黑白双色的小个子鸟。我说是的——他会意地笑了笑，抬起了大门。

　　我在露天垃圾场的护堤上找了一个有利位置。一台推土机正在那里分拣这座城市产生的成堆垃圾，身后扬起一团灰色的烟尘。大约三十只看似疲惫的鸟跟在它的后面，仿佛送葬队伍中的吊唁者。它们全都是卡拉鹰，大部分都是叫隼——哈德逊童年见过的那种灵巧的小型食腐鸟。不过其中也夹杂着两只体型较大、趾高气昂的凤头卡拉鹰。殿后的是三只白喉卡拉鹰。它们的胸脯被泥土和尘垢弄脏了，行动犹豫不决，仿佛不确定该如何看待这个地方。它们会用嘴撕咬塑料碎片，用双脚扒拉尘土，每过几秒钟就抬头看看同伴，确保自己没有错过任何东西。这些鸟让我想起了贾森·琼斯在秘鲁看到的那几只翻动岩石的鸟。和他一样，我觉得自己也在目睹什么不同寻常的画面。叫隼和凤头卡拉鹰过去常与人类打交道，但这些白喉卡拉鹰可能是它们的种族中第一批见过城市并选择靠近这里的。和大部分决定搬来与我们共处的动物一样，它们也是通过垃圾了解我们的。

就一座垃圾场来说，这里的风景格外优美。从护堤上往南眺望，越过乌斯怀亚层叠的屋顶，你的视线会落在一条名为比格尔海峡的狭窄海道，然后是长长的、被雪覆盖的纳瓦里诺岛。这座智利的岛屿标志着南美洲人类聚居地的南方边界。纳瓦里诺以南，由无人岛和峡湾组成的迷宫绵延九十英里，一直延伸到大陆的边缘。那里的山毛榉森林被成片的图萨克草丛（和福克兰群岛最荒凉的海岸边排列的图萨克草丛一样）代替。

很少有人能够看到这片裸露在外的大陆边缘，但它们与四千英里外的库里肯克高山稀树草地惊人地相似。这里也拥有独一无二的卡拉鹰品种。这种离开安第斯山脉，长期流亡在外的鸟，学名叫作红腿卡拉鹰，是南方的巨隼。由于早期分类学家的错误，达尔文误将它们命名为"新西兰杂食鸟"，但它们其实和新西兰一点关系也没有。

在福克兰群岛，它们被称为条纹卡拉鹰。

# 新城镇，新事业

在距离牛津大学哥特式的塔楼和翠绿色庭院十英里的地方，一只名叫布布的条纹卡拉鹰，生活在米列特农场中心后面的猎鹰公园里。米列特农场中心既是农产品市场，也是旅游景点，号称拥有新鲜出炉的乳蛋饼、下午茶、巨型蹦床、儿童爱畜动物园和英国第一座玉米迷宫。这里不太像是能够见到一只条纹卡拉鹰的地方。我之所以能找到它，仅仅是因为布布和它的饲养员詹姆斯·钱农发布在网上的视频。詹姆斯是个三十岁出头的黑发男子，像个男孩一样顽皮可爱。视频中，詹姆斯似乎对布布深深着迷。一人一鸟的和谐关系，让我想起了杰夫·皮尔逊早年间有蒂娜相伴的日子。

我见到它们时，布布已经从一只好斗的雏鸟长成了线条优美的年轻成鸟，但詹姆斯对它仍旧怀有似乎无法解释的喜爱之情。布布通风良好的鸟笼里到处都是毛绒玩具，像个极度活跃的学步婴儿的卧室。詹姆斯说它已经成了顾客的最爱，尽管（或许是因为）它喜欢富有想象力的混乱。一天下午，它吃掉了他摆出来给人类客人吃的一盘饼干，让他吃了一惊。在一次难忘的飞行展示中，它跳过高高的篱笆，钻进了隔壁的花园中心。几分钟之后，詹姆斯找到它时，发现它正在那里吃着草莓。

和杰夫一样，詹姆斯告诉我，是布布训练了他。而和蒂娜一样，它也是偶然走进他的生活的。他去伦敦动物园购买被称为黑鸢的食腐猎鹰，却发现已经买不到了。但布布可以买，于是他把它带回了家。刚把它安置在自家房子后面的鸟舍，詹姆斯就试图用训练茶隼或游隼的方式来训练它，用上了皮带圈和皮头罩。但它不愿意，尤其讨厌皮头罩，变得既聒噪又好斗，棘手到他只好放弃，放任它不管。

在那之后，詹姆斯惊讶地发现，布布变得友善、合作起来。它是他见过的第一只不需要崩溃就能接受他的猛禽，而且似乎十分享受表演。平日里待在米列特的布布会绕着飞行竞技场又跑又跳，在客人的腿间横冲直撞，撞倒写着"猎鹰排泄物"的桶，解开涉及花盆的多步骤谜题。每个任务都会有食物奖励，但詹姆斯说，布布即使吃饱了肚子也愿意去执行。这个事实至今仍令他感到震惊，因为它打破了驯鹰术的基本原则。

布布的另一个奇怪之处与它的邻居渡鸦洛基有关。詹姆斯在米列特饲养了大约九十只鸟——从仪表堂堂的草原鹰，到三只被他的女儿命名为"三乔"的穴鸦。洛基是中心唯一一只长着羽毛却不属于猛禽的住户。作为世界上体型最大也最聪明的乌鸦，渡鸦以喜欢游戏、恶作剧和抽象的推理而著称。詹姆斯之所以把洛基与布布并排安置在一起，不仅是因为以上这些都不适用于它们，还因为他认为它们是自己所拥有的最聪明的鸟。

"这两个家伙绝无仅有，"他站在它们的鸟笼旁说，"它们会把头伸出网子，看外面发生了什么。"洛基和布布看不到彼此——它们之间隔着一块胶合板——但如果詹姆斯不先喂布布，它就会放声尖叫。如果洛基感觉自己没有得到足够的关注，也会敲响银铃。要是它们同时感觉自己受到了冷落，还会大声喧哗。可它们并不是朋友。"这很有意思，"詹姆斯补充道，"因为它们是那么的相似。"

的确如此。尽管不属于近亲，但洛基和布布看上去几乎像是同一种生物的两个变种。它们的大小和体型差不多，还拥有类似的警惕性和好奇心，完美无缺的长长翅膀特别适合乘风而上，所以在飞行时几乎可以相互替换，很容易被认错。和布布的住所一样，洛基的"公寓"里也摆满了毛绒玩具。

不过这两种鸟在野外的区别十分鲜明：条纹卡拉鹰只生活在少数的几座岛屿上，但渡鸦几乎是世界上分布最为广泛的鸟类之一。

奇怪的是，二者的相似性也许反映了它们从未谋面的事实。这两种鸟很少长期占据同一生态位，因为竞争往往会将它们的生活分开，但渡鸦和条纹卡拉鹰从没有机会竞争。条纹卡拉鹰从未离开过南美洲，渡鸦也从未涉足过那片土地。它们几乎像是在不同的星球上进化而来的。在布布的祖先爬上安第斯山脉的年轻山峰时，渡鸦已经占据了北部世界新的可用土地。

基因证据表明，第一批乌鸦是在欧亚大陆中部进化的。上一个冰河时代（更准确地说是更新世时期），也就是两百万年至一万年前之间，南北美洲充斥着大型动物，全球平均气温比如今低大约十一华氏度。通过进入被这一时期的巨型冰川抹平的区域，乌鸦似乎找到了自己的物种身份。这样的气温足以将我们星球的大片土地埋藏在冰雪之下。随着冰川的融化，这些地方出现了崭新的地貌。一些具有开拓型的动植物竞相为自己创造新生命，就像白垩纪大灭绝的灾难为哺乳动物的时代扫清了道路一样。

在北半球，这种由沙漠、草原和苔原组成的后冰期景观，令安第斯山脉的高山带相形见绌。冰层已将亚洲北部以及如今归属加拿大和美国北部的每一平方英寸土地都磨成了碎片。覆盖北部新世界的巨型冰川如今已经消失，但你仍旧能在冰雪覆盖的高纬度北极岛屿上觉察到它的存在。那里为期一个月的夏季会展现出一片裸露的岩石景观，仿佛地球被剥得只剩下矿物骨架。

但这里也不是毫无生机。生活在北极的动植物会利用一个月不间断的日光来寻找生计。渡鸦很早就明白，冰川不断后退的边缘充满了机遇。它们的好奇心和群居智慧，在这片富足却难以预测的世界里发挥了很好的作用。在这里，它们能以驼鹿、麋鹿和水牛的尸体为食，餐间还能以小型哺乳动物、种子、昆虫和其他鸟类的蛋作为补充。如今的渡鸦生活在整个北半球范围内，但似乎格外喜欢高山和狂暴沙漠这样的极端环境。生物学家乔治·夏勒在攀登喜马拉雅山的过程中，曾在最恶劣的环境里见到过渡鸦，惊讶于它们的顽强。"无论你走到哪里，乌鸦迟早会出现。"他说，"在零下四十度，没有任何生命迹象的地方，居然还能看到渡鸦！"

夏勒可能不会相信，那时他自己才是被关注的对象。和在潘帕斯草原上尾随加乌乔人的南美凤头卡拉鹰一样，渡鸦也学会了跟随更加强大的猎手——剑齿虎、熊、狼和人类——会分享或偷窃他们打死的猎物。某些渡鸦甚至会引导捕食者去寻找猎物，这样自己也能分上一杯羹。对于精明的食腐动物来说，跟随人类是种有益的策略，因为我们会在身后留下一连串可以食用的垃圾。

即便如此，第一批对我们感兴趣的渡鸦可能纯粹是出于好奇。和我们一样，它们似乎有种强烈的需求，要让自己的生活充实起来，而不仅仅是寻找食物和伴侣。它们有时表现得好像自己最可怕的敌人不是饥饿，而是无聊。它们的休闲活动包括仰面朝上，从雪堆上滑下来，在其他动物身上耍些小把戏，上下颠倒着飞行，从高空中丢下鹅卵石和骨头，然后从空中俯冲下去、接住它们。

史前人类花了很多时间观察渡鸦，反之亦然。鸟类对世界的掌控似乎易如反掌，以至于有些人怀疑是它们创造了这个世界。在许多北方神话中，渡鸦扮演的角色既有被诅咒后再生转世的灵魂，也有为世界带来光明的仁慈灵魂。不过它们也有骗子和小偷的坏名声——正如生物学家贝恩德·海因里希在其著作《渡鸦的头脑》（夏勒也在这本书中出现过）一书中指出的那样：

> 乔治·夏勒告诉我，他曾在蒙古看到一对渡鸦合作从正在进食的猛禽口中夺取老鼠。与之相似，在黄石公园，雷·波诺维奇报告称，他看到一只红尾猎鹰抓到了一只松鼠。两只渡鸦靠了过来。其中一只在前面吸引猎鹰的注意力，另一只则灵巧地从后面抓走了松鼠。卡斯腾·欣纳里奇在德国的布吕克，也曾目睹渡鸦连续三次用同样的手段从一只狐狸的手中抢走了田鼠。

你可以轻易把这些故事中的渡鸦换成条纹卡拉鹰。例如，在福克兰群岛，成双成对的条纹卡拉鹰有时会合作将跳岩企鹅从窝里赶出来。一只卡拉鹰分散企鹅的注意力，另一只就可以偷走一只小雏鸟或一颗蛋。不过它们也和渡鸦一样很有本领，能够寻找似乎不太可能的食物新来源。在福克兰群岛研究条纹卡拉鹰的生物学家凯蒂·哈林顿，最近在某座岛屿上度过了一个南国的夏天。那里的卡拉鹰会在退潮时聚集到岸边，在海藻中仔细搜寻猎物，并在岩石下寻找帽贝。这对猛禽来说是个很不寻常的举动。但她经常看到条纹卡拉鹰做出一些有趣的事情；她曾经花过好几个下午观察它们玩耍干海藻团成的球——和蒂娜叼着杰夫的钥匙玩耍一样——把海藻球滚来滚去，抢来抢去。当一只大胆的卡拉鹰从潮汐池中拖出一只巨大的红色章鱼时，连凯蒂都惊呆了。"条纹卡拉鹰一下子把章鱼拽到了岩石上，"她写道，"章鱼翻着肚皮躺在那里，挣扎着想要翻过身来。"

在六分钟的时间内，就有超过三十只鸟包围了章鱼，将它吃得只剩下脑袋的部分……饱餐过后，鸟群散开，有的鸟躲在附近的岩架下消食，其他的退到毗邻的悬崖上渗出的淡水中喝水，好把食物顺下去。

这是唯一一则有关猎鹰捕杀章鱼的记录。凯蒂表示，南方红章鱼的其他捕食者只有海狮、巴布亚企鹅和人类。但我猜在这一点上，若是你们听说卡拉鹰的饮食中还有一样不太可能的东西，应该就不会太过惊讶了，因为食物的多样性似乎已经被写入了它们的DNA。福克兰群岛海边的条纹卡拉鹰完成了巨隼对整个安第斯世界的征服——从赤道火山到海平面。凯蒂为它们竟然拥有能够做到这一点的头脑而感到惊讶。"章鱼可能很聪明，"她写道，"但它们在条纹卡拉鹰这里遇到了对手。"

这是有可能的。不过，尽管条纹卡拉鹰足智多谋（即使渡鸦和条纹卡拉鹰在智力方面旗鼓相当），一个令人不安的事实仍旧存在：无论以什么标准来衡量，就算布布肯定比洛基聪明，也不足以挽救布布的种族免于灭绝。当北方世界的冰川消退，洛基的祖先继承了一片广阔的王国。布布的祖先在安第斯山脉隆起时离开了森林，也同样拥有了辽阔的天地。但南北半球之间存在着明显的差异。渡鸦的领地包括北方冰原曾经覆盖的范围，而且远不止如此，还包括面积达数千平方英里、环绕地球的高纬度地区。但在遥远的南半球，条纹卡拉鹰被极地涡旋限制在寒冷的南极地区和极地海洋，如同进入了地理上的死胡同。让渡鸦成为现在这个模样的同一种气候力量似乎也创造了条纹卡拉鹰，不一样的是，这个气候又将后者关了起来。

与北美不同，南半球的新大陆并没有被冰雪覆盖。南美洲的大部分土地都集中在热带地区，过于温暖。但安第斯山脉遍布冰川。这些冰川将各个高山栖息地分割成岛屿，也隔开了巨隼。它们羽毛的细微差别就是这种隔离的标志。如你所想，基因分析显示，它们分道扬镳的时间可能就在五十万年前，即冰层先后几次前进和后退之时。你甚至可以说，条纹卡拉鹰和我们的历史一样悠久。它们的谱系与其他巨隼产生分化时，正是产生现代人类的亚人族在非洲出现分化的时间。很有可能是冰河将条纹卡拉鹰与它们最近的亲缘动物分隔开来，然后将它们向南、向西推向了火地岛。

条纹卡拉鹰的祖辈被困在冰与海的夹缝之中，本来轻易就会从大陆被驱赶至海洋，但一次好运似乎拯救了它们：在最后一刻，巴塔哥尼亚冰原停在一个多山岛屿的门阶上，这座岛屿尚存的山峰中就包括合恩角。这座岛屿的海岸看起来很像它如今被淹没了一半的遗址，上面遍布海鸟和海豹，还有被极地涡旋带来的西南风吹得东倒西歪的图萨克草丛。在这片寒冷却无冰的避难所里，条纹卡拉鹰的祖先们适应了作为沿海食腐动物的新生活。风很容易就能将它们向北、向东吹向福克兰群岛。

从这个角度来看，条纹卡拉鹰令人困惑的活动范围突然讲得通了：那是如今已经大部分沉没在海底的冰河时代避难所的遗迹。它们如今还能在那里生存，全靠聪明和运气。但达尔文的猜想是错的：条纹卡拉鹰从未选择福克兰群岛作为自己的中心。冰川驱使它们从安第斯山脉飞下来，前往地球的最远端，是风将它们放逐到了那里。


在比合恩角更南的地方，是名为迭戈–拉米雷斯的小岛群，坐落在南美洲大陆架的边缘。岛上为数不多的人类居民，是几个负责维护灯塔和气象站的智利水手。长满青草的山峰和1834年达尔文在小猎犬号的甲板上瞥见的景象几乎一模一样。在合恩角享有盛名的风暴中，这条船几乎倾覆。浑身被水浸湿的船员没有在一连串裸露的岩石间停留，也不曾探寻这个世界的最远端。但海豹猎手们告诉达尔文，条纹卡拉鹰就生活在这里。他几乎无法相信猛禽能在如此与世隔绝的地方生存。"它们的全部食物肯定都要依靠大海。"他惊奇地表示。

事实的确如此。和斯蒂普尔贾森岛一样，迭戈-拉米雷斯群岛是企鹅、信天翁和穴居海燕的繁殖地。这些都是条纹卡拉鹰在冰河时代就学会喜爱的猎物。群岛上的条纹卡拉鹰也是地球上最南端的猎鹰。它们与南极洲之间只隔着一条德雷克海峡：在这段五百英里的旅途中，凛冽的狂风和三十英尺高的巨浪令达尔文既恐惧又敬畏，浑身发抖。"大海看起来是那样的不祥，如同一片荒凉起伏的平原，上面积着一片片飘落的雪花。"他写道，但是"当船艰难行进时，信天翁还能乘风展翅滑翔"。

对迭戈-拉米雷斯的海鸟而言，德雷克海峡一点也不可怕，而是它们的家园。如山峦般起伏的海水意味着食物、饮水，甚至是一张床铺；它们可以蜷缩在海面上入睡。但对迭戈-拉米雷斯的条纹卡拉鹰而言，这片海域就像是死亡谷。它们不会游泳、不喝盐水，也无法得知自己竟如此靠近祖先的家园——那片很久以前曾帮助挽救过动物世界，后来却收起吊桥将自己冻成一片死寂的大陆。

具备悲剧思想的作家可能会倾向于把它们留在那里。除非人类对待地球生命的方式发生巨大的转变，否则我们有充分的理由称颂条纹卡拉鹰。它们对南美洲的最远端发起了探索，不料却回到了起点，渐渐消失。条纹卡拉鹰赖以生存的健康海洋遭到我们的过度捕捞，出现了酸化、变暖的问题，还充斥着塑料垃圾。如果南方海洋的食物网络分崩离析，海鸟之类的较大型捕食者就会濒临灭绝。这两点因素无疑也会带走条纹卡拉鹰。

还有海平面上升的问题。在接下来的一个世纪里，福克兰群岛将大幅缩小，其中众多最小、最低的岛屿会直接消失。信天翁和企鹅也许能在比较温暖的南极洲找到新的繁殖地，但条纹卡拉鹰不太可能跟随它们，理由和它们没有前往福克兰群岛东南八百英里处的南乔治亚岛定居一样：那里虽然鸟类资源丰富，但是距离太过遥远。极地涡旋会将任何流浪的卡拉鹰吹向北方，送入南大西洋的开放水域。

看来，令达尔文既困扰又快乐的"飞天猴"已经进入了生命中最不稳定的阶段。和瓜达卢佩卡拉鹰不同，它们悠久的历史足以让我们在意，但它们的岛屿家园即将进一步缩小，最重要的猎物也很快会离它们远去。这也许就是星球变暖的样子，我们要被迫接受那些已经失去人类控制的物种正在走向灭绝。但每一次我想到它们牢笼般狭小的活动范围，就会忍不住去思考让它们逃脱的方法。如果条纹卡拉鹰还有可能被挽救，不去试试仿佛说明我们无情无义、缺乏想象力。

每个物种都有自己的发源地，一个它初次离开祖先发祥之路的时空。我们的发源地位于非洲的中心地带。在那个气候凉爽、雨水充足的年代，那里遍布低矮的山脉、河流和充满动物的连绵草原。它的印记即便没有留存在我们的意识中，也烙印在我们的基因里——尽管那个地方现在大部分都是撒哈拉沙漠。也许它的画面仍会在我们本能的美感中出现，让我们莫名被某种风景吸引，同时也体现在我们会用何种方式来塑造周围世界的形状。

　　如果对最初家园的渴望会一直根植在我们的脑海之中，那我们可能并不孤单。大部分动物如今都居住在远离自身起源地的地方，且每个物种理想的生活地点都是不一样的。仅存的西伯利亚虎可能会在基因的记忆中，漫步于印度灼热的阳光和辽阔的湿地间。北卡罗来纳山麓地带的红喉蜂鸟可能会梦到安第斯山脉的低坡。埃及的骆驼也许会苦苦思念遍地黄金的北美中部地区。深海虾可能会向往向深海平原喷射热气和矿物质的热泉。但有几个物种从未真正了解过被放逐的滋味。海鬣蜥是一种鼻子短平且上翘的动物，以海藻为食，无忧无虑地成群躺在赤道的阳光下。它们仍旧生活在加拉帕戈斯群岛的伊甸园中，可能永远都会生活在那里。

　　条纹卡拉鹰也从未离开过让它们最终进化成今天这副模样的地方，一直生活在世界最远端的古老避难所中。但它们也许需要离开。和我们一样，它们的逃离路线也许是沿着海岸。人类花了很长时间才离开非洲，但我们是通过沿着海岸才做到这一点的——这条路线最终将我们带到了欧洲、印度、亚洲、澳大利亚和美洲。为了完成这次大迁徙，我们赖以生存的特征和策略，与途中遇到的乌鸦、卡拉鹰所用的一样：群居、好奇、创新，几乎对任何食物来者不拒。

从这个意义上来说，条纹卡拉鹰就是我们的写照，就像它们是渡鸦的写照一样。要想生存下去，它们的旅程就必须从我们结束的地方开始。巴塔哥尼亚冰原的两大部分仍残存在安第斯山脉南部，但已经不会阻挡它们北上的路线。某些条纹卡拉鹰似乎已经意识到了这一点：零星有几只卡拉鹰曾出现在合恩角以北数百英里的智利沿岸。那里的水湾和岛屿曾经躺在两千英尺的蓝冰之下。如果它们继续"跳岛"之旅，最终会来到与自己认识了二十五万年的世界截然不同的一片天地。合恩角与圣地亚哥之间的智鲁岛居民某天早上醒来时，会发现一群满怀好奇、如同乌鸦般的猛禽坐在自己的花园里。

不过，它们所剩的生命可能还不足以完成这趟旅程。就算一部分智利的条纹卡拉鹰能够逃离遥远南方的束缚，福克兰群岛上的鸟儿可就没那么幸运了。和斯蒂普尔贾森岛上迷失的叫隼一样，福克兰群岛上的条纹卡拉鹰受困于极地涡旋形成的无形墙壁，无法离开。在岛屿逐渐缩小的过程中，G7在斯蒂普尔贾森岛的家庭成员可能只有一种不会导致自身灭绝的未来——那就是让我们出手相助，像莱恩·希尔那样，展开大规模的"捕鸟"行动。

这样的先例至少发生过一次。二十世纪二十年代，一群叫隼在复活节岛（也叫拉帕努伊岛）被放飞。这座岛屿位于智利以西两千英里，与世隔绝。人们在这里引入叫隼是希望它们能够打压横行的老鼠，但它们很快就适应了哈德逊在潘帕斯草原上看到的那种生活：在农场和垃圾堆里寻找腐肉，为牲畜梳理毛发，从毫不提防的鸡那里偷盗鸡蛋。（复活节岛的岛民对这些鸟既喜爱又困扰，将它们称为"小偷鸟"。）几个世纪前，波利尼西亚殖民者摧毁了拉帕努伊岛上的森林和大部分的野生动物，但叫隼似乎在替代了森林的辽阔草原上有种宾至如归的感觉，时常栖息在岛上著名雕塑巨大的头部上。它们没有竞争对手，且和追逐消退冰原的渡鸦一样，它们是一波新殖民者中的先锋，在旧世界的废墟上建立了新的世界。

要是有机会，条纹卡拉鹰可能也会这么做。当我们谈及"受到威胁"的动物时，往往是在暗示，我们正是威胁的来源。我们通常会想到两种方法来拯救它们。第一种是将遭到捕猎或被驱逐出原住地的动物送回去。目前人们正在持续努力，将北美最大的鸟类加州秃鹫重新引入其历史活动范围——这就是这一方法的典范。另一个例子是被称为红鸢的猎鹰。二十世纪初，这种会杂耍的鸟曾被残害到几乎灭绝。人们将野生红鸢从西班牙重新安置到英国各处，令它们叉尾的剪影重新成了英格兰、苏格兰和威尔士常见的风景。

第二种方法是对第一种的沿袭：为动物创造一个远离我们的避风港。有时这意味着创造不允许人类进入的保护区，但简单地改变附近人类居民的行为也能产生相似的效果，就像福克兰群岛政府停止重金奖赏上交卡拉鹰鸟喙的行为。正如一位科学家所说，"如果你会在一个地方遭到枪击，那这里就不算是什么栖息地"。1972年，杀害猛禽在美国成了联邦犯罪行为。从那以后，大部分北美猛禽的数量都在增长，即便其栖息地在某种程度上有所缩小。

但我们正在进入整个生态系统面临消亡的时代，保护每一块栖息地是不可能的——尤其是那些岛屿栖息地。随着海平面的上升，世界各地会有越来越多的非人类难民无家可归。如果想让它们存活，我们就需要更加努力地发挥自身想象力。我们也许会嘲笑莱恩·希尔在科茨沃尔德为企鹅、金刚鹦鹉和火烈鸟创造的仙境，但也不得不在更大的范围内思考类似的事情，因为新的无家可归物种的命运正掌握在我们手中。我们甚至必须要求它们去过一种新的野外生活——不是在消失的"那片"荒野中，而是在我们重新创造的"这个"世界中。

有些动物已经不请自来。举例而言，仅仅几十年前，北美东部还几乎从未听说过郊狼的存在。但它们现在已经成了大西洋沿岸众多城市和郊区的常见居民，效仿着松鼠、浣熊、负鼠、狐狸和渡鸦设下的先例。和卡拉鹰一样，这些动物擅长寻找和利用新机遇，而城市环境的进化压力进一步塑造了它们。最近的一项调查发现，居住在城市里的小型哺乳动物比其偏远地区的同胞拥有更大的大脑。

在植物界，银杏树是个不错的例子。银杏作为一个美丽而独特的树种，在温带地区几乎所有的城市都有种植。到了春天，很多人都能认出它们扇形的叶片和丰盛的果实散发的酸味。不过，很少有人知道它们在野外已经几乎灭绝。摧毁银杏树的不是缺陷、竞争或伐木，而是长期的糟糕运气。在经历了两亿五千万年的大陆断裂和气候波动后，幸存下来的银杏被限制在中亚的一部分地区。被我们称为印度的冈瓦纳大陆巨型碎片与这些地区相撞，推起了皱褶的喜马拉雅山脉，颠覆了银杏树的命运。在冰河时代，为今天的印度河与恒河提供水源的冰川剧烈膨胀，压倒了整座山脉上的森林。和条纹卡拉鹰一样，银杏树仅在少数几片避难所存活了下来。

如今，除了青藏高原东部又高又陡峭的大娄山上可能还有少数存量，野生银杏树已经不复存在。除此之外，它们只生活在被人工栽培的地方。但事实证明，它们是非常好的邻居。只要有充足的水和阳光，城市生活似乎十分适合银杏树。它们拥有传奇的御寒力，甚至还有六棵曾在广岛中心的原子弹爆炸中幸存。但它们之所以能够存活至今，只是因为我们将其置于自己的庇护之下，带着它们同进退，拒绝让它们死去。

我忍不住想，条纹卡拉鹰是否也能在城市中繁衍生息。它们从地球最荒凉的边缘地带进化而来，能以更多的好奇心、灵活性和投机心态在城市中巧妙地生存。条纹卡拉鹰似乎符合所有这些条件：学东西很快，不挑食，不介意人群，不需要大面积的领地。在一座城市中，它们并不会冒险破坏脆弱的生态系统，而城市又能无穷无尽地提供它们渴望的新鲜。2012年，卡林卡和老鼠实验团队的其他成员，在斯蒂普尔贾森岛上看到过一个惊人的例子，证实了条纹卡拉鹰的适应能力。当时，团队染色标记老鼠诱饵的消失速度比预期的快很多。当条纹卡拉鹰开始在巢穴里涂上绿色的粪便、咳出黄色的粉状粘稠物时，谜团自动解开了。对这些鸟来说，所幸诱饵没有毒，但谁也不曾料到它们会喜欢上荧光兔饲料的口味。卡林卡有些无可奈何地写下了自己的野外报告。诱饵似乎有可能在斯蒂普尔老鼠的身上起效，但英国皇家鸟类保护协会需要寻找的是一种能够杀死老鼠，却不符合爱管闲事的杂食猎鹰的胃口的方法。

近八千英里之外的英国，几只出逃的条纹卡拉鹰的冒险经历，更加明确地展示了它们适应城市生活的天赋。最近，达特穆尔动物园中一只名叫温迪的九岁条纹卡拉鹰，在一次飞行表演中朝着自由冲了出去。尽管它的饲养员声称它是"被大风吹得迷失了方向"，但它可能只是想知道，自己了解的世界之外是什么样子。在接下来的两个星期里，有人曾在德文郡的斯帕克威尔村、文顿村和阿格伯勒村看到过它平安无事的样子。最终，它被骗进一辆客车，载回了动物园。2009年，伍斯特郡某猎鹰中心的一只条纹卡拉鹰越过铁丝网，进入了网球场。令球员们感到震惊的是，它居然为他们找回了偏离方向的网球。《每日邮报》宣称它是一只"把自己当成球童的网球迷猎鹰"。2018年1月，一只名叫路易的年轻条纹卡拉鹰从摄政公园里的伦敦动物园逃走，在附近的基尔伯恩住了下来。据《卡姆登新杂志》报道，那里的人们看到它在大街上散步，"猛地钻进了一整只烹熟的鸡里"。逃逸十天之后，路易被抓回去进行了检查。人们宣称它毫发无伤。动物园发言人还表示，它似乎"做好了在城市环境中生存的充分准备"，而且"作为一个四处觅食的肉食者，它显然找到了许多可吃的残羹剩饭"。

莉玛纪念碑所在的海德公园，位于车水马龙的伦敦市中心，宛若一座绿色的岛屿，也许是将条纹卡拉鹰引入这座大城市的好地方。英国的圈养条纹卡拉鹰基因库很小，且十分不稳定。通过从福克兰群岛最拥挤的岛屿进口这种鸟，基因库能够得到重新补充。这样的实验也能丰富我们的生活，就像它丰富卡拉鹰的生活一样。人类肯定很喜欢看着它们学习在城市中穿行，甚至会把它们学习过程的照片发到互联网上——就像网上疯传鸽子学习乘坐伦敦地铁的照片一样。不难想象条纹卡拉鹰有模有样地在帕丁顿车站，学着钻过环线的旋转门，乘车前往汉普斯特德希思（或温布尔登），然后回家过夜。过不了多久，它们也许就会和伦敦塔上的渡鸦一样，从珍奇动物变成著名的吉祥物。

当然，我是半开玩笑的。这个计划将面临令人难以置信却有理有据的反对。不过，反对将某种受到威胁的猛禽从另外一座大陆引入危机重重的新大陆，理由也是非常充分的。但我们的世界正以前所未有的方式发生改变。要想拯救条纹卡拉鹰之类的动物，我们也许要将看似冒险，甚至不计后果的方式，拓展到野生动物保护的理念上。既然破坏其家园的正是我们，那么似乎只有我们学着与之共存，才算公平。想想这种鸟的谱系所有的成就，从以黄蜂为食的热带红喉卡拉鹰，到会翻石头的高原沙漠山地卡拉鹰，我们的城市似乎不太可能是它们无法应对的挑战。

卡拉鹰还拥有与人类建立亲密关系的奇怪本领，就好像它们能够看出谁的灵魂能与自己志趣相投。和它们一样，我们也是一个矛盾的种族，既顽固执拗又灵活变通，虽然会被变化激怒，却也能屈能伸，适应得了一切生活。美国自然历史博物馆的一个朋友，曾在皇后区的贫民窟看到一只渡鸦藏了半个百吉饼，于是对渡鸦也产生了同样的感受。最近的一天晚上，我从布鲁克林某个居民区的自助洗衣店走出来，听到一支铜管乐队正沿街走来，演奏着我听不懂的庄严复古音乐。这个社区的居民大多出生在美国以外的地区。我听到的声音虽然有些跑调，却是自信而欢快的，令我对人类的适应能力感到前所未有的震惊。一瞬间，我还在想这是不是最近流行的朋克游行乐队。

转过街角的游行队伍和我想象中的完全不同。一辆红色的皮卡汽车以庄严的速度在前面开道，后面跟着大约三十个美洲印第安人。他们穿着安第斯高地的传统服饰：黑色的圆顶礼帽和浅顶的卷檐软呢帽、白衬衫、红裙子和披风。他们在庆祝一年一度的乌尔库皮纳圣母节。乌尔库皮纳圣母是玻利维亚的圣母玛利亚。这群人将圣母的塑像摆放在卡车的拖斗里，周围装饰着一圈鲜花。更通俗地说，这个节日纪念的也是印加的大地女神帕查玛玛。某些游行者背着小号和中音圆号，其他人则举着与印加国有关的彩虹色旗帜。印加国的边境在任何地图上都找不到，却仍旧存在。几个戴着华丽面具的人一边转圈一边鞠躬，很像厄瓜多尔和秘鲁的库里肯克舞者，他们来自四千英里以外的一个世界，现在却在这个距离东河仅有一步之遥的地方，庆祝一位古代神明的新化身。我想不出还有什么能比这更清楚地提醒我们：各种各样的移植物和移居者都具有惊人的适应力，虽然生活可能会在新的地方采取新的方式，但他们总能把自己最初的家园记在心上。

# 兰兹角

　　泽诺是康沃尔西岸的一座小村庄，坐落在距离英国西南海角"兰兹角"十二英里的地方。康沃尔半岛的玄武岩悬崖和石墙环绕下的牧场，是英格兰最引人注目的原始景观。泽诺的诺曼式教堂和石头村舍挤在一座若隐若现的小山脚下，山顶上耸立着被称为突岩的巨型花岗岩。其中一块巨石上刻着"W. H.哈德逊经常坐在这里"的字样。一个阳光明媚的秋日下午，伴随着凉爽的西风，我爬上山寻找这块巨石。

　　在哈德逊人生中的最后十五年中，他被康沃尔粗犷的风景和人深深吸引。虽然他在避风港彭赞斯有一间房子，但西南海岸的荒芜高原和悬崖是他最喜欢的地方。和伦敦甚至萨弗纳克的森林不同，康沃尔海岸是一片醒目的荒野，超越了人类历史的界限，是哈德逊最珍视的一种感觉。他写道，他喜欢坐在突岩上"放空地长时间凝视浩瀚的蓝色大海和远处更加湛蓝的天空，空中也许还有些许飘浮的白云和几只翱翔的白鸥，增添了几分高度感与辽阔感"。如果他望向内陆，还能隐约看到被称为"石棚墓"的铁器时代坟墓。史前人类会将死者安置在这种巨石搭建的野外墓室中，让渡鸦来清理尸体。哈德逊喜欢调动五官，去触碰那个已经消失的世界，就像他在内格罗河的山谷中那样，思考自己在伟大却不完全为人所知的人类与动物生命史中所处的位置。"我们自己就是已逝往昔的活坟墓。"他写道。

哈德逊不相信转世轮回，但他认为那段未被写下的历史已经融入了我们的身体，文明只不过是"是一层习俗的外壳，而被它包裹着的更加深入、更加古老的内里，却是仍在燃烧的人类本性。《在巴塔哥尼亚的悠闲岁月》里有段话，预示了未来发展壮大的进化心理学的核心宗旨。该学科认为，人类的思想是我们最初进化的时间与地点的产物。而那个产物"真正进入我们灵魂、化作心理的东西是我们的环境"。他进一步说，它是一种"在一个遥远得无法想象的时代，那种与生俱来且成就了我们如今模样的原始野性。"对哈德逊来说，这与其说是一种科学结论，不如说是沙漠中的一个启示。

的确，我们拥有很强的适应能力，既能创造新的环境，也能在某种程度上与新的环境和谐相处……但旧的和谐肯定比新的和谐更好。如果我们的身体里存在"历史记忆"这种东西，那么在任何生命中，不管是愉快的或沉闷的，最快乐的瞬间就应该是大自然靠近的时刻：拿起被她忽视的乐器，弹奏一段很久不曾在地球上响起的旋律。

和在伦敦时相比，他在康沃尔听到这些旋律的机会更多，因此他会尽可能多地在那里停留——尤其是在漫长、寂静的冬季，当半岛上荒芜的牧场裸露出嶙峋石骨。天气晴朗的日子里，蝰蛇会从石头下面的洞穴里钻出来，为自己取暖。早在人类到达这里很久之前，它们就是这样做的。对哈德逊而言，这些冷血动物的快乐是一幅超乎想象的幸福景象。他写道："整个可见的世界，大海与陆地，就是一条闪闪发光的大蛇，它已经遗忘了心中的不满，平静地睡着，却还睁着大大的眼睛，面对着太阳。"康沃尔是你在英国境内所能找到最接近南美洲的地方。哈德逊在凝视西方时，肯定也曾想过自己和故乡之间只隔着一片大洋。就像他的生活一样，他的作品总是被划分为这两个世界。无论他在言语、举止和身份方面如何成了一个英国人，潘帕斯草原从未离开过他。

他最受赞誉的作品《远方与往昔》，是一本印象派的回忆录，毫不夸张地说，是他在高烧的冲动状态下创作的。1916

年，他在寒冷的天气中沿着多赛特海岸走了很长一段路，回到伦敦就病倒了。躲在毯子下瑟瑟发抖时，他惊讶地发现自己又回到了童年的时光。"仿佛乌云的阴影和阴霾都离开了，"他写道，"一望无际的辽阔景象在我的脚下清晰可见。"害怕这样的画面来也匆匆去也匆匆，哈德逊竭尽全力把它记在了纸上。当高热退去，他已经写出了一本难以形容的书稿。《远方与往昔》描述的不仅是哈德逊早年生活的种种，还有他内心深处的感受，读起来就像一位老人为自己年轻时的心境书写的随笔。正是在这本书中，他描述了自己对凤头卡拉鹰巢穴发起的糟糕突袭、卧室地板下群蛇"开会"时的声响，以及布宜诺斯艾利斯街道上守夜人的叫喊。

总体来说，这些都是幸福的回忆，但他却选择在书的开头叙述了一个他毕生难以忘怀的孤独的人。在哈德逊的记忆中，第一个到他家祖宅拜访的人，是在潘帕斯草原上四处流浪的精神病人。他每隔几个月就会过来一趟，用难懂的语言索要食物，一双"如猎鹰般敏锐的清澈灰色双眼"紧盯着主人一家。更让人感到奇怪的是他的衣服，那种装扮若不是来自另一座星球，就是来自另一个时代。"他穿了一双巨大的鞋子，"哈德逊回忆道，"脚趾处大约有一英尺宽，是用厚厚的牛皮做的，上面还留有毛发；他的头上戴着一顶高高的无边牛皮帽，形状很像一只倒扣的花盆。"

那件大衣——如果它可以被称为"衣服"的话——

大小和形状都很像巨大的床垫，是用无数块生皮缝在一起做成的。它大约有一英尺厚，里面塞着枯枝、石子、硬土块、公羊角、褐色的骨头和其他坚硬沉重的物体。他用几根皮带将这件几乎拖地的大衣绑在了身上……像是感觉自己绑在身上的负担还不够沉重，他还在支撑自己脚步用的沉重手杖末端拴上了一只大球，并在中间加了一个圆圆的钟形物体。家里的狗一看到他走近房子，就会既恐惧又愤怒地发起疯来。

威廉和他的兄弟姐妹称呼男子为"康-斯坦·洛-瓦伊"，因为那人经常用高亢且单调的声音重复这句话。他的故事结束时，人们在平原上发现他的尸体已经被沉重的服装压坏了。哈德逊称他"是我在人生的旅途中遇到过的所有怪人中最奇怪的一个"。但形单影只、无人理解的流浪者形象，肯定触动了他的神经。就在威廉登上即将载着他永远离开南美洲的轮船之前，他的弟弟阿尔伯特久久凝视着他说："在我认识的所有人中，你是唯一一个我无法了解的人。"

五十年后，阿尔伯特的话仍然令人心痛。哈德逊离开拉普拉塔并非是因为那里不适宜居住，而是因为一股他无法搁置的热情。"生活在潘帕斯草原的这些年间，"他写道，"我从未有幸遇到过某个对我出生的这个国家的野生鸟类生活同样感兴趣的人。"阅读达尔文的作品、为大英博物馆收集鸟类标本的过程让他相信，他能在英格兰找到与自己志同道合的人来接纳他。但这也导致他刚到那里时因为没有被接纳而感到愤愤不平。他的作品中偶尔会出现一丝可怜兮兮的感觉。在《绿厦》的结尾，阿贝尔无法挽救被当成祭品的莉玛，于是将她的骨灰带回了乔治敦。这段梦幻般的旅程令他的身心都破碎了，也令他成了一段其他人都无法理解的故事的主人。

这个故事的一种解读是悲剧。但它也是一则述说坚毅精神的预言，是拒绝放弃某种珍贵东西的执拗。和阿贝尔一样，哈德逊从不放弃。经过三十年的努力，他的博学、想象力和直言不讳，最终与公众的口味联系在了一起。在他生命中的最后几年中，只要他愿意，就能找到知识和社交方面的伙伴，但他往往并不愿意。据一位仰慕者称，他的脸上时常带着一种"灵魂寂寞"的表情。他写道，为了再次在潘帕斯听到班肋草燕的叫声，"我愿意在未来的三年中欣然放弃所有的晚餐邀请，所有要读的小说，还有其他可以放弃的可怜的乐趣。"

出版于1920年的《拉普拉塔的鸟》，是一篇伤感的告别之作——是他三十年前某部作品的修订版。那时他对南美洲记忆犹新。和《远方与往昔》一样，它令他再次沉浸在童年的风景之中。修订的过程让他后悔当初选择了离开。"当我想起那片鸟类生命如此丰富的土地，"他写道，"还有可以让我做很多事情的新鲜森林和新牧场……最终我不得不承认，我可能在向我敞开的两条道路中，选择了错误的那一条。"

但他记忆中的家园已经不复存在。和美国的牧场一样，潘帕斯草原一马平川的日子已经结束，哈德逊儿时喜欢的地方也已面目全非：宽阔的沿泽逐渐干涸，牧场被一道道栅栏围住，还犁过了土。他知道这是自己无法忍受的失去，于是选择了用写作的方式来妥协：如果他找不回年轻时的人和动物，至少能让他们复苏，送给自己新的同胞，弥补他感觉他们失去的那一部分野性。

在这一方面，他是成功的。他有关英国乡村及其野生动物的作品，有助于城市读者用新的眼光去看待自己的国家。为《远方与往昔》着迷的读者中就包括欧内斯特·海明威和弗吉尼亚·伍尔夫。伍尔夫写道："人们不想把它作为一本书来推荐，而是想把它作为一个人来欢迎。"但和阿贝尔一样，哈德逊付出的代价是生活在永恒的渴望之中。和莉玛一样，他感觉自己在这世上是孤身一人。当他的身体越来越虚弱，无法在康沃尔的荒原上行走时，他会尽可能地靠近它们，将自己的时间一分为二，除了待在彭赞斯的二层公寓里，就是待在当地的公共图书馆。在他生命的最后几个月里，人们曾看到他风雨无阻地在沙滩上漫步。无休止的战争与政治阴谋曾令他伤心难过，困惑不解。如今他已经逐渐远离了这样的文明。在给朋友的一封信中，他写道："世界一片混乱，但我生来就不是要去纠正它的。"

哈德逊对自己大器晚成的事实不以为然。但当他看到自己的作品被展示在商店里时，还是掩饰不住内心的骄傲，为自己终于影响到了与他共同相信自然世界价值的受众甚感满足。他还帮助成立了一个俱乐部，抗议在女装中使用羽毛。

后来，这个俱乐部发展成了皇家鸟类保护协会。他感觉人们越来越喜欢自由生活的动物，而不是它们被制成标本的遗体，或是被关在动物园里的样子。哈德逊去世的前一晚还在修改《里士满公园的雌鹿》。这本独树一帜的作品结合了回忆录、博物学和哲学的内容，沐浴在达尔文和华莱士等曾为儿时的他解开一个个谜团的博物学家的光辉之中。

> 野生动物的力量、魅力与优雅，自然界中的完美和谐，有机体、形态与能力以及环境间的精妙呼应，重新调整重要机制的适应性与才智；从而，在与敌对、破坏性力量的持续突变和冲突中，使一种形式、一个种类、一个物种延续数千年、数百万年！——这一切总是浮现在我的脑海之中。

"即便如此，"他补充道，"这只是整体感觉中的一个次要因素。"直到最后，哈德逊仍对专长的领域小心翼翼，感觉只有想象力与好奇心能够超越其边界。"你必须摆脱……书籍的魔咒，"他写道，"摆脱书籍可以涵盖所有知识，因此再也没有必要观察和反思自己的妄想。"这份对未知的崇敬往往会将他拉回早年生活中的神秘主义。晚年的他觉得，大自然是一种巨大而神秘的智慧——这种感觉值得珍惜，而不是随着年龄的增长逐渐被抛弃。无论对大自然的内在运作了解多少，超越人类了解与关心的那个世界，都会用同样清晰的声音召唤他，就像莉玛在森林里呼唤着阿贝尔。"最重要的是生命本身的奇妙与永恒的神秘。"他总结道，"这种会产生持续重大影响、增长见识的能量，这团在心中燃烧、透出光亮的火焰……在照亮他人的过程中熄灭，却在死亡中永远延续。"

还有一种感觉，那就是生命之火是一体的，而我与它有着血缘关系，无论它的外形如何、呈现何种有机形态，无论它与人类有多不同。不错，事实上，这些形式是非人类的，但有助于提高人们的兴趣——狍子、猎豹和野马，划破天空的燕子，摆弄花朵的蝴蝶，在小河上做梦的蜻蜓；怪物鲸鱼，银色飞鱼，在风中展开泛着粉紫色的脊鳍的鹦鹉螺。

这是他最伟大的主题：只有借助一切科学与艺术的工具去观察非人类的世界，我们才能看到自己真正的样子，明白我们并不像想象中那般孤单。

我去探访突岩的那一天，泽诺地区沐浴在温暖和煦的阳光之中。野生黑莓刮破了我的外套，弄脏了我的手指。我穿过一片荆豆与欧洲蕨的灌木丛，来到生长过度的巨石边。但我找不到哈德逊的石头。也许它已经在地球移动的时候掉了下去，也许是我凑得太近，错过了刻在另一面上的字母。过了一阵子，我开始感觉自己没有抓住重点，于是找了个地方坐下来，眺望大海，想起沃辛那座坟墓的铭文中写到了荒原和刮过荒原的风。在我脚下，一只秃鹫在村庄上空绕着圈缓缓飞过，让上升的热气托举起它的翅膀，一飞冲天，直到化作天空中的一个黑点。

阳光与美景让我想起了自己在智利南部与克拉克及其学生度过的最后一天。骆马与白喉卡拉鹰被换成了康沃尔的渡鸦与绵羊。清晨既凛冽又晴朗，但厌倦了野外活动的古生物学家们发出的声响，传播得却异常缓慢：前一晚，大家纷纷举起了庆祝的酒瓶；凌晨三点，在我爬进自己的帐篷时，厨房的帐篷中仍会爆发出阵阵欢笑。我们拔营时，山脉的阴影已经渐渐退去。有人勇敢地驾驶一辆皮卡车爬上了拉斯齐纳河的山谷。我们六个人把蜥脚类动物的股骨搬上这辆前来接收它的车子，然后扛上背包，沿着陡峭崎岖的小路向山下走去，身上映着温暖的斜阳。

和阿尔蒂普拉诺高原的沙漠一样，这里的山峰和周围山脉的深涧没有树木，看起来一片荒芜，但每当我们停下来歇息，都能看到动物的身影。一对长翅膀的鸥在被干草覆盖的山谷中俯冲，随时准备落在任何东西身上。一只活泼的巴塔哥尼亚狐狸在一片草地上猛扑着昆虫，身边有条小溪不知不觉融入了河流之中。砂岩高地上，一个个野生骆马家庭在阳光下变成了红色和金色，喷着鼻息，放声嘶叫，让我们知道自己已经被看到。和雷瓦河的凯门鳄、红喉卡拉鹰一样，这座山谷里的动物似乎认为我们值得警惕，却不必害怕。即便时光倒退数千年，我也会有同样的感觉。

对朱莉娅而言，这趟旅程十分成功，值得他们绕过半个地球。她找到了足够的诱人化石，证明她有必要再一次造访这里。萨拉一直在试图弄清楚如何修改她的博士研究，好让自己也能回来。这个地方拥有足够的资源，足以让一大群研究生待上好几年。对于设想未来从事石油与天然气行业的赫克托来说，这里似乎也给他留下了深刻的印象，因为它远远超出了从小在得克萨斯南部长大的他想象中的任何生活。当我们的目光相遇时，他咧嘴露出了含蓄的微笑。我们曾跪在尘土中刨了好几天的地，还曾沿着山谷徒步旅行，全方位地领略了很少有人见过的一个地方。这可能是我和他最后一次到这里来。

走在路上，朱莉娅提起逃离互联网的魔爪感觉有多美妙，以及要想避开认为一切都可以通过搜索得知的陷阱有多困难。此时此刻，除了我们，没有人知道我们的背包里扛着化石，没有人知道，它们中的每一块都有力量改变我们对过去的理解。站在人类知识边缘的一小部分中，有种不可否认的甜蜜。

但即便是在这里，我们也无法压抑世俗的担忧。在被秃鹰的粪便刷成白色的悬崖下，朱莉娅趁着午休的工夫承认，她的心思已经回到了奥斯汀的办公室里，回到了没有完成的手稿、经费申请、没完没了的资金搜索上，还有向科学界以外的人解释自己的研究意味着什么的无尽挑战中。如今，探究我们这个星球的研究人员，生活在一个和十九世纪一样充满洞察力和发现的时代。一而再、再而三地面对许多人根本不在乎的事实，肯定令他们发狂。我遇到的每一位科学家似乎都想知道，他们还得重复多少次：关于这个世界，我们需要了解的远比已知的多得多，很多东西都隐藏在一些无关紧要的伪装之下，而要想在追求知识的过程中开辟新的天地，我们要做的就是拥有努力观察的渴望。

不过，知道去哪里观察，可能才是最难掌握的技能，而其中一些能力似乎是与生俱来的。我想起朱莉娅曾在蒙古的卡车下睡过觉，肖恩拖着吉他扩音器穿过努里格的雨林，哈德逊在巴塔哥尼亚度过的"悠闲日子"，不禁感觉那些毕生致力于了解自然世界的人，正在被某种特别的不安所折磨。尽管他们偶尔会抱怨，但心中最美好的愿望似乎是，有一天，我们其他人会在那里与他们见面，用惊异而好奇的目光注视着我们星球上隐秘的生命故事，惊叹于这些故事中仅有很少的部分已经被人揭示。

我们继续前进，将高山世界抛在身后。很快，河岸上出现了矮小的南方山毛榉和长满了紫色浆果的菖蒲灌木丛。山谷口的地方，一座十九世纪农舍的铁皮屋顶映入眼帘。蔚蓝的高空中，一只南美凤头卡拉鹰和五只安第斯秃鹰一同翱翔——这样的景象和两片美洲大陆的结合一样古老。几分钟之后，我们遇到了第二只凤头卡拉鹰。它正在享用一头死在草地上的母牛。母牛空洞的眼窝中流出一道黑色的血迹。那只一脸严肃的鸟从黑色的羽冠下瞪着我们，不愿放弃自己的战利品，像是在说："是的，我吃死的东西，而且吃得挺好。"

"太酷了。"萨拉嘟囔着，掏出手机拍照。在我们脚下，清澈的涓涓细流在河谷中叹息，远处的田凫朝着某个敌人齐声发出愤怒的尖叫——对方也许是一只狐狸，或是一只叫隼。凤头卡拉鹰抬起下巴，嘴里发出"卡拉——卡拉"的声音，然后又埋头撕扯着牛头，就像它的祖先对待树懒和雕齿兽的方式一样。肉就是肉。

"嘿，恐龙！"朱莉娅喊道。

我转过头，看到两只美洲鸵突然冲出我们左手边的灌木丛，向山谷飞奔。达尔文曾经写过这种鸟，哈德逊却在山脉的另一边遍寻不到它们的身影。两只鸟边跑边竖起长长的脖子，蓬乱的灰色羽毛随着脚下迈出的每一步不停颤抖。在河流的转弯处，它们越过一道铁丝网，消失了。显而易见，它们安然无恙地度过了白垩纪的灭绝。朱莉娅满面红光地紧盯着它们离去的背影，然后举起一只手臂挥舞起来，仿佛是在说："我在这儿，我看到你们了。"

她挥手招呼的也有可能是曾在我们立足的这片土地上生活并死去的有羽毛的大型野兽。那时的我们本可以向南穿过干涸的土地，进入南美洲的森林。那片冰封的大陆仍旧守护着自己的历史。朱莉娅和她的同事目前只能在它的边缘寻找蛛丝马迹。但我们即将回归一个温室世界。尽管这样的环境危机重重，却预示着南极洲即将重生，再次成为有可能存在生命的地方，也让它埋藏的秘密有可能被揭开。朱莉娅的科学界后辈也许会发现，在白垩纪灭绝发生很久以后，不会飞的大型恐龙曾在那里得以生存。在它们那些会飞的亲属分散到冈瓦纳大陆的碎片上时，它们最终是死于冰雪，而非大火。

"我越想越觉得，认为'世界是已知的'这种思想是在阻止人们将自己的生命投身于发现之中。"朱莉娅说道，然后她抱着水瓶咽下一大口水，然后拿起登山杖，迈开大步朝着美洲鸵消失的山谷走去。


在从泽纳前往彭赞斯的单车道马路上，夕阳将康沃尔的小牧场照得明暗分明，为海洋镀上一层金色，却用阴影遮住了现代生活的大部分痕迹。威廉·亨利·哈德逊可能会喜欢这样的景象：它将他在英格兰最喜欢的角落变成了朴素的旧石器时代世界，和巴塔哥尼亚沙漠一样荒芜。在他那个年代，康沃尔的游客还寥寥无几，但它早就已经成了度假胜地。我坐在树篱与石墙间缓缓行进的长列汽车中，在拐弯处的视线盲区里玩起了胆怯的懦夫博弈游戏。

绕过其中一个转弯时，我不得不猛踩刹车，不是为了躲避别的司机，而是为了避让一只喜鹊。这只北方世界的花哨小乌鸦，正将一只被车压扁的兔子拖进灌木丛中。和所有的喜鹊一样，这只鸟的打扮和它所做的事情相比太过隆重，黑色的长袍外面套了一件白色的羽毛背心。它细长的尾巴和身体一样长，闪烁着金属般的蓝色光泽。喜鹊没有乌鸦那么引人注目，但也有自己的独特之处：它们本身就与众不同，可以认出自己的倒影，模仿人类的声音，还会仪式性地哀悼朋友的死亡。

但这只喜鹊似乎一心只想着晚餐的事情，还抬起头向我眨了眨发亮的黑眼睛："请稍等。"它紧盯着挡风玻璃，仿佛不知怎么地，知道我是这辆车的负责人。我想告诉它，慢慢来。但它必须自行判断我的意图。它盯着我看，我也盯着它看。很长一段时间里，我们都在等待对方挪动。

# 后　记
## 墨西哥鹰归来

2015年1月，纽约市以北五十英里处的熊山州立公园出现了一个意想不到的访客。熊山横跨一座俯瞰哈德逊河、被森林覆盖的山峰，算不上是遥远的荒野，可以在山顶上眺望曼哈顿的天际线，但仍然很受游客的欢迎。阿巴拉契亚小道直接穿过它的中心。那里有座小型动物园，里面饲养着一些受伤的动物，包括黑熊、秃鹰和一家子水獭。夏天，熊山上挤满了背包客，到了冬天却寂静无声。1月5日的一个寒冷早晨，和蔼可亲的公园科学总监埃德·麦高恩在日出时分来到这里，对冬季的野生动物展开调查。这是公园的一项年度传统，可以追溯到二十世纪四十年代。和麦高恩一同前来的是三位喜欢早起的资深鸟类观察家。第一个小时，清晨就为他们带来了几个常见的观察对象：山雀、冠蓝鸦、乌鸦、红衣凤头鸟和一只浣熊。但就在他们走向公园入口处横跨哈德逊河的吊桥时，眼前飞来了一只谁也认不出的彩色大鸟。

"它不是本地的品种"，麦高恩边想边伸手去拿双筒望远镜。就在这时，他的同事喊出了那只鸟身上独特的标志：白色的尾巴、黄色的腿、橙色的脸和黑色的羽冠。在晨曦的照耀下，它在晴朗的天空中盘旋了两分钟，然后向东飞去。大家不可置信地面面相觑。几位鸟类观察家中，经验最丰富的格哈德·帕奇第一个指出，那有可能是一只卡拉鹰。如果真是如此，这就是千载难逢的景象——几乎和一只金刚鹦鹉落在洛克菲勒中心的圣诞树上一样不太可能。令麦高恩懊恼的是，他一心想着分辨那是什么鸟，以至于没有将它拍下来。于是他冲回办公室，咨询野外向导。他证实帕奇是对的，他们刚刚看到了纽约州有记录以来的第一只凤头卡拉鹰。"无论它从哪里来，"他后来写道，"那都是值得一看的奇观——寒冷的冬日里一个来自热带的幽灵。"

鸟类观察家十分珍视"离群之鸟"的出现。这些鸟会出现在距离自己通常的家数百甚至数千英里的地方。但这样的出现往往意义不大。举例而言，2016年，一只紫喉宝石蜂鸟出现在魁北克的一个喂鸟器旁，但这种鸟几乎从未在墨西哥以北的地方出现过。一只被称为大滨鹬的西伯利亚鹬鸟到访了西弗吉尼亚。亚利桑那州城郊的一个居民拍到过一只胡安·费尔南德斯海燕从自家的房子上飞过。这种海鸟只在五千英里外的智利海岸边某个小岛上繁衍。也许可以说，一只罕见的智利海鸟肯定是被风暴吹离了航线，又或是导航系统存在缺陷。

但在麦高恩搜寻美国其他地方出现卡拉鹰的例子时，熊山上的这只卡拉鹰似乎不像是离群之鸟，更像是一波浪潮的先驱。直到二十世纪九十年代末，凤头卡拉鹰在佛罗里达或得克萨斯以北地区都十分罕见。但在过去的二十年间，它们的身影已经出现在了北至缅因州、蒙大拿州和华盛顿州的地方，还有几只甚至到达了加拿大。其中一只出现在布雷顿角岛的卡拉鹰，还吸引了一小群鸟类观察家支起观测镜和变焦镜头，希望能在它离开前看到它的身影。令他们感到惊讶的是，这只卡拉鹰在这里停留了许多年。"它被困在了这里，"新斯科舍鸟类协会的主席戴维·柯里表示，"或许很喜欢我们的省份。"

这两种说法都有可能是对的。凤头卡拉鹰在热带地区能够繁衍生息，但对寒冷的天气也不过敏，毕竟它们生活在火地岛。尽管它们已经离开北美有一段时间，对这里并不陌生。两片新大陆相遇时，它们第一次跟随树懒和雕齿兽从南方来到了这里。冰河时代结束时，它们在大平原上安了家。那里辽阔的草原和疏林，有点类似如今东非最荒凉的地区：到处都是食草动物和捕食它们的食肉动物。北美没有大象、斑马、长颈鹿和角马，但有乳齿象、马、骆驼和麋鹿；没有狮子、猎豹和鬣狗，但有剑齿虎、美洲豹和惧狼。

哪里有谋杀，哪里就有肉。凤头卡拉鹰加入了北美历史悠久的有羽毛食腐动物俱乐部，其成员包括秃鹫、渡鸦和被称为走地鹰的长腿猛禽。卡拉鹰的尸骨和美洲豹、骆驼、矮羚羊的遗骸，一起躺在洛杉矶市中心的拉布雷亚沥青坑中。那里的一幅壁画描绘了该地区两万年前的样子。画中，洛杉矶看上去和今天一样繁忙拥挤。远处的圣加布埃尔山脉也一样层层叠叠。但画中没有纵横交错的高速公路和高耸的玻璃塔，而是一片开阔的热带稀树草原，到处都是猛犸象、野牛和巨熊。

卡拉鹰潜伏在画面的右下角，紧盯着一只体型更大的食腐畸鸟身旁被啃噬了一半的狼尸。畸鸟六英寸长的鸟喙和凶恶的表情表明，它可能是第一个进食的，不过它的日子已经屈指可数了。人类进入北美之后，灭绝的浪潮基本解散了食腐者俱乐部，令畸鸟、走地鹰、乳齿象和剑齿虎通通被人遗忘。在体型最大的鸟类中，只有秃鹰还坚持生活在之前的一小部分栖息地上，以加利福尼亚海岸的鲸鱼、海豹尸体为食。卡拉鹰撤退回了格兰德河以南，只有一个孤立的品种还坚守在佛罗里达中部的热带稀树草原上。1831年，约翰·詹姆斯·奥杜邦曾看到这些鸟，并将它们画了下来。

还有数百只凤头卡拉鹰仍旧生活在那里，生活在一座不断缩小的草原岛屿上，四周被郊区住宅包围。和福克兰群岛的条纹卡拉鹰一样，它们不会迁徙，被困在北方的郁闭林和南方的大沼泽地间，至少已有一万年的时间。但它们充分利用了自己的与世隔绝。生物学家琼·莫里森研究这种鸟已有三十年，她为它们毫无章法的杂食习性感到惊讶。她看着它们以鱼、青蛙、蜥蜴、蛇、蛋、雏鸟、昆虫和腐肉为食，明确地将它们的饮食形容为"（它们）所能抓捕或找到的任何动物物质，无论死活"。莫里森表示，佛罗里达卡拉鹰尤其喜欢犰狳。这是它们昔日的南美生活经历留下的食物痕迹。但它们同样愿意接受人类制作（和为人类制作）的食物：一只幼鸟狼吞虎咽地吃下过一堆被人丢弃的通心粉，一个家族的鸟会为半桶奶油干酪吵得不可开交。和在拉普拉塔令威廉·亨利·哈德逊印象深刻的凤头卡拉鹰一样，佛罗里达卡拉鹰开阔的心胸也许帮助它们熬过了更新世的灭绝。和畸鸟、秃鹰相比较为娇小的体型，意味着它们不用完全依赖于大量的腐肉。

与此同时，在墨西哥湾对岸，它们在中美洲的同胞正在重新集结。剑齿虎和巨熊可能已经消失，但美索美洲风头卡拉鹰将自己的忠诚转向了取代冰河时代肉食动物的两腿猎人。在接下来的一万年中，它们在美洲印第安文明的兴衰过程中一直袖手旁观，看待第一批美洲人的方式可能与它们看待潜在盟友时一样，始终充满了兴趣。

它们的兴趣得到了回报。布莱恩、何塞和兰博的祖先几乎不可能忽视这些长腿、表情庄重、习性随机应变的鸟。在亚马孙南部干燥的格兰查科森林中，定居的美洲印第安人将它们提升到了渡鸦在太平洋西北地区拥有的地位。在阿根廷北部的库姆人向人类学家阿尔弗雷德·梅特罗讲述的传说中，凤头卡拉鹰的超自然形象是一位睿智、强大的战士，能够战胜怪兽和恶人，用计谋打败虚荣自私的狐狸，并向被它视为朋友的人类建言献策。还有一个故事讲述了第一批女性是如何从天而降的，但在凤头卡拉鹰移除她们阴道里的一组牙齿之前，在地上等待的男人不能与她们发生性关系。在另一个故事中，人们还将药物的发明归功于它。但它最珍贵、最有意义的天赋和古希腊人心中的普罗米修斯一样。

"现在，"凤头卡拉鹰说，"给我带来皮塔拉蒂克和库娃卡的树枝。"人们带回了树枝。凤头卡拉鹰十分忙碌。它在一根棍子的中间钻了一个小洞，然后将另一根棍子插进箭轴。它飞快地转动这根棍子。过了一会儿，木头就冒起了烟，发出微弱的火光。它拿了一些卡拉瓜塔火绒，生起了一大团火。

凤头卡拉鹰的天赋呼应了相关的一则不同寻常的古老传说：它们懂得用火，会在干草中丢下燃烧的木棍来放火。赫尔穆特·西克在有关巴西鸟类的作品中就提到过这一点。（还用"当地农民声称"这样的说辞来进行了修饰。）琼·莫里森从墨西哥同事那里听到过这样的说法；其他鸟类学家也在尼加拉瓜汇报过这种情况。没有人证实过这些传闻，但两名澳大利亚研究者近来得出结论，有些鸟类可能的确会故意放火。不仅如此，澳大利亚原住民早就知晓它们的这种行为，就算没有几千年也有几百年的时间了。他们还会用仪式和传说来纪念此事。

令人难以置信的是，卡拉鹰会纵火貌似是可信的。在火的问题上，人类有种神奇的思维，仿佛对火的应用是其他物种的禁区。但你很难想象，还有哪种鸟能比凤头卡拉鹰更有可能发现火这种东西。数百万年来，野火频繁席卷它们在草原上的家园。它们总是会用爪子和嘴巴叼来长棍、骨头或其他物品，用于修建和维护笨重的鸟巢——就是哈德逊小时候试图偷袭的那种巢穴。用不了多久，它就会发现，火是可以携带的。一只拥有这方面知识的卡拉鹰会将它传授给更多观察力极强的朋友。谁也不曾拍到卡拉鹰带着阴燃树枝的照片，但这并不意味着事情不曾发生。一个会令人精疲力竭的博士课题，正等待着某个对猛禽很感兴趣、还有点纵火癖的大胆研究生。

不管它们是否会用火，凤头卡拉鹰会被火吸引是肯定的。这一特点可能会让它们受到阿兹特克人的喜爱，因为阿兹特克人崇敬太阳，认为太阳是一切生命最重要的来源。和印加人一样，阿兹特克人在技术方面十分熟练，在宗教方面十分虔诚，会献出大量的财富与鲜血，用于旨在安抚各种神灵力量的仪式。在这些仪式上，美洲豹、兔子、蛇和秃鹫之类的图腾动物扮演了重要的角色。乍一看，卡拉鹰似乎并不属于阿兹特克人的诸神之一，但仔细一看，就会发现它们隐藏在最显而易见的地方：被西班牙人放在墨西哥国旗上的鸟是一只金色的鹰——它是源自阿兹特克猛禽神话的一个象征，曾向纳瓦特尔人祖先展示了该在哪里建立他们的首府特诺奇蒂特兰（如今的墨西哥城）。

阿兹特克人称这种鸟为"库奥特利"。西班牙殖民者将其翻译为"鹰"。但墨西哥鸟类学家拉斐尔·马丁·德尔坎波在1960年辩称，它有可能是一只凤头卡拉鹰。作为证据，他指出在现存的阿兹特克手稿中，"库奥特利"的形象是灰白色的羽毛、没有羽毛的黄色双腿和向上翘的羽冠——这全都是卡拉鹰而非鹰的特征。某些手稿中的鸟甚至会向后仰头，和卡拉鹰曾让达尔文大吃一惊的姿势一样。金鹰对墨西哥人来说并不陌生，但它们只生活在北部的山区，距离阿兹特克人的南部腹地十分遥远。西班牙人也许懒得区分新大陆的猛禽，但德尔坎波怀疑他们之所以将库奥特利变成了一只鹰，是出于政治上的便利：金鹰是西班牙王室权威的象征，是哈布斯堡君主从罗马人那里继承而来的吉祥物。

换句话说，墨西哥的国鸟可能是一只伪装的卡拉鹰。无论国旗怎么说，这种模糊的感觉（卡拉鹰是真正的库奥特利）在边境两侧都存在。大部分墨西哥人都会把凤头卡拉鹰随口称为"鹰"，这让西班牙人的替代品成为现实。在凤头卡拉鹰生活了数百年的得克萨斯州南部，有些人还会把它们称为"墨西哥鹰"或"墨西哥秃鹫"。

我最喜欢的一段关于卡拉鹰的网络视频名叫《圣哈辛托节墨西哥鹰（墨西哥国鸟凤头卡拉鹰）》。视频的主角是操着得州口音的驯鹰人迈克。他在圣安东尼奥附近的一场地区博览会上，为一群无精打采的幼儿及其父母介绍北美凤头卡拉鹰。迈克称它是"一只长大后不太知道自己会变成什么样的鸟",对它的聪明才智大加赞赏,还指出它这个物种在美国正变得越来越常见。他说服一名观众给了它一张卷起的美钞。和英格兰的蒂娜一样,迈克的卡拉鹰似乎明确地知道自己该做些什么。它用嘴巴轻轻叼起美元,从饲养员戴着手套的手上跳下来,落在了一个大小和形状都与栅栏柱差不多的捐款箱上。它把钱推进投币口,然后飞回来领取食物奖励。观众们无力地鼓了鼓掌。他们没有意识到,就算猛禽都要依靠自动售货机生存,它们中的绝大部分也是无法学会使用售货机的。

"好的!"迈克说,"谁有二十美金?"

不管凤头卡拉鹰是否掌握了用火的方法,它们跟随其他猎人和食腐动物的倾向,都有可能促使它们在一位老朋友的陪伴下北上。黑美洲鹫是老谋深算的投机分子,曾在圭亚那的昆塔罗脊梁突袭过我们的营地。它们曾和凤头卡拉鹰一起在北美以地懒和乳齿象的尸体为食,在更新世大灭绝后也退到了南方。但过去的几十年间,它们已经卷土重来。卡拉鹰可能就乘了它们的东风。这两种食腐动物的关系融洽得令人惊叹:它们经常一同捕食,入夜后还会在同一个鸟巢中睡觉。有人还曾拍到过秃鹫用嘴为卡拉鹰梳理脖子上的羽毛。尽管拥有迥然不同的谱系,它们却是天生的合作伙伴。两种鸟都聪明伶俐、喜欢社交、观察力强,更爱吃腐肉而非活物。

黑美洲鹫和卡拉鹰为何会选择这个时候回到昔日常去的地方,我们还无法弄清。全球变暖可能与此有关,但你很难看出二者之间的联系，因为更新世的北美通常比现在还要冷得多。似乎更有可能的是，它们正在学习利用某个新型"捕食者"的习性。这个捕食者甚至能与剑齿虎和惧狼相匹敌，那就是汽车。2017年至2018年间，美国的高速公路上至少有一百三十万头鹿被汽车撞死。这个数字相当于塞伦盖蒂平原上角马的数量。如果把数以百万计的浣熊、郊狼、松鼠、兔子、负鼠和犰狳也加入其中，就能组成更新世规模的食腐动物自助餐，而且还是在可以预测的路线上沿途布置好的。凤头卡拉鹰也许是草原上的鸟类，但随处可见的高速公路路肩和中央隔离带形成了没有树的狭长地带，于是高速公路周边的灯杆上越来越多地出现了这些老朋友顶着鹰钩鼻的深色剪影。和在雷瓦河河岸上巡查的黑卡拉鹰一样，美索美洲北上的库奥特利可能认为，这片又长又细、排列着食物与朋友的露天地带是个好地方。

这个解释引起了埃德·麦高恩的兴趣。他一直在解决熊山动物园遭到黑秃鹫入侵的问题。二十世纪九十年代，黑美洲鹫在哈德逊河谷实属罕见，但如今每晚都会有数百只栖息在动物园中，就在它们被圈养的亲属所住的鸟舍上方，像是来探监一样。清理这些鸟臭气熏天的粪便是一项耗时的工作。麦高恩有时真希望它们能去别的地方排泄，但他承认，动物园可能会吸引它们。"它们喜欢与其他的动物为伍，"他表示，"而这里的动物哪儿也去不了。"

秃鹫之所以喜欢熊山，可能也是因为纽约州运输部在那里为它们提供了食物。纽约州运输部的工作人员每天都会把死于车祸的鹿尸放在距离动物园不到一英里处的垃圾场里。那里是食腐动物的天堂。就像后院里的喂鸟器会吸引山雀一样,这座垃圾场也引来了老鹰、渡鸦和秃鹫。如果卡拉鹰也开始加入其中,麦高恩并不会感到惊奇。想到这一点,他反而有些满足。在距离熊山四十英里的一处洞穴中,有人曾在巨型树懒、北美驯鹿、麝香牛、貘和加利福尼亚秃鹰的尸骨中,发现过史前黑美洲鹫的遗骸。即便它们在世的后代令人讨厌,但是看到它们回归,就像是见证了更新世物种大灭绝的逆转,会给人带来少有的兴奋之情。

如果这真的是一种趋势,那么凤头卡拉鹰是有可能在我有生之年重新占有纽约城,变得和渡鸦与游隼一样常见的。如果卡拉鹰能够到达新泽西和新斯科舍,那就没有什么能够阻止它们来到皇后区,在牙买加湾海岸边的输电塔或一栋面朝曼哈顿中央公园的公寓楼火灾逃生梯上,建造难看的鸟巢。和每晚都会在布鲁克林的垃圾桶里搜寻的负鼠大军一样,卡拉鹰提醒我们,美洲生物大迁徙的方式还在协商的过程中,而且大迁徙不仅仅属于过去。

但对受困于古老避难所的佛罗里达凤头卡拉鹰来说,它们的众多世代中最重大的事情就算还没有发生,也肯定很快就会发生。那可能是夏日里的一天,在迈尔斯堡东边的热带稀树草原上,顺着两旁种着棕榈树和火炬松的土路,地平线上雷声隆隆,空气中传来微弱的蝉鸣。清晨,几只红头美洲鹫可能会被死于车祸的鹿散发出的气味吸引，聚集在一起。它们重重地落在树上，然后落下来吃掉鹿的眼睛和舌头。几个小时之后，一群黑美洲鹫可能会出现，撕开尸体膨胀的腹部。到了傍晚，除了暴露的肋骨上还粘连的鹿皮之外，这具尸体已经所剩无几。一只佛罗里达凤头卡拉鹰可能会在新来者到来之前将它撕成长条。

在佛罗里达的这些表亲看来，凤头卡拉鹰可能非常奇怪。和我们一样，鸟类也能很快发现自己物种成员之间的细微差别。佛罗里达的鸟在和陌生的鸟进行一万三千年来的第一次相互问候时，肯定会注意到对方羽毛的变化和奇怪的叫声。

"很高兴认识你！"，佛罗里达的鸟会说。

"我也一样！"，其中一只陌生的鸟可能会用西班牙语回答。

伴随一辆皮卡车呼啸而过、卷起一团灰尘，两只鸟会尴尬地短暂停顿片刻。

请原谅我的目光，佛罗里达的鸟继续说道，"但我一直以为我们是唯一的。"

听到这句话，它的表亲可能会向后仰起脑袋，发出悠长的"卡拉——卡拉"的叫声。

"女士，"其中一只终于开了口，"我们的数量比你想象的要多得多。我们拥有一整片大陆。"

# 致　谢

　　本书的编纂耗时漫长，如果没有许多人和一些机构的支持，是不可能完成的。首先要感谢的机构是托马斯·J.沃森基金会。他为一个年轻人的计划提供了资金，让他得以在一年的时间内奔赴世界各地的偏远聚居地。这项计划在我偶然遇到条纹卡拉鹰时发生了变化。从那时起，包括凯·麦卡勒姆在内众多无法比拟的福克兰群岛岛民，都欢迎我前往条纹卡拉鹰尚未开垦的美丽家园。他们包括（但不限于）迈克尔与珍妮特·克拉克、史蒂夫·马萨姆、麦克与苏·莫里森、罗伯与洛兰·麦克吉尔、罗迪与莉莉·内皮尔、马修·麦克尔马伦、杰里米·史密斯、米奇·里弗斯、萨拉·克罗夫茨、安迪·斯坦沃斯、阿列克与吉赛尔·哈泽尔，还有波尔-埃文斯一家。还要特别感谢福克兰群岛保护组织的负责人和工作人员。他们慷慨地允许我参加了贾森群岛上的实地考察工作。感谢迈克尔·斯坦哈特，正是他将大贾森岛与斯蒂普尔贾森岛捐献给了野生动物保护协会，确保这两座岛屿能够得到保护。感谢乌斯怀亚科学研究中心的阿德里安·希亚维尼和安德烈亚·拉亚·雷。2001年时，他们曾允许我利用他们的企鹅调查活动搭便车前往埃斯塔多斯岛。1775年跟随库克船长出行的乔治·福尔斯特看见并绘制的鸟图成为了本书的封面。

在巴西，观察力无可匹敌的布莱特·惠特尼，带领我和他的同事迈卡·里格纳、阿尔伯特·布尔加斯、莫拉斯·艾伯森及凯泰图，前往阿里普阿南河。由于本书篇幅的原因，这段旅程没有在书中出现。我将永远珍惜在森林中遇到美洲豹，握着巨型犰狳爪子，听到夜间食肉动物呼喊的经历。布莱恩还陪同我、电影制作人卢克·帕吉特，以及登山运动员、向导豪尔赫·赫雷斯，前往了智利北部。在那里，他向我们介绍了盐湖与垫沼、鸟类学家A. W.约翰逊的开创性工作，以及安第斯山脉巨型蹼鸡了不起的神奇之处。

在大洋彼岸的英国，玛丽与西蒙·劳斯在关键时刻为我提供了一处位于伦敦的理想空间，供我写作和思考，也让我见到了和蔼可亲的英国编辑斯图尔特·威廉姆斯（鲍利海出版公司）和经纪人凯斯彼安·丹尼斯（艾伯纳·斯坦恩版权代理公司）本人。在伦敦之外，伍德兰猎鹰中心的杰夫·皮尔逊、米列特农场中心的詹姆斯·钱农、猎鹰保护信托机构的坎贝尔·穆恩、鸟园的西蒙·布莱克威尔，以及科茨沃尔德野生动物公园与花园的达维德·乔治和贾德·斯托特，都拨冗接待了一个对条纹卡拉鹰充满好奇的访客。罗宾与安妮·伍茨在牛顿阿伯特用他们的思想和书房为我提供了各种欣喜，还在他们使用了二十年的厨房里为我烹饪了菜肴。他们总是提醒我，并非所有已知的东西都被记录在了书本之中，也并非所有被记下来的东西都是已知的。

如果没有勇敢的鱼类学者莱斯利·德苏扎的帮助和建议，我永远都无法到访圭亚那。她为我联系了阿什利·霍兰德，让我在结束了与布莱恩、何塞、兰博和肖恩的旅程之后，陪同她和她的助理派珀·坎佩尔前去对巨骨舌鱼展开野外考察。旅行专家公司的黛博拉·萨瑟兰和乔治敦雨林小屋的希达·曼波让这趟旅程在后勤方面有了保障。我还要特别感谢雷瓦村的村民和雷瓦生态小屋的管理者，特别是迪奇·阿尔文、鲁道夫和艾尔玛琳达·爱德华兹、达尔琳·阿尔文和温斯顿·爱德华兹。

美国方面，珍妮·马丁、贝奇·萨乐坦和劳拉·珀西佩是第一批敦促我写书并让我感觉这十分可行的人。几年后，凯里全球公益中心的洛根非虚构写作项目给了我在创作中期写作的空间。我要特别感谢汤姆·詹宁斯、卡罗尔和乔西·弗里德曼、艾玛·比尔斯、MT.科诺里、凯西·奥滕、劳拉·穆雷、黑兹尔·汤普森、乔西·科隆、凯瑟琳·布尼、塔兰·卡恩、梅根·巴斯奇、约翰逊·卡兹、朱莉娅·塞勒和玛利亚·卡里姆吉，此外还有芬巴尔·奥莱里，感谢他们在被雪覆盖的伦斯勒维尔给我的友情与回馈。美国自然历史博物馆方面，保罗·斯威特、彼得·卡派诺罗和玛丽·勒克洛伊帮助我找到了与罗洛·贝克相关的档案资料具体的位置。史密森学会自然历史博物馆的克里斯·梅尔、卡拉·德富和斯托尔斯·奥尔森在很短的时间内就慷慨地让我有机会占用他们的时间和专长，接触到了他们的收藏。我还有幸受到得克萨斯大学的朱莉娅·克拉克邀请，前往智利南部搜寻鸟类化石。那里的南极智利研究所工作人员马塞洛·勒佩及其同事，为我们提供了野外的食宿，还分享了他们在蓬塔阿雷纳斯的调查结果与工作空间。回到得克萨斯，卡尔森与布兰森·福茨为我提供了为本书画上句号的地点。目光敏锐的凯蒂·哈林顿在本书创作的最后阶段提供了不可估量的帮助，并帮忙重新调整了一个至关重要的章节。我还要感谢玛利亚·马西森，感谢她意想不到的友谊、有益的忠告和绿色的墨水——感谢她指出暮色指的是黄昏而非黎明。

　　我的许多音乐伙伴也以这样或那样的方式卷入了这个项目之中，尤其是埃米莉·李花了很多时间帮助我抄写笔记、修改章节，陪伴我自言自语。丹·杜辛斯基和阿纳斯塔西娅·怀特会定期为我送来茶叶、慰问和素菜墨西哥卷饼。威尔·谢弗勇敢地读完了初期版本的手稿。其他读者的关心也大大改善了这本书的内容。他们包括贾斯汀·森本、波莉·哈林顿、詹娜·摩尔、萨拉·特威特和亚力克斯·哈林顿。出于我无法一一在此列举的原因，我还要深深感谢杰米·多比、克里斯·卡萨巴赫、史蒂夫·里内拉、约翰·谢弗、约翰逊·凯德、戴安娜·豪尔、布兰南·埃德根斯、莎朗·埃尔、约翰逊·伯恩曼、迈克尔·阿泽拉德、路易·西拉特、鲍博·巴尔斯、诺琳·达姆德、克劳迪娅与卡洛斯·霍夫雷、莫妮卡·西拉特，以及我的人类、动物大家庭中的成员。

最后，我要深深感谢体贴、热情、永远宽容的蔡斯文学经纪人法尔利·蔡斯，以及艾琳·塞勒斯、诺拉·雷查德、加布里埃尔·布鲁克斯、艾比盖尔·恩德勒、萨拉·伊戈尔、摩根·芬顿和克诺夫出版社的所有人——尤其是我的编辑约翰逊·西格尔。正是他的信念、耐心和忠告，令这本书脱颖而出并走上了正途。

# 关于作者

    1997年，乔纳森·梅伯格获得托马斯·J.沃森奖学金，在世界各地的偏远地区度过了一年的时光。这段旅程激发了他对岛屿、鸟类和我们这座星球深厚历史的持久兴趣。从那时起，他就为包括《信徒》《聊天室播客》和《附录》在内的印刷和在线出版物撰写评论、专题文章和访谈，内容从美国自然历史博物馆某个不易察觉的展厅，到对作家彼得·马西森的最后一次长篇采访。但他最为人所知的是担任了海鸥乐队的主唱。该乐队的专辑和表演曾受到美国国家公共电台、《纽约时报》《卫报》和《干草叉乐刊》的赞扬。他现在居住在得克萨斯州中部地区。